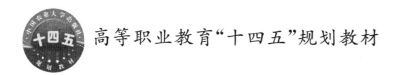

高等职业教育"十四五"规划教材

作物生产与管理

张亚龙　主编

U0219403

中国农业大学出版社

·北京·

内 容 简 介

本教材力求符合"百万扩招"高等职业教育人才培养的指导思想、培养目标、培养模式和培养途径的要求,按照作物生长发育不同时期的特点和需肥、需水规律以及病害、虫害、草害发生、危害规律和应采取的主要管理技术措施进行编写。

本教材共分四个模块。模块一介绍了水稻生产与管理;模块二介绍了玉米生产与管理;模块三介绍了大豆生产与管理;模块四介绍了马铃薯生产与管理。为了便于学生掌握各模块的内容,拓宽知识面,每一模块均附有知识目标、能力目标、模块小结、模块巩固等栏目。

本教材可供涉农高等职业院校相关专业教学使用。

图书在版编目(CIP)数据

作物生产与管理/张亚龙主编. —北京:中国农业大学出版社,2020.12(2023.9 重印)
ISBN 978-7-5655-2487-5

Ⅰ.①作… Ⅱ.①张… Ⅲ.①作物-栽培技术-高等职业教育-教材 Ⅳ.①S31

中国版本图书馆 CIP 数据核字(2020)第 266100 号

书　　名	作物生产与管理			
作　　者	张亚龙　主编			
策划编辑	康昊婷　张　玉		**责任编辑**	康昊婷　张士杰
封面设计	郑　川　李尘工作室			
出版发行	中国农业大学出版社			
社　　址	北京市海淀区圆明园西路 2 号		**邮政编码**	100193
电　　话	发行部 010-62733489,1190		**出版部**	010-62733440
	编辑部 010-62732617,2618			
网　　址	http://www.caupress.cn		**E-mail**	cbsszs@cau.edu.cn
经　　销	新华书店			
印　　刷	涿州市星河印刷有限公司			
版　　次	2020 年 12 月第 1 版　2023 年 9 月第 2 次印刷			
规　　格	787×1 092　16 开本　12 印张　290 千字			
定　　价	37.00 元			

编审人员

主　编　张亚龙（黑龙江农业职业技术学院）

副主编　申宏波（黑龙江农业职业技术学院）

编　者　高凤文（黑龙江农业职业技术学院）
　　　　陈效杰（黑龙江农业职业技术学院）
　　　　董兴月（黑龙江农业职业技术学院）

主　审　于　波（黑龙江农业职业技术学院）

总　序

　　黑龙江是农业大省。黑龙江农业职业技术学院是三江平原上唯一一所农业类高职院校，也是与区域社会经济发展联系非常紧密的农业类高职院校，具有服务国家"乡村振兴"战略的地缘优势。在过去 70 多年的办学历史中，涉农专业办学历史悠久，培养了大批工作在农业战线上的优秀人才。在长期培养实用人才、服务区域经济的实践中，学院形成了"大力发展农业职业教育不动摇、根植三江沃土不动摇和为'三农'服务不动摇"的办学理念。20 世纪 90 年代初，学院在农业职业教育领域率先实施模块式教学，在全国农业职业教育教学改革中走在前列。学院不断深化改革，努力服务经济社会发展；不断创新办学模式，努力提升人才培养质量。近年来学院先后晋升为省级骨干院校、省级现代学徒制试点院校，在服务区域经济社会方面成效显著。

　　学院涉农专业是省级重点专业，拥有国家财政重点支持的实训基地；有黑龙江三江农牧职教集团，校企合作办学成效显著；有实践经验丰富的"双师"队伍；有省级领军人才梯队，师资力量雄厚。

　　2019 年，学院深入贯彻落实《教育部等六部门关于印发〈高职扩招专项工作实施方案〉的通知》、教育部办公厅《关于做好扩招后高职教育教学管理工作的指导意见》和国务院关于印发《国家职业教育改革实施方案》等文件精神，创新性地完成高职扩招任务，招生人数位居全省首位。学院针对扩招学生的实际情况和特点，实施弹性学制，采用灵活多样的教学模式，积极推进"三教"改革。依靠农学分院和动物科技分院的专业优势，根据区域经济发展的特点，针对高职扩招生源的特点，出版了种植类和畜牧类高职扩招系列特色教材。

　　种植类专业核心课程系列教材包括《植物生长与环境》《配方施肥技术》《作物生产与管理》《经济作物生产与管理》《作物病虫草害防治》《作物病害防治》《农业害虫防治》《农田杂草及防除》共计 8 种，教材在内容方面，本着深浅适宜、实用够用的原则，突出科学性、实践性和针对性；在内容组织形式方面，以图文并茂为基础，附加实物照片等相应的信息化教学资源，突出教材的直观性、真实性、多样性和时代性，以激发学生的学习兴趣。

　　畜牧类专业教材包括《动物病理》《动物药理》《动物微生物与免疫》《畜禽环境控制技术》《畜牧场经营与管理》《动物营养与饲料》《动物繁育技术》《动物临床诊疗技术》《畜禽疾病防治技术》《养禽与禽病防治》《养猪与猪病防治》《牛羊生产与疾病防治》《中兽医》《宠物内科》《宠物传染病与公共卫生》《宠物外科与产科》共计 16 种。教材注重还原畜禽生产实际，坚持以够用、实用及适用为原则，着力反映现代畜禽生产及疾病防控前沿的新技术和新技能，突出解决寒地畜禽生产中的关键问题。

　　本系列教材内容紧贴企业生产实际,紧跟行业变化,理论联系实际,突出实用性、前沿性。教材语言阐述通俗易懂,理论适度由浅入深,技能训练注重实用,教材均由具有丰富实践经验的教师和企业一线工作人员编写。

　　本系列教材将素质教育、技能培养和创新实践有机地融为一体。希望通过它的出版不仅能很好地满足我院及兄弟院校相关专业的高职扩招教学需要,而且能对北方种植业和畜牧业生产,以及专业建设、课程建设与改革,提高教学质量等起到积极推动作用。

院长:

前　言

　　党的二十大报告指出,深入实施人才强国战略。培养造就大批德才兼备的高素质人才,是国家和民族长远发展大计。本教材力求符合"自力扩招"高职高专人才培养的指导思想、培养目标、培养模式和培养途径的要求,按照作物生长发育不同时期的特点和需肥、需水规律以及病、虫、草害发生危害规律应采取的主要技术环节进行编写。本教材体例新颖,重点突出,深浅适度,注重理论知识和实践操作的有机融合,突出科学性、实践性、时效性和针对性。

　　本教材共分四个模块。分别介绍了水稻、玉米、大豆和马铃薯的生产与管理技术。每一模块主要包括栽培基础、播前准备、播种育苗(移栽)技术、田间管理技术和收获贮藏技术等项目。为了便于学生掌握各模块的内容,拓宽知识面,提高学生对所学知识的综合运用能力和实践操作能力,每一模块均附有知识目标、能力目标、模块小结、模块巩固等栏目。

　　本教材由张亚龙担任主编,申宏波担任副主编。编写分工如下:张亚龙、申宏波编写模块一;董兴月编写模块二;陈效杰编写模块三;高凤文编写模块四。

　　本教材在编写过程中,参考了许多同行的研究成果和资料,由于篇幅所限,恕不一一列出,在此诚表谢意。

　　限于编者水平,加之编写时间仓促,错误和疏漏之处在所难免,敬请予以指正。

编　者

2023 年 8 月

目　录

水稻生产与管理

【知识目标】

通过本模块学习,使学生了解水稻各生长发育阶段的特点,水稻的感光性、感温性、基本营养生长性以及水稻"三性"在引种和生产上的应用。熟悉黑龙江省水稻主栽品种的特征特性。掌握水稻壮苗的标准。

【能力目标】

具备科学管理水稻育秧田的能力;能准确识别各种苗床病害,具备科学防治各种苗床病害的能力;能够独立完成水稻播种工作;能够独立完成水稻移栽工作;能够独立完成水稻移栽田的水层管理和分期施肥工作;能够准确识别水稻生产田主要病害、虫害,掌握科学防治病害、虫害的时间及防治技术;能够根据水稻田间杂草发生情况科学防除草害。

项目一 水稻生产栽培基础

一、概述

(一)水稻生产在我国粮食生产中的地位

1.水稻种植面积在我国粮食生产中的位置

"民以食为天,食以稻为先。"水稻是仅次于小麦的世界第二大粮食作物。我国水稻种植面积占粮食作物种植总面积的30%左右,而稻谷产量占粮食总产量的40%以上。全国约有2/3的人口以稻米为主食,水稻生产是我国以及世界粮食安全的重要保障。

2.水稻是高产、稳产的作物

水稻在田面保持水层的条件下生长,人们可以通过灌溉、排水及水层深浅来调节土壤温热状况、养分释放速度、田间小气候等,同时以水抑制水稻病害、虫害、草害的发生。

3.水稻适应性强

在水源充足的条件下,不论酸性红壤,含盐稍高的盐碱土、排水困难的低洼沼泽地以及其他作物不能全面适应的土壤,一般都可以栽培水稻,或以水稻为先锋作物。水稻的品种类型和稻作制度多种多样,海南岛一年三季连作,长江中、下游地区可雨季连作。最北到黑龙江省漠河地区也可种植生育期短、抗寒力强的水稻品种。

4.水稻营养价值高

一般精白米除含水分12.9%外,还含淀粉77.6%,蛋白质7.3%(少数高达12%~15%),脂肪1.1%,粗纤维0.3%和灰分0.8%。稻米淀粉粒小,含有营养价值高的赖氨酸和苏氨酸,粗纤维含量少,易消化。各种营养成分的可消化率和吸收率都比较高。

5.水稻生产副产品用途极广

米糠含有14%左右的蛋白质、15%左右的脂肪和20%的磷化合物,是家畜的精饲料,也可提取糠油、脑磷素等。谷壳可用来制作装饰板。稻草除可作家畜的粗饲料外,还用于编织日用品。

6.稻谷深加工有广阔前景

(1)大米食品。除直接做米饭当主食外,还可制作方便米饭、快餐米饭、方便粥、米粉制品、饼干糕点、婴儿食品、酿造品(酒类、醋)等。

(2)米糠的利用。米糠含有丰富的蛋白质,油脂和维生素等,是食品、医药、化工等行业的重要原料。

(3)碎米的利用。可制作米粉、米线、点心、饴糖、淀粉、发酵原料、纺织物加工用糊等。

(4)胚芽利用。营养食品、维生素 B_1、维生素 B_6、维生素 E 制剂以及饲料。

(5)特种米的加工利用。如黑米食品及饮料,巨胚米婴儿米粉。

(二)水稻生产概况

1.世界水稻生产及其发展

全世界约有 2/3 的人口以稻米为主食,亚洲稻谷消费量占全世界的90%以上。中国和印度水稻种植面积占世界种植水稻总面积的一半,稻谷总产量占世界稻谷总产量的56.5%。世界各大洲均有水稻栽培,主要集中在亚洲,亚洲水稻种植面积占世界水稻种植面积的90%以上,美洲占4%,非洲占3%,欧洲和大洋洲各占1%以下。

2.我国水稻生产的发展

从1949年至今,我国水稻生产经历了以下3个发展时期。

第一个发展时期(1949—1961年)

此时期的发展特点是在大力开展以治水、改土为中心的农田基本建设的同时,进行了单季稻改双季稻、籼稻改粳稻等耕作制度的改革,并推广了有关先进栽培技术,对提高水稻产量起了重要的作用。

第二个发展时期(1962—1979年)

此时期的发展特点是继续选育普及矮秆优良品种,并采用了与之相配套的优化栽培技术,在改革生产条件的基础上,恢复和发展了双季稻生产。因为提高单产而增产的比重占据了主导地位,说明良种配良法在发展水稻生产上所起的重要作用。

第三个发展时期(1980—2019年)

此时期的发展特点是杂交水稻"三系"(不育系、保持系、恢复系)配套,并配制了一系列高产组合,大面积应用于生产;与此同时,由过去只注重单一栽培技术的研究,发展成为利用器官之间的相关生长规律,在不同生态条件下,创建了一些综合配套高产高效栽培模式,对提高水稻单产起了重要作用。

3. 我国水稻生产的分布及区划

我国水稻产区分布辽阔,南至海南,北至黑龙江省黑河地区,东至台湾,西至新疆维吾尔自治区;低至东南沿海潮田,高达云贵高原,均有水稻种植。我国稻作区划以自然生态环境、品种类型、栽培制度为基础,结合行政区划,划分为 6 个稻作区(一级区)和 16 个稻作亚区(二级区)。

(1)华南双季稻稻作区。本区位于南岭以南,包括广东、广西、福建、海南和台湾。本区稻作面积居全国第 2 位,品种以籼稻为主,山区也有粳稻分布。

(2)华中单、双季稻稻作区。本区位于南岭以北和秦岭以南,包括江苏、上海、浙江、安徽的中南部、江西、湖南、湖北、四川(除甘孜外)以及陕西和河南两省的南部。本区稻作面积约占全国稻作总面积的 61.1%,其中江汉平原、洞庭湖平原、鄱阳湖平原、皖中平原、太湖平原和里下河平原历来都是我国著名的稻米产区。早稻品种多为籼稻,中稻多为籼型杂交稻,连作晚稻和单季晚稻以粳稻为主。

(3)西南单季稻稻作区。本区位于云贵高原和青藏高原,包括湖南西部、贵州大部、云南中北部、青海、西藏和四川甘孜藏族自治州。本区稻作面积占全国稻作总面积的 6.7%。该区≥10℃积温为 2 900~8 000℃,水稻垂直分布带差异明显,低海拔地区为籼稻,高海拔地区为粳稻,中间地带为籼粳交错分布区。

(4)华北单季稻稻作区。本区位于秦岭、淮河以北,长城以南,包括北京、天津、河北、山东、山西等省、市和河南北部、安徽淮河以北、陕西中北部、甘肃兰州以东地区。稻作面积占全国稻作总面积的 3.6%。本区≥10℃积温为 4 000~5 000℃,品种以粳稻为主。

(5)东北早熟单季稻稻作区。本区位于黑龙江以南和长城以北,包括辽宁、吉林、黑龙江和内蒙古自治区东部。又细分为黑吉平原河谷特早熟亚区和辽河沿海平原早熟亚区。稻作面积约占全国稻作总面积的 5.6%。本区≥10℃积温 2 000~3 700℃,年降水量 350~1 100 mm。稻作期一般在 4 月中下旬至 9 月中下旬或 10 月上旬。品种为粳稻。

(6)西北干燥区单季稻稻作区。本区位于大兴安岭以西,长城、祁连山与青藏高原以北地区,包括新疆维吾尔自治区、宁夏回族自治区、甘肃西北部、内蒙古自治区西部和山西大部分地区。稻作面积占全国稻作总面积 0.5%。本区≥10℃积温 2 000~4 500℃,无霜期 100~230 d,年降水量 50~600 mm,大部分地区气候干旱,光能资源丰富。主要种植早熟籼稻。

4. 黑龙江省水稻生产概况

黑龙江省是中国最北部的一年一季寒地稻区,得天独厚的自然资源极适宜发展水稻生产。

1984 年推广旱育稀植技术后,水稻栽培技术发生重大变革与发展,但单产仍然较低,1985—1994 年平均只有 4 744.77 kg/hm²。为此,1995—1998 年针对黑龙江省水稻生产现状开展了"水稻大面积高产综合技术研究与示范"攻关试验项目的研究工作。3 年攻关研究结果,项目试验面积每年平均为 39.93 万 hm²,占同期全省稻作平均面积 135.62 万 hm² 的29.4%,稻谷产量平均为 7 893.0 kg/hm²,较试验前五年全省平均产量 5 748.57 kg/hm² 增产37.3%,比同期全省平均产量增产 32.9%,为黑龙江省进一步大面积增产积累了经验,增强了信心。

5. 黑龙江省水稻种植条件

多年的生产实践证明,黑龙江省不但可以种植水稻,而且可以获得产量高、米质优良的稻谷,因为黑龙江省具有种植水稻得天独厚的自然条件。

第一,光辐射条件好,日照充足。

每年在 5—9 月份水稻的生育季节里,太阳辐射能较强,在 155 kJ/cm² 以上;日照时数长,有 1 097~1 362 h。昼夜温差大,一般在 10℃ 以上。这样的条件,有利于干物质的形成与积累,能够促进水稻生长,增加产量,提高米质。

第二,水资源丰富,土质优良。

黑龙江省湖泊、河流较多,且水中营养丰富,可供利用的地表水约 268 亿 m³,而目前仅利用 83 亿 m³。可供利用的地下水约 100 亿 m³,而现在仅利用 30 亿 m³,这就为井水种植水稻提供了水源保证;黑龙江省地貌多样,有广阔的平原和山体屏障,土壤类型多,土质肥沃。这些都是发展水稻生产的有利条件。

当然,黑龙江省种植水稻也存在着不利因素。如无霜期短,每 3~5 年 1 次的低温冻害等,这些都对水稻生产构成威胁,生产中应给予足够的重视。

6.黑龙江省水稻种植分区

(1)最适宜种植区。最适宜种植区包括牡丹江西部、三江平原中部、哈尔滨大部及庆安、绥化、龙江、依安、望奎等地,该区日平均气温稳定在 18℃ 以上的天数在 80~90 d,日平均气温稳定通过 10℃ 的天数在 150 d 以上,该区≥10℃ 积温为 2 600~2 900℃,年降水量在 400~500 mm,温度高,降水较多,能够充分利用水资源,温度条件对水稻生长极为有利,是中晚熟、中熟水稻品种栽培的最适宜产区。

(2)适宜种植区。适宜种植区包括三江平原部分市县、牡丹江东部及通河、铁力、尚志、延寿等地、松嫩平原东北部、嫩江南部、绥化地区北部及哈尔滨、双城、阿城、宾县和三江平原大部等地区。该区日平均气温稳定在 18℃ 以上的天数在 70~80 d,日平均气温稳定通过 10℃ 的天数为 145~150 d,该区≥10℃ 积温为 2 500~2 600℃,年降水量为 400~500 mm,温度适中,降水较多,温度条件对水稻生长比较有利,是中熟、早熟水稻品种栽培的适宜高产区。

(3)适宜种植但水资源不足区。适宜种植但水资源不足区包括齐齐哈尔、杜尔伯特、泰来、林甸、富裕、安达、兰西、肇州、肇源、肇东等地。该区热量条件较好,该区日平均气温稳定在 18℃ 以上的天数在 90 d 以上,日平均气温稳定通过 10℃ 的天数在 155 d 以上,该区≥10℃ 积温在 2 800℃ 以上,若从光照、温度条件出发最适宜种植水稻,但降水少,是严重干旱区,水分条件对水稻栽培十分不利,为水稻适宜种植但水资源不足。该区适宜种植晚熟水稻品种,若能保证水分供给,是水稻产量最高区。

(4)可种植非高产区。可种植区包括小兴安岭山区和黑河地区,该区降水较多,较为湿润,水分条件好,但温度较低,适宜栽培早熟水稻品种和极早熟水稻品种,为水稻可种植非高产区。

二、栽培稻的起源及品种类型

(一)栽培稻的起源

栽培稻属禾本科、稻属植物,它是由野生稻进化而来的。

1.世界栽培稻的起源

(1)亚洲栽培稻。又称普通栽培稻,起源于中国至印度的热带地域,广泛分布于亚洲、非洲、美洲、拉丁美洲、大洋洲及欧洲,约占世界栽培稻总面积的 99%。

(2)非洲栽培稻。又称光稃栽培稻,起源于热带非洲尼日尔河三角洲,目前仅在西非有少量栽培。光稃栽培稻与普通栽培稻比较,其穗较直立,叶舌较短,且叶舌的尖端钝圆,稃毛、叶茸毛少或无。

2.中国栽培稻的起源

我国栽培稻起源于我国(云南、广东、广西、海南及台湾)的热带及亚热带区域。我国已发现的野生稻有3个种,即普通野生稻、药用野生稻和疣粒野生稻。以普通野生稻最为普遍。

一般认为药用野生稻、疣粒野生稻与栽培稻没有关系。中国稻的栽培历史悠久,浙江省余姚市河姆渡遗址和桐乡县罗家角遗址出土的大量炭化籼型栽培稻,距今6 000～7 000年,比印度考古发掘炭化米(距今3 000～4 000年)还早2 000多年。

(二)栽培稻的品种类型

1.根据水稻的起源、演变、生态特征分类

(1)籼稻和粳稻。籼稻与粳稻是在不同温度条件下形成的两个亚种,籼稻主要分布在秦岭、淮河以南的平原,粳稻主要分布在秦岭、淮河以北及以南的高寒山区。

①籼稻。籼稻是最早由野生稻演变成栽培稻的基本类型,分布在热带、亚热带的平原地带,具有耐热、耐强光的习性,粒形细长,米质黏性较弱,叶片粗糙多毛,颖壳上毛稀而短,易落粒。

②粳稻。粳稻是人类将籼稻由南向北、由低处向高处引种后,逐渐适应低温气候下生长的生态变异类型,具有耐寒、耐弱光的习性,粒形短而大,米质黏性较强,叶片少毛或无毛,颖壳毛长而密,不易落粒。

籼稻和粳稻是由于适应不同温度条件而演变来的两种气候生态型稻种,其稻米分别称为籼米和粳米。由于粳稻耐寒、耐弱光的习性,所以黑龙江省栽种的水稻品种多为粳稻。

(2)早稻、中稻和晚稻。早稻、中稻和晚稻是水稻适应不同光照条件产生的变异类型。

①早稻。全生育期从播种到成熟在90～120 d的叫早稻或早熟种。早稻的感光性极弱或不感光,只要温度条件满足其生长发育,无论在长日照或短日照条件下均能完成由营养生长到生殖生长的转换。

②中稻。全生育期从播种到成熟在120～150 d的为中稻或中熟种。

中稻一般在早秋季节成熟,生育期介于早稻和晚稻之间。多数中粳品种具有中等感光性,播种至抽穗日数因地区和播期不同而变化较大,遇短日照高温天气,生育期缩短。中籼品种的感光性比中粳弱,播种至抽穗日数变化较小而相对稳定,因而品种的适应范围较广。

③晚稻。全生育期从播种到成熟需150 d以上的为晚稻或晚熟种。

晚稻对日照长度极为敏感,无论早播或迟播,都要经9—10月份秋季短日照条件的诱导才能抽穗。由于晚稻的成熟灌浆期正值晚秋,昼夜温差较大,稻米品质比较优良。

根据全国性熟期分类标准,南方高寒山区和西北、东北的水稻品种都属于早粳稻。

(3)水稻和陆稻。陆稻是由水稻演变来的适应干旱地栽培的"地土生态型"作物,陆稻与水稻相比,其发芽力强,耐旱力强,米质较差。

陆稻是适应缺乏淹水条件下生长的生态变异类型,又称旱稻。陆稻和水稻在形态、生理、生态上的差异,一般在缺水状况下会表现出来。陆稻叶色较淡,叶片较宽,谷壳较厚。陆稻品种可以在水田种植,而水稻品种一般不适于在旱地种植。陆稻种子吸水力强,在15℃的低温下发芽较水稻快,幼苗对氯酸钾的抗毒力较强,根系发达且分布较深,维管束和导管较大,吸水力强,蒸腾量小,耐旱能力较强。

(4)黏稻和糯稻。黏稻与糯稻的主要区别是米质黏性大小的不同,糯稻是黏稻淀粉粒性质发生变化而形成的变异型。

①黏稻(非糯稻)。米粒的胚乳中含有较多直链淀粉的水稻类型。米饭黏性较弱。籼稻、粳稻都有黏稻和糯稻之分。黏稻米粒因含有一定量的直链淀粉,煮出的米饭质地干、胀性大,饭粒不易黏结成团。

②糯稻。糯稻是由黏稻发生基因突变而形成的变异类型。籼稻和粳稻、早稻和晚稻都有糯性的变异,一般粳糯的黏性强于籼糯。糯米的胶稠度极软,米的胀性小,煮出的米饭易黏结成团。

2.根据栽培稻品种的特征、特性和利用方向分类

(1)按水稻株型分类。按其茎秆长短可划分为高秆、中秆和矮秆品种。

①矮秆品种。一般将茎秆长度在 100 cm 以下的称为矮秆品种。

②高秆品种。一般将茎秆长度长于 120 cm 的称为高秆品种。

③中秆品种。一般将茎秆长度在 100～120 cm 的称为中秆品种。

矮秆品种一般耐肥抗倒,但过矮,其生物学产量低,难以高产;高秆品种一般不耐肥、不抗倒,生物学产量虽高,但收获指数低,也不易高产,目前生产上很少利用。因此,当前生产上利用的水稻品种多为矮中偏高或中秆品种类型。

(2)按水稻穗型分类。分为大穗型和多穗型两种。

①大穗型品种。一般秆粗,叶大,分蘖少,每穗粒数多。

②多穗型品种。一般秆细,叶小,分蘖较多,每穗粒数较少。其每穗粒数的多少,往往受环境和栽培条件影响较大。

在栽培上,多穗型品种必须在争取足够茎蘖数的基础上,提高成穗率,才能获取高产;大穗型品种,要在一定成穗数的基础上,主攻大穗,以发挥其穗大、粒多的优势,充分挖掘其生产潜力。

(3)按稻种繁殖方式分类。分为杂交稻和常规稻。

①杂交稻。由两个遗传性不同的水稻品种相互杂交所产生的具有杂种优势的子 1 代构成。杂交稻的基因型是杂合的,但个体间的遗传型相同,因而群体性状是整齐一致的,可作为生产用种。杂交稻子 2 代,因子 1 代基因型的杂合性而产生性状分离,生长不整齐,优势减退,产量不同程度地下降,子 2 代一般不能继续做种子使用,所以杂交稻需要每年制种。杂交稻子 1 代种子的生产途径有三系法、二系法和化杀法。

杂交稻遗传基础丰富,具有杂种优势,一般产量较高。目前推广的杂交稻品种以中秆、大穗类型的籼稻较多,其根系发达,分蘖能力强。我国南方稻区杂交稻以籼稻为主。

②常规稻。栽培稻是自花授粉的作物,经过上万年的演化适应了自交繁衍后代而不衰退。我国所征集的栽培稻地方品种资源绝大多数都是农艺性状整齐一致的纯合体。常规稻的基因型是纯合的,其子代性状与上代相同,不需要年年制种,只要做好防杂保纯工作,就可以连年种植。

(4)按稻米品质分类。分为优质稻、中质稻和劣质稻。

目前,我国以中质稻生产为主。随着人民生活水平的不断提高,对优质稻米的需求量将越来越大。近年来,优质稻种植面积有较大发展,但由于多数常规优质稻品种产量不高,其发展速度受到一定限制。随着高产、优质稻品种选育的发展,今后我国优质稻种植面积将进一步扩大。

二维码 1-1 优质稻的定义和特性

3.其他分类方法

(1)直播稻。是一种直接播种而不经过移栽的水稻品种,具有省工、省水等优点。

(2)再生稻。水稻收割后,利用稻桩上存活的休眠芽,在适宜的水分、养料和温度等环境条件下,使之萌发出再生蘗,并进而抽穗、开花、成熟的一茬水稻。

(3)香稻和其他特种稻。

①香稻。是能够散发出香味的品种,通常的香稻除根部外,其茎、叶、花、米粒均能产生香味。

②有色稻米。包括红米、黑米和绿米,色素多积聚于颖果果皮内很薄的一层种皮细胞中,因为加工成精米时果皮、种皮和胚都会被碾去。所以市场上出售的有色稻米都是糙米。

③甜米。淀粉含量相对较少而可溶性糖含量相对较大,米饭有甜味。用它制成各种食品或保健食品,可减少食糖用量。

④巨胚稻。胚占糙米的 25% 左右,是普通稻米胚的 2～3 倍。糙米中的蛋白质、脂肪、纤维素与烟酸等营养成分的含量明显高于普通稻米,其糙米可作为保健食品的原料。

三、植物学特征

(一)根、茎、叶

1.根

稻根是吸收水、肥,运输营养,支持地上部生长,合成各种氨基酸和植物激素等物质的器官,是稻株健全生长的可靠基础。高产栽培必须充分重视壮根。

水稻的根属于须根系,由种子根(初生根)、不定根(次生根)组成。种子根由胚中的胚根形成,发芽时破根鞘而出,只有一条,担负发芽期的养分吸收。一般能维持到 6 叶,根长可伸长到 15 cm。不定根是从鞘叶节及以上各节出生的根系,呈冠状长出,又称冠根。

稻种萌发后由胚根向下伸长成种子根,扎入土中吸收水分和养分,之后在鞘叶节上开始发根,一般为 5 条。先从种子根两旁长出 2 条较粗的根,1～2 d 后在对称位置长出 2 条较细的根,随后在种子根同一方向再长出 1 条细根。这 5 条根与种子根构成幼苗的初生根系(图1-1)。鞘叶节上的 5 条根系,在稻苗立针期开始长出,到 1 叶 1 心期基本出完,这时幼苗体内开始形成通气组织,但尚未完善,对低氧环境适应力较差,因此这一阶段苗床或田面上不宜建立水层,以促进初生根系的形成和立苗,防止倒秧、烂秧。从 3 叶开始,随叶片伸出,依次从不完全叶节、第 1 片完全叶节长出根系,统称为节根或不定根。不定根较粗

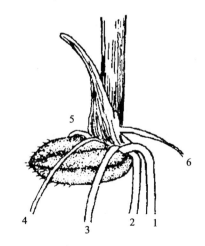

1.种子根 2～6.次生胚根

图 1-1 水稻的初生根系

壮,有通气组织。因此 3 叶期前苗床或田面应保持通气,到 3 叶期以后苗床或田面可以经常保持浅水层。

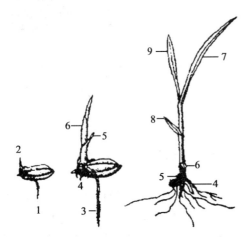

1.胚根　2.胚芽　3.种子根　4.节根
5.芽鞘　6.不完全叶　7.第二片完全叶
8.第一片完全叶　9.第三片完全叶

图 1-2　水稻的次生根系

分蘖期是水稻次生根系(图 1-2)形成的主要时期。4 叶期,第 1 叶节不但发生分蘖,同时发根。每增加 1 片叶,发生一轮新根,每层根 5～20 条。分蘖茎长到 3 片叶,基部蘖鞘节开始发根,同主茎一样,每增加 1 片叶,增生 1 层根。主茎次生根与分蘖茎形成的根构成了强大的吸收系统。水稻的发根力随生长不断变化,出苗后 30 d,生根速度最快,40～50 d 发根力最大,最高分蘖期后 15 d 达到一生根量的高峰期。分蘖期是根量增长期,中耕除草可切断部分老根,促进新根发生,有利于壮根。进入孕穗期发根力开始下降,根量不再增加。

水稻根分布较浅,90% 的根系分布在 0～20 cm 的耕层中,拔节前,根在耕层中呈横椭圆形分布,拔节后向深层发展呈倒卵形。

水稻根的发育需要氧气,在氧气充足的土壤条件下,根系生长良好,吸收水分、营养也较多,使地上部生长旺盛,光合产物也相应增多,这些物质又送到根部,进一步促进根的生育。因此,要改善稻田的排水设施,保持土壤良好的通透性,采取搁田、晒田等措施,供给根系氧气,促进其健壮生长。土壤还原性过强,便于产生硫化氢、乳酸、丁酸、亚铁离子等。硫化氢与铁化合成硫化铁,使稻根变黑色;在铁少的情况下,稻根中毒呈灰色,严重危害稻根。受乳酸、丁酸危害的稻根呈水浸状发生臭味,并抑制养分吸收。俗话说:白根有劲、黄根保命、黑根有病、灰根要命。

白根一般都是新根或是老根的尖端部分,这些根泌氧能力强,能使周围的土壤呈氧化状态,形成一个氧化圈,将其周围的可溶性二价铁氧化成三价铁沉淀,使其不聚积在根的表面,保持了根的白色。白根有很强的生理功能,生命力和吸收能力都很强,所以说白根有劲。

黄根一般出现在老根和根的基部表面。这些根因为老化,外皮层细胞壁增厚,三价铁沉积在根上,成为黄褐色铁膜。这层铁膜有保护作用,可防止有毒物质浸入根的内部,但这种根系吸收能力大大减弱,所以说黄根保命。

长期淹水以后,由于土壤内氧气不足,二价铁较多,同时有机质进行嫌气分解,产生硫化氢等一系列有毒物质。当硫化氢和二价铁相结合时,便生成硫化亚铁(黑色)沉淀在根表,使根变成黑色。这种根生理机能进一步衰退,所以说黑根生病。

若土壤中缺少铁元素,硫化氢得不到消除,会抑制根系的呼吸作用和吸收功能,使根中毒死亡。硫化氢中毒症状使根系呈灰色水渍状,有臭鸡蛋气味,所以说灰根要命。

稻田产生黑根的原因主要有:地下水位高,长期漫灌缺氧,大量施用未腐熟的肥料,硫酸铵等化肥施用过多,土质过黏,通气不良等。因此,要采用降低稻田地下水位,施用腐熟良好的肥料,避免过量施用硫酸盐肥料,适时露田、晒田,改良黏重土壤,进行综合治理,方能收效显著。

2.茎

水稻的茎由节和节间组成。节是出叶、发根、分蘖的活动中心。节间分伸长节间和未伸长节间,伸长节间位于地上部,呈圆筒形,中空直立,约占全部节间数的1/3,未伸长节间位于地面下,各节间缩成约2 cm的地下茎,是分蘖发生的部位,称分蘖节。

水稻进入拔节期的标志是其基部第一节间开始伸长,达到1～2 cm时称为拔节。以后自下而上其他节间陆续伸长。当田间有50%的植株拔节时,水稻进入拔节期。

稻茎的高矮因品种和环境条件而变化很大,一般为70～110 cm。矮秆不易倒伏,耐肥力强,且适宜机械化栽培。水稻主茎的总节数一般为10～17节,早熟品种节数少,晚熟品种节数多。水稻主茎地上伸长节间因品种而异,一般早稻4个,中稻5～6个,晚稻6～7个。主茎下位的节间短,上位的节间长,最上位的一个节间最长,其顶端着生稻穗。茎基部节间长短与粗壮程度和倒伏关系密切,短而粗的不易倒伏,长而细的容易倒伏。

水稻的茎秆倒伏,主要是由于茎秆发育不健壮,基部节间过长,组织柔弱,重心偏高,承受力小,担负不起上部重量而产生的。为防止倒伏,首先要选用抗倒伏品种,并采取合理的栽培措施,使群体通风透光,不徒长,基部节间短粗,以增强茎秆的抗倒伏能力。

稻茎各节,除顶节外,都有一个腋芽。这些腋芽在适宜的条件下,都能发育成分枝。凡分枝发生在稻茎地下部分分蘖节上的,称为分蘖。稻茎地上部分各节的腋芽通常呈潜伏状态。

3.叶

叶是光合作用的主要器官,是合成光合产物的主要场所,叶片的光合成量占总光合成量的90%以上。高产栽培的实质就是调整叶片,使之形成更多的光合产物。

水稻属于单子叶植物,水稻的叶有两种:一种是发芽后从芽鞘中抽出的只有叶鞘、叶片高度退化的不完全叶,另一种是完全叶,完全叶由叶片、叶鞘、叶耳、叶舌、叶枕组成(图1-3)。水稻最上一片叶呈剑形,因此称剑叶。计算主茎叶龄时,多自第1完全叶算起。

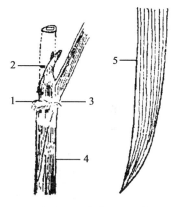

1.叶耳　2.叶舌　3.叶枕
4.叶鞘　5.叶片
图1-3　水稻叶的结构

(1)叶片。叶片由表皮、薄壁组织、机械组织和大小维管束组成。

(2)叶鞘。与叶片比较,叶鞘无茸毛,叶绿体少,无泡状细胞,气孔也少,但气腔较多,通气组织发达。叶鞘的薄壁组织有暂时积累淀粉的功能,积累的顺序自下而上,主茎叶鞘比分蘖叶鞘蓄积淀粉力强。这些淀粉是暂时贮藏的,抽穗后将运送到穗部。肥水管理合适,叶鞘蓄积的淀粉增加,叶鞘干重大于叶片干重,即鞘、叶比高,经济系数也高,所以中期鞘和叶比可作为预测籽粒充实程度的指标。

(3)叶枕、叶舌及叶耳。叶枕位于叶片与叶鞘的交界处,带状,无叶绿体,无茸毛、乳突、气孔、硅化细胞等,表面较平滑。叶枕的结构影响叶片的空间位置,导致群体结构的变化。

叶舌位于叶枕的内侧,先端分歧呈舌形,白色,膜状,表面有乳突及茸毛,靠茎秆一侧较光滑,可防止雨水流入叶鞘。叶耳生于叶枕两侧,有许多茸毛,环抱茎秆。

叶的光合产物在不同生育时期输送至不同的生长中心,分蘖期光合产物首先分配给幼嫩叶,其次是分蘖和根系;穗分化以后,分配给顶端新生叶、茎和穗。剑叶及其下叶合成的碳水化合物,主要送入穗部,是穗的中心功能叶。其下较老叶合成的养分主要供给茎,再下的老叶形成的养分供给根系。根系将从土壤中吸收的养分输送到上方的功能叶中。如果过分繁茂,则下叶早衰,上叶活力降低,光合能力减弱,植株生育不良。最上 3～4 片茎生叶(又称穗粒叶)的光合产物主要供上部节间和穗粒生长与充实。

水稻主茎叶数,各品种间有所不同。早熟品种叶片数少,晚熟品种叶片数多。生育期 95～125 d 的早熟品种,主茎叶数为 9～13 片;生育期 130～155 d 的中熟品种,主茎叶数为 14～15 片;生育期 160 d 以上的晚熟品种,主茎叶数在 16 片以上,最多有 19 片叶。

叶的长度以倒数第 3 叶最长,向两端逐渐变短,叶片长度受该叶伸长时体内养分浓度及环境条件的影响。分蘖末期正是最长叶的生长期,此期要防止该叶徒长,改善群体内光照条件,预防倒伏。

水稻不同位置叶的寿命不同,1～3 叶的寿命只有 10 d 左右,分蘖期生出的叶的寿命为 20～40 d,拔节后生出的叶寿命在 40 d 以上,剑叶寿命达 50～60 d。

(二)穗、颖花、种子

1.穗和颖花

(1)穗。稻穗为圆锥花序。穗的中央有一主轴即穗轴,穗轴上有 8～10 个节,节上着生一次枝梗,一次枝梗上分生出二次枝梗,着生 5～6 枚小穗;二次枝梗上着生 3～4 枚小穗。每个小穗是 1 朵可孕花。穗轴基部着生枝梗的节叫穗颈节,穗颈节上的枝梗轮生。穗颈节到剑叶叶耳间为穗颈(图 1-4)。

(2)颖花。水稻颖花由小穗柄、小穗轴、副护颖、护颖、外颖、内颖、雄蕊、雌蕊、鳞片构成(图 1-5)。

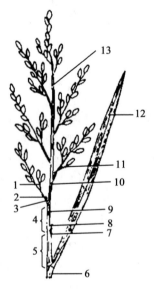

1.二次枝梗　2.退化二次枝梗　3.一次枝梗
4.穗节距　5.穗颈长　6.顶叶鞘　7.穗颈节
8.退化一次枝梗　9.穗轴　10.穗节
11.退化颖花　12.顶叶
13.退化生长点

图 1-4　水稻的穗

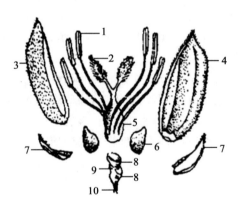

1.花药　2.柱头　3.内颖　4.外颖　5.子房
6.鳞片　7.护颖　8.小穗轴
9.副护颖　10.小穗梗

图 1-5　水稻的颖花

颖花实际是小穗,从植物学上看小穗有 3 朵小花,其中 2 朵退化,各留下外颖,一般称为护颖(颖片),小穗基部的两个小凸起是退化的颖片,称为副护颖,留下的花是可孕的,有外颖、内颖,6 个雄蕊,1 个雌蕊,2 个浆片,这就是将来成为稻谷(种子)的颖花。

水稻是自花授粉作物,花朵开放前即已完成授粉,天然杂交率为 0.2%～0.3%。

2.种子

水稻的种子(稻谷)是由小穗发育而来的,真正的种子是由受精子房发育成的具有繁殖力的果实(颖果)。外面包被的部分为稻(颖)壳。果实俗称籽粒或糙米,由果皮、种皮、胚乳与胚组成(图 1-6)。

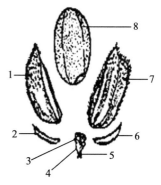

1.内颖　2.第二护颖　3.小花梗
4.副护颖　5.小穗梗　6.第一
护颖　7.外颖　8.米粒
图 1-6　水稻的种子

(1)颖壳。由两个相互勾合着的内颖和外颖构成,内外颖呈尖底船形,有的品种外颖的尖端延伸形成芒,其长短因品种而异,最长的可达 6～7 cm。内外颖的重量约占种子总重的 15%。内颖、外颖、芒和颖尖的颜色及芒的长短是识别品种的重要标志。

(2)糙米。谷粒去掉颖壳后即为糙米,糙米表面光滑,白色或半透明,也有红色、紫色和黑色的。未成熟的糙米呈绿色,成熟的糙米呈白色。糙米除了包在外边的薄薄的果皮外,主要由胚乳和胚两部分构成。

①胚乳。胚乳重量占种子总重量的 83%,胚乳内含有大量的营养物质,这些营养物质,一方面用于维持种子自身生命活动需要,另一方面提供种子萌发和幼苗初期(三叶期前)生长所需的养分。因此,大而饱满的种子是培养壮秧的基础。糙米对外颖的一面叫腹面,腹面呈白色不透明的部分叫作腹白,中心部分同样呈白色不透明的部分叫作心白。

②胚。胚位于稻种腹面基部,是种子最重要的部分,一旦胚受损坏或丧失生活力,就完全失去种用价值。胚虽然只占种子总重的 2%,但含有大量的高能营养物质,这些物质是水稻生理上必须而又活跃的高度生理活性物质。胚由胚芽、胚轴、胚根和盾片等组成。胚芽在胚轴的上端,由生长点、3 个叶原基和胚芽鞘构成;胚根在胚轴的下端,发芽后将形成种子根;胚轴是连接胚芽和胚根的部分,在胚的内侧,位于胚和胚乳之间。着生于胚轴一侧的盾状物是盾片,盾片靠胚乳一侧的外层细胞称为上皮层细胞。种子萌发时,由于上皮层细胞内酶的活动,使胚乳中的营养物质分解,并将分解后的养分吸收,转运到胚的生长部位,供胚细胞分裂与生长的需要。

四、水稻的生长发育

(一)水稻的一生

水稻从种子萌发到新种子形成称为水稻的一生。

根据器官发生的特点,水稻的一生可划分为以生根、长叶、增蘖为主的营养生长期和以长穗、开花、结实为主的生殖生长期两个生长阶段。营养生长阶段是决定穗数的时期,生殖生长阶段是决定粒数和粒重的时期。黑龙江省栽培的水稻在拔节之前就开始幼穗分化,即有一段营养器官和生殖器官同时生长的时期,这一时期称为营养生长和生殖生长的并进阶段。

1. 水稻的生育期

水稻的生育期是指从出苗到成熟所经历的日数。农业生产中按生育期的长短常把水稻分为早、中、晚熟品种。黑龙江省的水稻早熟品种生育期为 $100 \sim 110$ d，中熟品种生育期为 $110 \sim 130$ d，晚熟品种生育期为 130 d 以上。生育期的长短，是品种的遗传特性，但也会随环境条件的改变而变化。一般而言，同一品种播种越早，生育期越长，播种延迟，则生育期缩短。海拔相同纬度不同时，同一品种的生育期随纬度的降低而缩短，随纬度的升高而延长。纬度相同、海拔不同时，同一水稻品种的生育期则随海拔的升高而延长，随海拔的降低而缩短。另外，栽培措施也会使生育期发生改变，一般密植的生育期缩短，稀植的生育期延长；多施氮肥比多施磷钾肥生育期延长；沙质壤土种水稻比黏质壤土种水稻的生育期短。所以，在种稻购种时，既要考虑品种特性与当地的自然条件是否吻合，又要考虑种子产地与当地地理位置的差异。

2. 水稻的生育时期

在水稻的一生中，根据植株外部形态变化和内部生理变化的特性，可将其划分为种子萌发期、幼苗期、分蘖期、拔节孕穗期、抽穗开花期和成熟期 6 个生育时期。每个生育时期的生长发育特点不同，对环境条件的要求也各不相同，只有了解各生育时期的生长发育特点，针对其特点采取适当的栽培措施，才能获得理想的产量。

3. 水稻的"三性"

水稻的生育期因品种不同有明显差异，这是不同品种对温度、光照不同反应的结果。水稻的生育期包括营养生长期和生殖生长期两个时期。不同品种的生殖生长期从幼穗开始分化到成熟的天数差异是不大的，品种间生育期长短的不同，主要是由于营养生长期的差异。

水稻的营养生长期，又可分为"基本营养生长期"和"可变营养生长期"两部分。基本营养生长期是水稻在任何环境下，为了植株正常发育所必需的营养生长天数；可变营养生长期则是因环境而变动的营养生长天数。在影响水稻可变营养生长期的环境因素中，主要是温度和日照时数。

水稻是喜温作物，高温会缩短营养生长期，提早幼穗分化，低温则可以延长营养生长期，延迟幼穗分化。这种特性称为水稻的"感温性"。

一般说来，水稻是短日照植物，短日照可以缩短营养生长期，提早幼穗分化；长日照则能延长营养生长期，延迟幼穗分化，这种特性称为水稻的"感光性"。

在高温和短日照处理下都不能再缩短的营养生长期，便是基本营养生长期，这种特性称为水稻的"基本营养生长性"。

基本营养生长性和感温性、感光性合称为水稻的"三性"。

不同的水稻品种三性的强弱是不一样的，品种生育期的长短便是由三性的强弱决定的。水稻原产热带，具有要求高温、短日照的发育特性，当它们扩展到不同地区、不同季节栽培后，由于温度、日照条件发生了变化，在长期自然选择和人工选择的作用下，形成了适于当地光温条件的不同类型和品种，这就是水稻三性的形成原因。黑龙江省的水稻品种属于感温性强，感光性迟钝的类型。

掌握水稻的三性，熟悉不同品种各个生育时期所需的积温范围，根据当地常年气温、日照变化情况，便可预计分蘖、穗分化、出穗等生育进程和出现时期，便于实行水稻计划栽培和采取相应的栽培管理措施。

在农业生产上引入水稻新品种时，必须掌握品种的光、温反应特性。由于在水稻生长季节从南到北温度由高变低,日照由短变长,所以南种北引会延迟成熟,要充分考虑安全齐穗期,以引用早熟品种为宜;北种南移会使营养生长期缩短,提早成熟,要考虑能否高产问题,宜引用较迟熟品种。一般来说,同纬度、同海拔条件下引种成功的可能性较大。

4.水稻的生育类型

水稻的生育类型是指以发育角度分期的营养生长期和生殖生长期相互关系在具体品种和栽培条件下的反应。

水稻营养生长期的主要标志是分蘖,生殖生长期的主要标志是穗分化。分蘖终止期(拔节始期)与穗分化始期并不总是衔接的,它依品种、播插期及其他栽培条件而变化,这种变化的类型称生育类型,有3种生育型,即重叠型、衔接型、分离型。

(1)重叠型。水稻拔节前开始幼穗分化,分蘖期与长穗期有一段重叠时期。这类品种地上部仅有3~4个伸长节间,幼穗分化早,营养生长期偏短,黑龙江省栽培的水稻属此类型。在种植时,应促进前期早生快发,增加光合作用能力,延长光合作用时间,提高产量。

(2)衔接型。水稻幼穗分化和拔节同时开始,即在停止分蘖时便开始幼穗分化,分蘖期与长穗期相衔接。

(3)分离型。水稻开始拔节之后,间隔10~15 d才开始幼穗分化,即分蘖期和长穗期相隔一段时间。这类品种具有6个或6个以上的伸长节间。

(二)种子萌发期的生长发育

1.种子的萌发过程

水稻种子通过休眠后,在适宜的温度、水分、氧气条件下,开始生长的过程叫萌发。当胚根或胚芽开始突破外颖基部出现白点时,称为“破胸”。在一般情况下,胚芽鞘首先突破种皮,胚根也随即长出。种子破胸后,胚根、胚芽继续生长,当胚芽长达到种子长度的一半,胚根长达到种子长度时,称为“发芽”。

2.影响种子萌发的因素

(1)内部因素。一是水稻种子成熟度。种子越成熟,发芽率越高;未成熟的种子,不但发芽率低,而且,幼苗发育也差。二是水稻种子的寿命。也就是水稻种子生活力持续的年限或者说种子保持发芽率的年限。水稻种子的寿命与种子成熟度及种子贮藏条件等有密切的关系。未成熟的种子,其生活力低,发芽速度缓慢,在萌发过程中容易霉烂。种子贮藏时含水量过高,或者受潮、发热、霉烂或受冻,胚的生活力都将受到影响,甚至完全失去生活力,导致不发芽。

(2)影响种子萌发的外界条件

①水分。水分是水稻种子发芽的先决条件,当种子吸收自身重量25%的水分时可以开始萌发,但非常缓慢;当种子吸收自身重量35%~40%的水分时才能正常萌发,最适萌发吸水量为种子饱和吸水量的70%。种子吸水的速度与温度有关,在10~40℃范围内,吸水速度随水温升高而加快。当水温10℃时,达到饱和需90 h以上,当水温25℃时,则需48~72 h,当水温达30℃时,只需40 h左右。所以,在低温条件下浸种应适当延长时间,以确保种子吸收足够的水分。

②温度。水稻种子吸足水分后,还必须在一定的温度条件下才能萌发。据测定,黑龙江省水稻种子萌发的最低温度为9~10℃,但发芽缓慢,萌发的最适温度为25~30℃,在这样的温度条件下,发芽整齐健壮。当温度达到30~35℃时,虽然萌发速度较快,但芽的长势弱。种子

发芽的最高温度为40℃,超过40℃就会抑制幼根、幼芽的伸长,时间过长,还会灼伤幼根和幼芽而减弱种子的发芽力。因此,春季播种前水稻催芽时,要防止种堆温度过高。

③氧气。随着水稻种子萌发的进展,呼吸作用逐渐增强,种子萌发对氧气需求量逐渐增加。如果缺氧种子内将产生酒精和二氧化碳等有毒物质,使芽、根不能正常生长。所以,在催芽过程中,要求种堆不能过厚,水分不能过多,温度不能过高,且要勤翻动,使种子均匀受热通气、以防酒精中毒,导致烂种烂芽。

水稻种子的萌发,必须有氧气参加。但胚芽在无氧或少氧条件下比有氧条件下伸长快,所以,在淹水条件下,通常是芽长得快,根长得慢,在氧气充足条件下,则是根长得快,且发达,即所谓的"干生根,湿长芽"现象。

(三)幼苗期的生长发育

1.幼苗期的生长

水稻从出苗到第三片完全叶展开的时间叫做幼苗期,但在育苗生产中把秧田期也叫幼苗期。

水稻萌发后生出一条种子根,同时,胚芽向上长出白色而挺立的芽鞘,此时称立针期。接着,从芽鞘中伸出1片只有叶鞘而无叶片呈绿色的筒状不完全叶,当不完全叶长达1 cm时,称出苗(俗称现青或放青)。出苗后2~3 d,从不完全叶顶端伸出第一片完全叶。第一片完全叶展开后,第二片、第三片完全叶相继长出。当第三片完全叶展开时,胚乳中的养分几乎消耗殆尽,幼苗由胚乳供给营养转变为独立营养,所以,三叶期又叫"离乳期"。

2.影响幼苗生长的因素

(1)温度。在恒温条件下,粳稻出苗的最低温度为12℃,超过15℃时,出苗比较正常,幼苗生长顺利。一般以日平均气温在20℃左右,对培育壮秧最为有利。

此外,幼苗的耐低温能力,随着叶龄的增加而减弱,粳稻的耐寒力较强。水稻三叶期以前受冻指标是:出苗前可耐0~1℃的低温、苗床面温度为-2~-3℃,出苗到三叶期,可耐3~5℃的低温、苗床面温度为0℃,三叶期以后,受冻指标为:最低气温5~7℃、苗床面温度为2~4℃。

(2)水分和氧气。幼苗在湿润而又不淹水的情况下,因氧气充足,根的呼吸作用良好,生长较快,根毛多,吸收面积大,使幼苗生长健壮;在淹水条件下生长,因氧气缺乏进行缺氧呼吸,消耗大量体内物质,明显抑制新生幼根的形成和幼苗的生长,导致幼苗生长停滞或发育畸形。因此,在幼苗根部通气组织形成前,不能长期淹水。秧苗三叶期以前,需水较少,一般除防冻外,不需建立水层。

(3)养分。幼苗期所需养分主要来源于种子的胚乳,当水稻生长到三叶期时,胚乳中养分几乎消耗殆尽,此时,苗小叶少,根系吸收能力弱,幼苗抵抗能力差,极易遭受大风、低温、营养供应不足及各种病虫的危害,造成烂秧死苗。因此,生产中应在三叶前提早施用离乳肥,这是培育壮秧的有力措施。但是,过多施用氮肥,幼苗叶片浓绿,软弱下披,体内正常的新陈代谢失调,长势反而不壮,容易感病。

磷能促进根系发育、蛋白质的合成和同化物质的转移,钾有壮秆作用。在低温弱光情况下,磷、钾能增强稻苗的抗寒力。因此,应适量施用氮肥,并配合磷、钾肥,效果较好。

(4)光照。三叶以前,幼苗主要靠胚乳供养生长,但光照不足幼苗白化细弱。三叶期以后,光照的强弱对秧苗素质影响很大,光照不足,叶色较淡,叶鞘和叶片生长细长,幼苗纤弱,在完全遮光的条件下,叶绿素不能形成或遭到破坏而枯死。这种现象在大棚育苗时,如果管理不当,常会出现。因此,育苗时应选择光照条件好的秧田,播种时还应掌握适当的播种量。

(四)分蘖至拔节孕穗期的生长发育

1.分蘖期的生长发育

水稻茎的分枝叫作分蘖。分蘖与否是水稻个体发育好坏的重要标志。在合理密植条件下,争取低位蘖的早生快发是获得大量有效分蘖,提高产量的重要技术措施。

水稻第四片完全叶生长的同时,开始发生分蘖。从开始分蘖到开始拔节这段时间称为分蘖期。水稻产量靠群体创造,如果没有分蘖,很难达到高产目的。因此,分蘖对水稻产量的形成有很大影响。

分蘖期生长的特点是:分蘖增加,进行以分蘖为中心的发根、出叶、茎的长粗等营养生长。分蘖期是决定单位面积有效穗数的关键时期,是为水稻穗发育奠定物质基础的时期。

(1)分蘖发生的位置。水稻主茎一般有十几个节。每节各长 1 片叶,叶腋内均有 1 个腋芽,腋芽在适当条件下生长而成分蘖。但是鞘叶节、不完全叶节、各伸长节,一般不发生分蘖,只有靠近地面的密集节上的腋芽才可形成分蘖,所以称为分蘖节。

着生分蘖的叶位称为蘖位。分蘖节位数一般等于主茎总叶数减去伸长节间数。分蘖着生节位较低的称低位分蘖,着生节位较高的称高位分蘖。低位分蘖成穗率高,穗型也大。低位分蘖的始发节位,因栽培方式和秧苗素质而有不同。直播稻的始蘖节位一般较低。移栽稻的始蘖节位与秧苗大小、壮弱有关。即便是同龄秧苗,也有壮有弱,常因各种条件而发生变化。

由主茎发生的分蘖是一级分蘖,由一级分蘖上发生的分蘖为二级分蘖,二级分蘖上还可产生三级分蘖。除旱育稀植和超稀植外,直播栽培和插秧密度过大,很少发生二级分蘖。

分蘖芽的分化发育规律是每个分蘖刚长出时,已具有 1 个分蘖鞘、1 个可见叶及其内包的 3 个幼叶及叶原基,共 6 个叶节位。每个分蘖芽从分化到长出。前后需 6 个出叶期,主茎第 1 叶腋的分蘖芽,在种子萌动鞘叶伸出时即已分化,历经不完全叶、第 1、2、3 完全叶,直到第 4 叶抽出时才长出,共经 6 个出叶期。在幼苗 3 叶期时,苗体内.已孕育着 5 个处于不同阶段的分蘖芽和原基。所以为了分蘖的早生快发,必须以壮苗为基础,以蘖、叶的同伸程度来衡量秧苗壮弱及分蘖是否早发,这是一项最好的指标。

(2)水稻的叶蘖同伸关系。由于分蘖的产生是靠主茎上的叶片提供养分,所以,分蘖的生长与主茎叶的生长存在着一定的关系,这种关系叫作叶蘖同伸关系。研究发现,分蘖的出现总是和主茎出叶相差 3 个节位,既主茎第 n 叶与第 $n-3$ 叶腋中的分蘖同时生长。以后主茎与分蘖茎上的叶数同步增长,即主茎增加一片叶,分蘖也增加一片叶。一级分蘖的出叶与二级分蘖的形成同样存在着这种同伸关系。

(3)有效分蘖与无效分蘖。水稻群体中,有 10% 开始分蘖时为分蘖始期。分蘖增加最快的时期为分蘖盛期。分蘖数达到最多的时期为最高分蘖期。分蘖期茎数与收获穗数相同的时期为有效分蘖终止期。在此期以前出生的分蘖多为有效,以后出生的分蘖多为无效。分蘖成穗结实的为有效分蘖,反之为无效分蘖。

①有效分蘖与无效分蘖的生育差异。主茎拔节对分蘖的养分供给迅速减少,使分蘖向有效和无效两方分化。有效分蘖的生理基础是主茎拔节时分蘖具有较多的自生根系和独立生活

能力。

分蘖茎有 3 片叶后才有自生根系。因此,拔节时有 4 叶的分蘖(3 叶 1 心)能成穗,有 3 叶的分蘖(2 叶 1 心)处于动摇之中,有 1～2 叶的分蘖基本无效。根据叶蘖同伸关系,为使分蘖成穗,分蘖必须在拔节前 15 d 左右抽出,才能在主茎拔节前长出 3 个叶片,长出自己的独立根系,成为有效分蘖。所以在生产上促进分蘖早发,争取低位分蘖是提高分蘖成穗的关键。

②有效分蘖的临界叶龄期。按照叶蘖同伸和叶节间同伸的关系,在"主茎总叶数 N 一伸长节间数 n"的叶龄期以前出生的分蘖到拔节时(基部第一节间伸长时)可具有 4 个以上叶片,因此可将 $N-n$ 叶龄期称为有效分蘖的临界叶龄期。

以 12 叶的品种为例,其伸长节间数为 4,有效分蘖临界叶龄期为 12－4＝8,即 8 叶抽出期为有效分蘖临界叶龄期,9 叶抽出期为动摇分蘖争取叶龄期。

(4)影响水稻分蘖期生长的因素

①温度。温度不但影响发根及根系的吸收能力,还严重影响分蘖的发生。根生长的适宜温度为 25～30℃。发生分蘖的最适气温为 30～32℃,最适水温为 32～34℃,气温低于 20℃,水温低于 22℃,分蘖就十分缓慢;气温低于 15℃,水温低于 16℃分蘖就停止发生;无论什么品种气温超过 40℃,水温超过 42℃,分蘖都将停止发生。黑龙江省水稻在营养生长期每生出一片叶需活动积温 75～85℃。所以,分蘖期气温、水温高,有利于分蘖的早生快发,有利于营养体的生长。

②营养。分蘖期的营养状况影响分蘖的速度和数量。各营养中氮、磷、钾三要素对分蘖的影响最为显著,其中以氮的影响为最大。叶中氮素浓度在 3.5％以上分蘖旺盛发生,2.5％以下停止分蘖;叶中含氮量降低到 1.6％时已经发生的分蘖将死亡。

③光照。水稻返青期后,需要充足的光照,以提高光合强度,增加光合产物,促使发根分蘖。如分蘖期阴雨天多,光照少,则光合作用不旺盛,同化产物减少,致使分蘖延迟发生,数量减少。光照强度越低,对分蘖的抑制越严重,据测定自然光强条件下,水稻返青后 3 d 开始分蘖;50％自然光强条件下,返青后 13 d 开始分蘖;在 5％自然光强时,不发生分蘖。

④水分。分蘖期是水稻对水敏感的时期之一。为了争取足够的穗数,分蘖期不宜脱水,并以浅水为宜,以满足分蘖对水分、温度和空气的需求。分蘖期水分过多或过少,对分蘖均有抑制作用。缺水会使稻株生理机能减弱,分蘖迟发,分蘖数少;如稻田灌水过深,则降低泥温,减少土壤氧气,土壤还原物质增多,分蘖也受抑制。所以无效分蘖期排水晒田能抑制后期无效分蘖的发生。

分蘖期土壤水分状况对根系的生长有很大的影响,分蘖期水稻根中已形成发达的裂生通气组织,氧气可通过叶部气孔吸收后,输导到根部使根周土壤中的铁氧化成三价铁,呈红褐色,消除强还原性条件下有毒物质的毒害。如果土壤通透性差,灌水渗透量低,根际氧气不足,会影响根对磷、钾、硅的吸收,降低植株的抗性。

⑤插秧深度。插秧深度在 2～3 cm 比较适宜,超过此界限插秧越深,对分蘖发生的影响越大。深插由于分蘖节处在通气不良、温度较低的土层中,不利于分蘖。插秧过深时,分蘖节下部节间伸长形成"地中茎",其把分蘖节送到上层适宜的浅处,才能开始分蘖,使得分蘖发生迟缓,降低成穗率。

2.拔节孕穗期的生长发育

拔节孕穗期是水稻的营养生长与生殖生长的并进阶段,在叶数不断增长,节间伸长的同时,幼穗开始分化,发根力开始下降,根量不再增加,是产量形成的关键时期。

进入拔节期,茎基部第一节间开始伸长,达到 1~2 cm 时称拔节。以后由下而上其他节间陆续伸长。当田间有 50% 的植株拔节时,水稻进入拔节期。

(1)穗的分化与发育。水稻幼穗分化发育是一个连续的自然变化过程,它将经过第一苞分化期、一次枝梗原基分化期、二次枝梗及颖花原基分化期、雌雄蕊形成期、花粉母细胞形成期、花粉母细胞减数分裂期、花粉内容物充实期、花粉完成期才能完成幼穗的发育,形成籽粒。水稻幼穗分化所经历的时间,因品种和栽培条件有所不同。如黑龙江省水稻幼穗分化的时间一般为 28~33 d。

(2)影响穗分化的因素

①温度。幼穗分化期是水稻一生中对温度反应最敏感的时期。幼穗发育最适温度为 25~30℃,在一定范围内温度高,幼穗分化速度快,分化过程缩短;温度较低,穗分化期延长,颖花较多。粳稻低于 19℃ 不利于穗分化。

②水分。穗分化期水分不足,会导致颖花大量退化并产生不孕花而减产,在生产中以建立水层为宜。

③光照。在枝梗分化期和颖花分化期如果光照不足,已形成的枝梗和颖花退化,推迟性细胞成熟,不孕花增多。

④养分。穗分化期是水稻一生中需肥最多的时期,吸收氮、磷、钾量占一生吸收量的一半以上,特别是氮素对穗分化影响最大。叶片含氮量高,分化形成的颖花多;叶片含氮量低,则颖花少,谷壳容积也小,最后形成的籽粒也小,产量低。

(五)抽穗结实期至成熟期的生长发育

1. 抽穗结实期的生长发育

水稻从抽穗到结实成熟的整个过程,是抽穗结实期。其长短与温度高低有关,黑龙江省的水稻品种一般为 40~50 d。抽穗结实期是生殖生长阶段,其是决定粒数、粒重和最终产量的关键时期。

(1)抽穗、开花。水稻幼穗发育完成以后,稻穗顶端伸出剑叶叶鞘外时,称抽穗。一穗自穗顶露出剑叶叶鞘至全穗抽出需 4~5 d。一株水稻的抽穗次序一般是主穗先抽,再依各分蘖发生的迟早而依次抽穗。自开始抽穗到全株或全田抽齐,需 7~12 d。生产上要求"抽穗一刀齐"。抽穗若不整齐,成熟也不一致,影响水稻的产量和品质。因此,生产上要选择抽穗整齐的品种,加强田间管理,使植株生长健壮、整齐。

当稻田有 10% 植株出穗时称为始穗期,有 50% 出穗时称抽穗期,有 90% 出穗时称为齐穗期。一般从始穗期到齐穗期需 1~2 周。水稻正常开花适期成熟的齐穗时期称为安全齐穗期。在黑龙江省寒地水稻栽培中,以日平均气温稳定在 20℃ 以上,3 d 平均气温不低于 19℃ 的天气,即可安全齐穗。所以,栽培上要合理安排水稻种植密度及肥水管理,以确保抽穗快而整齐,达到适期成熟的生产目的。

在正常条件下,稻穗抽出剑叶的当天或经 1~2 d 即可开花。1 个颖花的内外颖开始张开到闭合的过程,叫作开花。水稻属自花授粉作物,异花授粉率仅在 1% 以内。

水稻的开花顺序是:水稻开花顺序与颖花发育早晚一致。一般主茎穗开花先于分蘖穗;同穗各第一次枝梗间,上位枝梗的颖花开花早,下位枝梗的颖花开花迟;同一个第 1 次枝梗,直接着生在第1次枝梗上颖花开花早,着生在第2次枝梗上的颖花开花迟;同一枝梗各颖花间,顶端颖花先开,接着由最下位的一个颖花顺次而上。

各枝梗间开花虽有先后,但相互交错重叠。先开的花称优势花,所结的谷粒饱满,后开的花叫弱势花,常因灌浆不足而形成青米、劣米、秕粒米,甚至因未受精而成为空粒。1 d中水稻开花的时间因品种、气候等条件而异。正常情况下,黑龙江省的水稻品种9~10时开花,11~12时最盛,到14~15时开花停止,1个稻穗从初花到终花需5~8 d。

(2)灌浆、结实。花粉落在柱头上2~3 min即发芽,受精在开花后18~24 h完成。受精后,胚及胚乳开始发育,养分自茎叶向籽实转运,子房开始逐渐膨大,进入灌浆、结实阶段。

开花后4~5 d,幼胚已经分化,并开始灌浆。从灌浆开始谷粒增长很快,一般开花后7~8 d可达最大长度,3~10 d可接近最大宽度,约15 d后接近最大厚度。此时是米粒基本定型以后胚乳的充实,进入成熟过程。

(3)影响抽穗开花及灌浆结实的因素

①影响抽穗的因素。正常天气,稻穗从剑叶叶鞘露出到全穗抽出需4~5 d。其中,以第3天伸长最快。不同类型品种间,抽穗快慢有所不同,早熟品种抽穗快,晚熟品种抽穗慢;气温低或肥水不足抽穗慢,易出现"包颈穗"而影响产量和质量。气温高则抽穗快,抽穗的最适温度是25~35℃,过高或过低均不利于抽穗。据研究,水稻安全齐穗的平均气温必须在20℃以上,最低气温在15℃以上。

②影响开花的因素。开花期适宜温度为30℃,高于37℃花药易干枯,不利于授粉。低于20℃开花缓慢,低于17℃则不开花,而形成秕粒。水稻扬花期,黑龙江省常有冷空气侵入,所以说"水稻扬花,怕刮西北风"。阴雨或低温天气,不利于授粉受精。

③影响灌浆结实的因素。影响水稻灌浆结实的主要因素有温度、水分和养分等。

温度。灌浆期的适宜温度为25~32℃,在15℃以下灌浆极为缓慢,秕粒或青米增加,水稻在13℃以下灌浆将完全停止,空粒增加。在生产中,把气温降低到15℃的日期作为成熟的后期界限。在开花后25 d里,日平均20℃,白天最高气温在26℃以上,夜间不低于16℃的气温条件,有利于灌浆,成熟后的籽粒饱满,腹白小,产量高。

水分。开花期和乳熟期生理活动旺盛,对水分要求很迫切,水分不足会使叶片落黄早衰,光合能力减弱,减少养料的制造和输送,结实率降低,籽粒不饱满。

养分。水稻开花受精后,植株由穗的发育转向种子的发育,但为了维持茎叶生机不衰,特别是为了供给灌浆结实的需要,还需吸收部分养分。据研究测定,谷粒物质的2/3以上都来自抽穗后的光合产物。因此,这一时期要防止功能叶片早衰,提高光合效率,同时田间仍应有一定数量的速效养分,但不能过多,尤其速效氮不能过多,以免稻株贪青徒长而影响结实。

(4)空粒与秕粒

①空粒。水稻的空粒主要是由于不受精造成的。不受精有两个原因:一个是生殖器官发育不全,更普遍的是花粉发育不正常而导致的空粒;另一个是因外界条件不良,使开花受精受到影响,或者使受精后的子房停止伸长而导致空粒。因此,空粒可分两种,即未受精空粒和受精空粒。水稻空粒产生的原因主要是花粉母细胞在减数分裂期受低温危害,使雄性不育和开花期遇低温危害影响受精而造成的。另外,高温、多湿、大风、氮肥偏多等也能增加空粒的产生。

防止措施主要是:在选用抗低温、生命力强、结实率高的品种基础上,结合适期播种、插秧、适量施用氮肥等栽培措施,使其在适宜的条件下正常开花,促使其适期成熟。

②秕粒。水稻秕粒是开花受精后,在籽粒形成过程中停止发育的半实籽粒。水稻秕粒率一般在 15% 左右,严重者可达 30% 以上,形成原因一是养分供应不足,使得器官发育延迟,影响物质向籽粒的运输。二是灌浆期遇高温(35℃)或者低温(15℃)都会形成或增加秕粒。另外,气象条件和栽培条件的不适宜也可导致秕粒的形成。如开花结实期阴雨连绵,刮大风,密度过大、过早封行、氮肥偏多及病虫危害等,都会使秕粒增加。

预防措施:首先应培育壮根苗,通过改土和肥水管理,促使水稻生育后期形成大量的强壮根系,为地上部进行光合作用奠定良好基础;其次在生育后期,要保持足够的绿色面积和理想的受光态势,以不断制造干物质,减少秕粒的形成,提高产量。

2.成熟期的生长发育

(1)水稻的成熟过程。根据谷粒内容物的形态和颖壳颜色,水稻的成熟过程可分为乳熟期、蜡熟期和完熟期 3 个时期。

①乳熟期。米粒内有白色乳状浊液出现可作为乳熟期的开始,白色浊液表示有淀粉蓄积。之后白色浊液由淡转浓,再由浓变硬,最后浆液消失,如蜡状,谷壳转黄,米粒背面仍为绿色,米粒形状大致完成,此时乳熟期结束。乳熟期对产量影响最大,是产量形成的关键时期,因为米粒干重在这个时期急剧增加,占米粒全重的 2/3 以上。此期在生产上应尽量满足其光合产物的形成和向穗部运输所需要的条件。

②蜡熟期。乳熟期结束后 8 d 左右,谷壳呈黄色,米粒硬固,背部浅绿色逐渐消失至最后背面纵沟完全褪色时为止,蜡熟期结束。

③完熟期。谷壳颜色完全变黄,先端米粒转变为白色,米粒坚硬,不易破碎,干物质积累达最大值,这个时期为 7 d 左右。

因米粒在穗上着生的位置不同,养分积累有先有后,由于成熟期气候的变化,使养分不可能均匀分布到穗粒每一部分,因而会出现秕粒、半实粒及腹白、心白等现象。有的籽粒因生育途中得不到足够的养分而停止发育,形成“青米”或胚乳呈灰白色的“死米”。

(2)影响水稻成熟的因素

①温度。谷粒成熟的最适温度是 21～25℃,过高过低都会造成不同程度的减产。谷粒成熟时昼夜温差大对成熟有利。灌浆期温度每低 1℃,成熟期推迟 0.5～1 d。

②光照。谷粒成熟时期的光照弱对产量影响很大。一般来说,抽穗以后光照好的年头,收成就好;如长期阴雨,产量就较低。

③水分。空气湿度及雨量对谷粒成熟有重大影响。谷粒在灌浆时期含有大量水分,当天气晴朗,空气相对湿度低,蒸腾作用强烈,谷粒含水量就减少,有利于有机物合成。如果阴雨连绵,一方面是光照不足;另一方面是空气湿度大,蒸腾作用进行缓慢,谷粒水分不易向外散失,影响有机物合成。土壤水分对稻米蛋白质含量有较大影响。

④氮肥。抽穗期以后施用氮肥对产量起很大作用。施用合理,可以加强光合作用,获得高产;施用不当,反而减产。

水稻抽穗后,不同器官的同化物都集中向稻穗运输,但当氮肥施用过多时,器官中的氮含量提高,稻体内较多的碳水化合物就用在与含氮化合物形成氨基酸方面,运到谷粒的糖就少,影响谷粒充实度;同时,氮肥过多,茎叶徒长,叶、茎中保留较多的同化物,运到谷粒的同化物就相对减少,所以秕粒增多。因此,施用氮肥过多会使结实率降低,千粒重下降,成熟延迟,产量下降,如果造成倒伏,将造成更大损失。

项目二　水稻生产旱育壮秧技术

一、品种选择及种子处理

(一)品种选择

选用优良品种是水稻高产、稳产的基础。黑龙江省选用的水稻优良品种,具备高产、稳产、质优、耐肥、抗病、耐冷、不倒伏、分蘖力强、熟期适宜及适应性强等特性。

1.优良品种的选用原则

(1)根据当地积温,主栽品种的熟期选择经国家、省或农垦总局审定通过的高产、优质、抗逆性强的品种。

(2)选用正规厂家出售的品种。

2.种子质量

纯度应达到99%以上,发芽率95%以上,净度99%,含水量14%以下。

3.黑龙江省育苗移栽可选用的品种

第一积温带可选用主茎叶数12～14叶品种;

第二积温带可选用主茎叶数12～13叶品种;

第三积温带可选用主茎叶数11～12叶品种;

第四积温带可选用主茎叶数10～11叶品种。

(二)种子处理

1.风选、筛选及晒种

种子出库后,进行风选、筛选,清除草籽、秕粒和夹杂物。

晒种时要选择晴天,在干燥平坦的地上平铺塑料布或在水泥场上摊开,铺种厚度5～6 cm,晒2～3 d。白天晒晚间装起来,在晒的时候经常翻动,保证其受热均匀,目的是提高种子活性。

晒种可以打破休眠,增强种皮的透性,增强呼吸强度和内部酶的活性,使淀粉降解为可溶性糖,以供给种胚中的幼根、幼芽生长。同时还可使种子干燥一致,有利于吸水和发芽整齐,提高稻种的发芽势和发芽率。

筛选和晒种一般在播种前15 d左右进行。

2.盐水选种

选种用的盐水比重为1.10～1.13,方法是按25 kg水加食盐5～6 kg配制盐水,待食盐充分溶解后,用新鲜鸡蛋测试。当鸡蛋露出水面1元钱硬币大小时,盐水比重为1.10～1.13。此时,将种子放在盐水内,边放边搅拌,使不饱满的种子漂浮上面,捞出上浮的杂物和秕粒后,将沉底的饱满种子捞出,用水清洗2～3次,洗净种皮表面的盐水。

3.浸种消毒

浸种是使水稻种子吸足水分,促进生理活动,使种子膨胀软化,增强呼吸作用,使蛋白质由凝胶状态变为溶胶状态,在酶的作用下,把胚乳贮藏的物质转化为可溶性物质,并降低种子中抑制发芽物质的浓度,把可溶性物质供给幼芽、幼根生长。浸种要使全部种子均匀地吸足水分,催芽时发芽才能整齐。

种子消毒是为了杀死稻壳表面和潜伏在稻谷与种皮间的病菌,预防恶苗病、稻瘟病、稻曲病、白叶枯病等病害。

为了提高种子消毒的效果,常采取消毒和浸种同时进行。可用于浸种消毒的药剂种类较多,常用的有咪鲜胺、恶苗灵、多菌灵等。种子吸水快慢与温度呈正相关,种子浸好大体需积温 $80\sim100℃$。

浸种的具体做法是:用大缸、水泥池或塑料桶,按比例溶入消毒剂,放入种子。用来消毒的种子,最好用尼龙纱网袋,装成宽松种子袋,摆入消毒缸内,种子上保持 20 cm 左右的水层,室内温度 $10\sim15℃$。浸种过程中,每天应将种子袋捞出,沥出水分,使种子与空气充分接触,时间为 1 h,为种子提供氧气,控制厌氧呼吸。重新放回消毒缸时,种子袋应互换位置,以保证种子吸水速度一致。浸种时间长短视具体情况而定,室内温度高,时间可缩短,反之则长,一般是温度 $10\sim15℃$,浸种消毒 $6\sim7$ d。

种子浸好的标志:稻壳颜色变深,稻谷呈半透明状态,透过颖壳可以看到腹白和种胚,米粒易捏断,手碾呈粉状,没有生心。

4.种子包衣

水稻种衣剂是由杀菌剂、杀虫剂、微量元素、植物生长调节剂、抗寒剂、缓释剂和成膜剂以及其他适宜的助剂加工精制而成,用于防治水稻旱育秧田、直播田的恶苗病、立枯病、青枯病、粉籽等病害的制剂。通过种子包衣,起到防治病害,健壮秧苗,增产增收的作用。

水稻种衣剂具有成膜性能好、持效期长、药效好、药效稳定、对水稻安全、使用方便、简化农艺操作等特点。水稻浸种不用再加药剂、不用搅拌,解决了目前生产上因农药使用多、乱、杂,操作烦琐,作业质量差,致使秧苗病害、药害时常严重发生的问题,确保了旱育壮秧的培育。

(1)包衣方法

①人工包衣。取一块长 2 m、宽1.5 m 的厚塑料布,将准确称取的种衣剂倒入定量的种子中,2 人配合,分别抓住塑料布的 4 个角,来回对折,使稻种充分翻动,直至每粒种子都均匀包上一层药膜后,即可倒出。

②机械包衣。机械包衣有手摇拌种器包衣、种子包衣机包衣和混凝土搅拌机包衣 3 种方法。

由于水稻种子表面粗糙,传统用于大豆、玉米等种子拌种的包衣机,不易使水稻种子包衣均匀,必须选用专用的水稻种子包衣机械进行包衣。生产实践证明,用混凝土搅拌机进行包衣是目前最适合水稻种子拌种包衣的理想机械。

(2)技术要点

①包后阴干。包衣好的稻种应防止晒种,不得摊晾在阳光下暴晒,必须在阴凉处阴干,以免光照影响药效。

②药膜固化。刚包衣好的稻种不能立即浸种,应在 $5\sim10℃$ 条件下阴干 3 d 以上,或在大于 $10℃$ 条件下阴干 1 d 以上,确保药膜充分固化后再浸种。药膜未固化就浸种,药膜大量脱落,药效差。种衣剂是流动性液状胶体,不能受冻,受冻后胶体被破坏,失去应用价值。刚包衣好的稻种如果放置在 $0℃$ 以下条件下贮存,药膜将无法充分固化。如遇 $5℃$ 以下的低温应采取增温措施、促进药膜固化。

③静态浸种。包衣好的稻种待药膜充分牢固后,即可用清水浸种,清水至刚好淹没稻种、稻种不露出水面为准,不得多加,否则会影响药效;由于种子包有一层药膜,浸种时一定要采用静态浸种,不能搅拌,更不能用流水浸种。袋装浸种时允许上下翻袋,但必须轻拿轻放。

④直接催芽。将浸好的种子捞出,控去水分,不要冲洗直接催芽。催芽时严禁使用水循环式或淋浴式催芽器催芽,以避免流水作业,降低药效。

5.催芽

催芽的种子播种后扎根早、出苗快、整齐,可减少烂籽烂秧,提高成苗率,催芽要做到快、齐、匀、壮。

"快"指 3 d 内能催好芽;"齐"要求发芽率达 90% 以上;"匀"指根芽整齐一致;"壮"要求幼芽粗壮,颜色鲜白。

(1)催芽的 3 个过程

①高温破胸。指种谷上包到胚突破种壳时期,一般要求在 24 h 内达到破胸整齐。破胸温度为 30~32℃。

②适温催芽。指破胸至幼根、幼芽达到播种要求的时期,温度保持在 22~25℃,长出的根芽才粗壮。芽根长 1~2 mm 以内为宜。

③低温晾芽。为使芽谷适应播种后的自然环境,催好的芽谷置于室内,温度 15℃ 左右摊放一段时间(至少 12 h),再行播种。若天气不好,可将芽谷摊薄,待天气转晴后再播种。

(2)催芽方法。可用催芽器或在室内地上、火炕上或育苗大棚内催芽。

具体做法是先把浸好的种子捞出,用 35℃ 温水淋洗一遍预热、控水。然后放置到室内垫好的地上或者火炕上(垫 30 cm 稻草,铺上席子或塑料布),盖上塑料布或麻袋,插上温度计,随时看温度,以高温(30~32℃)破胸。同时保持种子湿度,每隔几个小时上下翻倒一次,尽量使种子上、下温度、湿度保持一致。当破胸露白的种子数量达到 80% 以上时开始降温,将种子堆温度控制在 22~25℃ 适温催芽,芽长以 1~2 mm 为好。催好后放在阴凉处(15℃ 左右)晾芽,等待播种。

二、整地做床

(一)旱育壮苗的量化标准

1.培育壮秧的意义

育秧可以集中在小面积的秧田中进行,做到精细管理,培育壮秧;调节茬口,解决前后作矛盾,有利于扩大复种;集中育秧可以经济用水、节约用种,降低生产成本。

培育壮秧是水稻生产的第一个环节,也是十分重要的生产环节。早、中稻秧田期占水稻全生育期的 1/4~1/3,占营养生长期的 1/2~2/3,稻苗在秧田期生长的好坏,不仅影响正在分化发育中的根、叶、蘖等器官的质量,而且对移栽后的发根、返青、分蘖,乃至穗数、粒数、结实率都有重要的影响。因此,壮秧是水稻高产的基础,有农谚"秧好一半谷""谷从秧上起""好秧出好谷"等说法。

水稻旱育秧主要是旱整地,旱作床,旱播种,人工浇水补水,整个育苗过程不建立水层的育苗方法。旱育秧改善了秧田的氧气供应状况,提高了胚乳养分的利用率,确保了秧苗的健壮生长,使秧苗的抗逆性和返青能力大大提高。

2.旱育中苗的标准

秧苗的长势旺,生长整齐一致;根系发达,短根、白根多,无黑根烂根;茎扁蒲状,粗壮有弹性;叶片短、宽、厚,绿中带黄,叶枕距短,无病虫害。

秧苗叶龄 3.1～3.5 叶,秧龄 35 d,地上部分茎叶结构为"3、3、1、1、8",即中茎长 3 mm,第 1 叶鞘长不超过 3 cm,第 1 叶叶耳与第 2 叶叶耳间距 1 cm 左右,第 2 叶叶耳与第 3 叶叶耳间距 1 cm 左右,第 3 叶叶长 8 cm 左右,株高 13 cm 左右。地下部分根数为"1、5、8、9",即种子根 1 条,鞘叶节根 5 条,不完全叶节根 8 条,第 1 叶节根 9 条突破待发。百株地上部分干重 3 g 以上,须根多、根毛多、根尖多,带蘖率 30% 以上;叶片长度"2、5、8",即第 1 叶叶长 2 cm,第 2 叶叶长 5 cm,第 3 叶叶长 8 cm。

二维码 1-2　旱育壮秧类型

3.旱育中苗外部形态 5 项标准

(1)根旺而白。移栽时秧苗的老根移到本田后多半会慢慢死亡,只有那些新发的白色短根才会继续生长,生产上旱育壮苗根系不少于 10 条,所以,白根多是秧田返青的基础。

(2)扁蒲粗壮。扁蒲粗壮的秧苗,腋芽发育粗壮,有利于早分蘖,粗壮秧苗茎内大维管束数量多,后期穗部一次枝梗多、穗大,同时扁蒲秧体内贮存的养分较多,移栽后这部分养分可以转移到根部,使秧苗发根快,分蘖早,快而壮。

(3)苗挺叶绿。苗身硬朗有劲。秧苗叶态是挺挺弯弯,秧苗保持较多的绿叶,对于积累更多有机物,培育壮秧,促进早发有利。

(4)秧龄适当。秧苗足龄不缺龄,适龄不超龄。看适龄秧既要看秧苗在秧田生长时间,更要看秧苗的叶龄,这才实际反映秧苗的年龄。

(5)均匀整齐。秧苗高矮一致,粗细一致,没有楔子苗、病苗和徒长弱苗等。

4.旱育中苗生理状态 4 项标准

(1)光合能力强。积累的碳水化合物多,特别是叶鞘内碳水化合物含量高,发根主要靠叶鞘内养分供给,叶鞘发达,秧苗干物重高,特别是叶鞘内干物重高的秧苗,发根力强,根的总长度也长。

(2)碳水化合物含量较高。有较高的含氮量,碳氮比例(C/N)适中。健壮秧苗碳氮比例为 8～10,秧苗碳氮比超过 20 是老苗,发根力衰退,碳氮比例在 14 以下范围内,发根力随碳氮比例的提高而增强。

(3)体内束缚水含量高。秧苗体内束缚水含量相对较高,自由水含量相对较低,束缚水多,自由水少的秧苗抵抗干旱、冷害和温度剧变等不良环境的能力强,秧苗不易失水,插秧后叶片枯死率较低。

(4)移栽后抗逆力和发根力强。基部粗壮的秧苗,基部节间也比较短,形成根原基的数目多,发根的潜力大,适应不良外界环境的能力强。

(二)整地做床

旱育秧田要坚持做好"两秋""三常年"。两秋即秧田秋整地;秋做床。三常年即常年固定;常年培肥地力;常年培养床土、制造有机肥。

1.旱育秧田的选择与建设

(1)选择秧田。选择地势平坦、高燥、背风向阳、排水良好、运输方便、有水源、土壤偏酸、较肥沃、无农药残留的旱地。面积一般按 1∶(80～100)安排,即育 80～100 m² 面积的秧苗,能插 1 hm² 面积的水田。

一般情况下不在稻田中育苗,稻田土壤结构不好,土壤通透性差,并且育苗期间灌水,不能育出理想的壮苗。纯水田地区,可采用高于田面 0.5 m 的高台育苗,挖好截水、排水沟,防止地下水位上升或地湿,确保旱育。

(2)秧田规划与建设。旱育秧田选定后,做好规划设计,确定水源(引水渠系或打井位置)、晒水池、修秧田道路(宽 3～4 m)、划定苗床地(按开闭式小棚、中棚或大棚的长宽及数量)、堆放床土、积造堆肥用地、挖设排水系统(棚间及周围)、栽植防风林位置、做好秧田规划图,用以指导建设施工。按设计规划,做好旱育秧田基本建设,形成常年固定,具有井(水源)、池(晒水池)、床、路、沟(引水、排水)、场(堆肥场、堆床土场)、林(防风林)的规范秧田,为旱育壮苗提供基础保证。

(3)常年固定、常年培肥地力、常年培养床土、制造有机肥。旱育秧田通过选地、规划与基本建设就必须常年固定下来,不宜轻易变动。只有固定下来,才能便于常年培肥地力。秧苗移栽后,秧田地要耕作施肥,栽种蔬菜或大豆,坚持常年培肥地力。所需床土和有机肥,要坚持常年培养制造,确保数量质量。床土以旱田土为好,在农闲时取运到床土场,如无旱田土可在水稻泡田前选高地分散取土做下年床土。取回的床土经翻捣、过筛、堆好、苫严,供来年使用。有机肥要坚持常年积造,腐熟后捣碎过筛,堆好苫严备用。

2.整地做床

旱育秧应秋整地、秋做床,好处是可以提高秧田的干土效果,增加土壤养分释放,缓和春季农时紧张,提高旱育秧田质量,是旱育壮苗所必需。

秧田在秋季收完所种作物清理田间后,浅翻 15 cm 左右,及时粗耙整平,在结冻前按采用的棚型,确定好秧床的长、宽,拉线修成高 8～10 cm 的高床,粗平床面,利于土壤风化,挖好床间排水沟,疏通秧田各级排水,便于及时排除冬春降水,保持土壤呈旱田状态。

三、苗床播种

(一)播前准备

1.提前扣棚

大、中棚育苗应提前扣棚,促使苗床化冻、干燥,提高床温。提前扣棚要求在播种前 1 个月左右进行,黑龙江省扣棚时间一般为 3 月 10—18 日。

二维码 1-3 育秧棚选择

扣棚前,先把苗床上的积雪清理干净,再把大棚扣好封严,以使在播种前增加苗床的化冻深度,提高苗床温度。

2.置床整备

置床即指用于摆放秧盘或铺设隔离层的苗床。

(1)做床。在秋整地、秋做床的基础上,春季化冻后,进一步把碎整平,做成规整、确保旱育、高出地面 8～10 cm 的置床。做床时要使床面达到"平、直、实"的标准,床平:每 10 m² 内高低差不超过 0.5 cm;床直:置床边缘整齐一致,每 10 m 误差不超过 1 cm;床实:置床上实下松,置床松实适度一致。

（2）施肥、调酸和消毒。为保证旱育壮苗和防御立枯病发生,苗床要施肥、调酸和消毒。

①施肥。根据苗田土壤有机质含量和质地情况,施用腐熟有机肥 8～10 kg/m²、尿素 20 g/m²、磷酸二铵 50 g/m²、硫酸钾 25 g/m²,要把肥料均匀撒在床面上,反复掺混在 3～5 cm 深土层内,做到床平、土细、肥匀。

②调酸。可用硫酸或调酸剂调酸。用硫酸调酸时,在摆盘前一天,置床喷浇 1％硫酸溶液 （1 kg 硫酸加 100 kg 水）300 kg/100 m²,使置床土壤 pH 达到 4.5～5.5。

调酸剂使用方便,安全环保,稳定性好,调酸效果极佳,是液体硫酸的最佳替代产品。

③消毒。调酸后 5 h 进行土壤消毒。可用 30％瑞苗青水剂 1.2 mL/m²,每 100 m² 兑水 300 kg 浇施。或每平方米喷 1 000 倍 65％敌克松兑水 3 kg（敌克松见光易分解,要在早、晚光照弱时喷洒）。

（3）防治地下害虫。在摆盘前每 100 m² 置床可用 2.5％溴氰菊酯（敌杀死）乳油 2 g 兑水 6 kg 喷洒或其他药剂防治地下害虫。

3. 床土配制

床土是指秧盘中所装的或隔离层之上所铺的营养土。

床土要求用熟化、结构好,无草籽的园田土、旱田土、山地腐殖土或肥沃的水田表土,掺拌腐熟过筛的优质农肥。床土最好在前一年运回备用,如果是当年取土最好早运回,晒晒,打碎,过筛。

将过筛好的床土按照 3 份床土与 1 份腐熟有机肥混拌均匀,然后用壮秧剂调酸、消毒、施肥。

床土调酸的目的是创造偏酸性土壤环境,提高水稻种子萌发的生理机能,提高育苗土壤中磷、铁等营养元素的有效性和幼苗根系的吸收能力,并能抑制立枯病菌的增殖,从而壮苗抗病、抑菌防病。

床土消毒,除能消灭和抑制立枯病菌外,还有增强秧苗抗性和促进秧苗生长的作用。

按照水稻壮秧剂使用说明,将床土与壮秧剂充分混拌均匀后堆放待用,要堆好盖严,防止淋雨和挥发。其混拌方法是先将每百平方米壮秧剂用量与床土用量的 1/4 左右混拌均匀做成小样,再用小样与剩余床土充分混匀,使床土 pH 达到 4.5～5.5。

4. 摆盘装土

在做好置床并洗透底水的基础上,播种前 2～3 d 摆盘或铺隔离层,边摆盘边装土,装土厚度 2 cm 左右,厚薄一致,误差不超过 1 mm。浇水时要在秧盘上铺一层编织袋或草袋严防浇水后盘内床土厚度不一致,水分渗透后等待播种。

人工插秧可用盘育苗,或在床上铺编织袋、打孔地膜代替秧盘,其上铺床土。钵盘育苗的,在做好的置床上,浇足底水,趁湿摆盘,将多张秧盘摆在一起,用木板压入泥中,再将多余秧盘取出,依次平整摆压,装土厚度为钵体的 3/4。也可先播种,再将播种的秧盘整齐摆压在置床泥土中。

（二）播种技术

1. 播期

气温稳定通过 5～6℃或棚温大于 12℃、床温大于 5℃时开始播种。黑龙江省最佳播种期一般为 4 月 10—18 日。也可根据插秧期倒算日数确定播种期,中苗在插秧前 30～35 d 播种,大苗在插秧前 35～40 d 播种。三膜覆盖的可在 4 月 5 日开始播种。

一般情况下,做到 4 月育苗,5 月插秧 ,6 月不插秧。

2.播种量

播种量的大小,对秧苗素质有很大的影响,直接关系到秧苗的形态结构和生理功能。秧苗素质随着播种量的增多而降低,秧龄越长,影响越大,稀播是培育壮秧的重要环节。但具体播种量的确定,还要考虑到育秧方式、播种季节早晚和计划秧龄的长短,同时兼顾育秧成本和秧、本田比例的大小。所以,播种量的多少,应以育苗叶龄的多少和移栽方式来确定,以移栽前是否影响秧苗个体生长为标准。

(1)手插中苗,每平方米(6 盘)播芽种(发芽率 90％以上,下同)250～300 g;手插大苗,每平方米播芽种 200～250 g。

(2)机插中苗,每盘播芽种 100 g 左右。最低不能少于 90 g,过少漏插率增加,补苗费工;最多不超过 125 g,过密苗弱,返青慢,分蘖晚。

(3)钵盘育苗,每个钵体播芽种 3～5 粒。

3.播种方法

(1)播种器播种;

(2)人工播种时要分两次均匀播下,第一次播种量为 50％,第二次边播边找匀,起堆的地方要用鸡毛翎拨开。

4.覆土

播后压种,使种子三面入土,然后用腐殖土或旱田肥土覆土,厚度以盖严种子为宜,厚度一般为 0.5～1.0 cm。

5.封闭灭草、盖地膜

覆土后,用国家注册的苗田除草剂(扑草净、丁草胺、丁扑乳油等),进行封闭灭草。

封闭灭草要求苗床无积水(高台置床)、覆土适宜、出苗前不浇水,出苗时避免温度过高和过低,否则建议使用苗后茎叶除草。

封闭灭草后,苗床表面覆地膜,增温保湿,利于出苗整齐,齐苗时撤出地膜。

四、水稻苗床的温度、湿度管理

水稻从播种到插秧要经过 30～35 d,叶龄达到 3.1～3.5 叶。一般播种到出苗(第一完全叶露尖)为 7～9 d。苗后平均每叶为 7 d 左右(1、2 叶快,3、4 叶慢)。

水稻在低于 13℃时停止生长、低于 8℃时产生延迟性冷害,高于 35℃时也会抑制生长,一旦高于 42℃秧苗就会发生死亡。根据不同叶龄掌握温度管理的原则:在水稻 1 叶 1 心时,苗床最适温度为 22～25℃,最高温度不超过 28℃,最低温度不低于 10℃。2～2.5 叶期最适温度为 20～22℃,最高温度不超过 25℃,最低温度不低于 10℃。3 叶期以上最适温度 20℃左右,最高温度不超过 22℃。

控温的方法是控制通风,揭地膜后就可以进行小通风,通风达到各叶龄最低温度界限要及时闭棚。

水稻苗床管理的 4 个关键时期:①种子根发育期;②第一完全叶伸长期;③离乳期;④移栽前准备期。

1.种子根发育期

播种至立针前,苗床管理主要任务是促使出苗和全苗。此期以培育种子根为主,要求根系长的粗、长的长、须根多、根毛多。突出育苗先育根,育根先育种子根的原则。

(1)温度管理。管理重点是控温,出苗之前膜内温度以 28℃ 以内为宜,不能超过 32℃,超过此温度时开始通风。

如果早春播种时外界气温低,在温度管理上,以密封薄膜保温为主。播种后要经常检查,有无露种或露风,如有露种或露风,应及时覆土盖种和密封薄膜。

黑龙江省容易发生持续低温现象,如果水稻播种过早,低温的危害就显得比较严重。这里所说的低温是指日平均温度在 10℃ 以下,最低温度在 0℃ 左右。这样的温度下,表面上看水稻秧苗并没有什么变化,但当温度上升之后,低温带来的危害就显现出来,主要表现为 10% 左右芽鞘变为黄褐色;一叶期约有 35% 的叶色褪黄,有褐斑;二叶期心叶部分卷曲,呈污绿色(青枯);如果到二叶一心期,则会出现大面积青枯。所以播种不能太早,黑龙江省一般在 4 月 10 日开始播种。

(2)水分管理。控制秧田水分,不宜过多,在浇足底水的前提下,此期一般不浇水。如发现地膜下有积水或土壤过湿,在白天移开地膜,尽快蒸发散墒,晚上再覆上地膜。如发现出苗顶盖现象或床土变白,说明水分不足,要敲落顶盖,露种处适当覆土,用细嘴喷壶适量补水,接上底墒,再覆以地膜。

2.第一完全叶伸长期

从第一完全叶露尖到叶枕抽出、叶片完全展开,一般需 5~7 d。管理的重点是地上部以调温控水,控制第 1 叶鞘高度不超过 3 cm,以控制第 1 叶鞘同伸的第 2 叶片长度。地下部促发与第 1 叶同伸的鞘叶节 5 条根系。

(1)立针揭膜。一般情况下,揭膜最佳时间在播后 5~7 d,第 1 片完全叶展开前(呈针状,约 2 cm)。如揭膜过早,在气温低的地方,秧苗生长缓慢,甚至发生僵苗;揭膜过晚,会出现白苗,如遇高温(室外 20℃ 以上),秧苗徒长、抗性差,第一叶节难分蘖。在揭膜的当天,如果是空气湿度大、气温偏低的阴雨天,应在上午揭膜;如果晴天,揭膜时间宜在傍晚前。如果土壤湿度够,秧苗出苗 30%~50% 就可以揭膜,如果土壤湿度不够,出苗 80% 可以揭膜,但是必须严格控制棚内温度不能超过 28℃。在 8 时前或 16 时后揭去地膜,严防高温时段揭膜灼伤秧苗。

(2)温度管理。此时温度以 22~25℃ 为宜。注意开始通风炼苗,棚内温度不超过 28℃,株高在 4.5~5.5 cm。春天温度忽高忽低,要保持苗床温度稳定,减少棚内温差,早上 5 时把棚打开,这个时间大棚内的温度比外面低 3℃ 左右。

刚开始通风时间不宜过长,一般 0.5~1 h,通风达到各叶龄最低温度界限,要及时闭棚;随着苗龄增大逐渐延长通风时间。下午早关棚,把热气关在棚内,要千方百计地让苗床降低白天温度,增加夜间温度,使小苗处在舒适生长温度。通风时,放风慢慢从小到大,温度管理上一直放风,背风开口由小到大,苗小的时候不要有过堂风。

在连续阴天的环境里,苗床的温度不容易升上来,水分不容易散失。阴天要控制温度,特别是控制夜间的温度,不要低于 8℃,以免影响根系生长发育。

(3)水分管理。在撤地膜后,床土过干处用喷壶适量补水,这段时间耗水量较少,一般要少浇水或不浇水,使苗床保持旱育状态。如床土湿润则不用浇水。

3. 离乳期

从第二叶露尖到第三叶展开,需 10~14 d,此期管理重点是地下部促发不完全叶节 8 条根系健壮生长,地上部控制好第 1 叶与第 2 叶、第 2 叶与第 3 叶的叶耳间距各 1 cm,防止茎叶徒长。

(1)温度管理。棚温控制在 20~22℃,最高不超过 25℃,这也是水稻早熟品种防止早穗的主要措施。株高在 7.5~8.5 cm,严防高温烧苗和秧苗徒长。此期要大通风练苗,棚内湿度大时下雨天也要通风炼苗。

(2)水分管理。秧苗 2 叶前原则上不浇水,床面局部发干缺水时,要及时局部补浇水。秧苗 2 叶期后,随着棚内温度升高,秧苗需水量加大,尤其是钵体育苗抗旱能力差,应重点注意浇水。苗床是否缺水可根据秧苗确定,要"三看"浇水:首先是看苗床土表面是否发白和根系生长情况,二看早、晚叶尖是否吐水,三看午间高温时心叶是否卷曲,如床土发白、早晚吐水珠变小或午间心叶卷曲,要在下午 4 时左右,用 16℃ 以上的水适当浇水,一次浇足。

4. 移栽前准备期

适龄秧苗在移栽前 3~4 d,进入移栽前准备期,从移栽前 3~4 d 开始,在不使秧苗蔫萎的前提下,进一步控制秧田水分,蹲苗、壮根,使秧苗处于饥渴状态,以利于移栽后发根好、返青快、分蘖早。于移栽前一天做好秧苗"三带"下地:

(1)带肥。每平方米苗床施磷酸二铵 125~150 g。

(2)带药。每 100 m² 苗床可用 70% 吡虫啉水分散粒剂 6 g,或 25% 噻虫嗪水分散粒剂 6 g,兑水 2.25 kg 茎叶喷雾,预防潜叶蝇。

(3)带生物菌肥。按产品说明施用。

棚温控制到 20℃,最高温度不超过 22℃。苗高 12.5~13.5 cm,并加大通风炼苗,到插秧前 1 周左右可以和外面温度一样管理。

五、水稻苗床病害的防治

(一)水稻恶苗病防治技术

水稻恶苗病是寒地常见的种传病害,俗称"公稻子",又称徒长病,白杆病。此病在我国主要稻区都有发生。水稻恶苗病只为害水稻,从苗期至抽穗期都可发生。随着水稻种植面积的不断扩大和旱育壮秧技术的推广,恶苗病的发生日趋严重,恶苗病没有药剂可以治疗。发病的地块一般减产 10%~20%,严重的可减产 50% 以上。

1. 症状识别

(1)苗期。苗期发病轻重与谷粒带病轻重有关。染病重的谷粒往往不发芽,或出芽后幼苗不久死亡。染病轻的种子长出的苗比健苗长得高而纤弱,全株淡黄绿色,叶片、叶鞘狭长,叶片披张度较大,根系发育不良,根毛少。部分病苗在移栽前死亡。在枯死苗上有淡红色或白色霉粉状物,即病原菌的分生孢子。

(2)本田期。本田发病病株分蘖少或不分蘖。节间显著伸长,节部常弯曲,露出叶鞘之外。病株在地表上的几个茎节上常长出很多倒生须根。剥开叶鞘,茎秆上有暗褐条斑,剖开病茎可见白色蛛丝状菌丝,后变成淡红色或产生黑色小点(子囊壳),以后植株逐渐枯死。湿度大时,枯死病株表面长满淡褐色或白色霉粉状物,后期生黑色小点即病菌子囊壳。病轻的提早抽穗,穗小而不实。抽穗期谷粒也可受害,严重的变褐,不能结实,颖壳夹缝处生淡红色霉层,病轻不表现症状,但内部已有菌丝潜伏。此病的常见症状是稻株徒长,细弱,色淡,但有时病株也可呈现矮化或外观正常。

2.病原

无性态称串珠镰孢菌,属半知菌亚门真菌,镰孢属。分生孢子有大小两型,小分生孢子卵形或扁椭圆形,无色单胞,呈链状着生。大分生孢子多为纺锤形或镰刀形,顶端较钝或粗细均匀,具3~5个隔膜,多数孢子聚集时呈淡红色,干燥时呈粉红或白色。

有性态称藤仓赤霉,属子囊菌亚门真菌,赤霉属。子囊壳蓝黑色球形,表面粗糙。子囊圆筒形,基部细,上部圆,内生子囊孢子4~8个,排成1~2行,子囊孢子双胞无色,长椭圆形。

寄主范围广,病菌可侵染玉米、大麦、甘蔗、高粱等。新陈代谢过程中可产生赤霉素和赤霉酸——刺激细胞纵向延长,引起徒长,所以病株较高,抑制叶绿素的形成,病株叶片自上而下干枯发黄。镰刀菌酸和去氧镰刀菌酸——抑制生长而使病株矮化。

3.传播途径

以菌丝体在种子内部和表面越冬;以分生孢子在种子表面越冬。所以带菌种子是每年年初侵染的主要来源;其次是未分解的染病稻草中的菌丝体。干燥情况下,病菌可存活2~3年。在潮湿土面或土中短期内死亡。种子表面带菌率最高;其次是种皮内部;再次是胚乳和胚。因发病程度不同,其种子带菌率有明显的差异。病菌在土壤中不能越冬。

侵入途径:①浸种时污染种子。浸种时带菌种子上的分生孢子污染无病种子而传染。②从幼苗基部伤口侵入。病株产生的分生孢子可从伤口侵入感染健苗而使幼苗发病。③从芽鞘侵入。一般种子萌发后,病菌从芽鞘、根和根冠侵入,引起秧苗发病。严重的引起苗枯,死苗上产生分生孢子,传播到健苗。④水稻开花时,分生孢子从内外颖壳侵入颖片和胚乳。造成秕谷或畸形,使谷粒和稻草带菌,并在颖片合缝处产生淡红色霉层。病菌侵入晚,谷粒虽不显症状,但菌丝已侵入内部使种子带菌。脱粒时病种子的分生孢子黏附在无病种子上也会使健康种子带菌。因此,水稻一生都可感染恶苗病菌引起发病。

4.发病规律

恶苗病的发生有3个较明显的峰,第1峰在秧田期,于播种后15 d左右出现;第2峰在水稻分蘖高峰期出现;第3峰在水稻孕穗期出现。以第1、2峰发病较严重。

(1)菌源。种子带菌率的多少与苗期恶苗病发生程度有较大关系。种子带菌率越高,发病越重。

(2)气候条件。菌丝生长适温25~30℃,分生孢子在25℃水滴中5~6 h即可萌发,子囊壳形成以26℃左右为适宜。

(3)环境条件。温度是影响恶苗病发生最主要的外界因素,特别与土温关系较大,一般在高温时发生严重。恶苗病侵害寄主以35℃最适宜,导致徒长以31℃最为显著,因此在土温30~35℃时,病苗出现最多;25℃时发病率降低,病苗大为减少,20℃以下不表现症状。典型的症状发生在移栽后的25~30 d内。

在水稻抽穗后若遇高温多雨,可提高种子带菌率并且加深侵染部位。

(4)品种抗病性。品种间有抗病性差异,但无免疫品种。

(5)栽培管理。①种苗受伤或栽培管理不当。使稻株生长衰弱,降低抗病力,有利于病害发生。②受伤种子比无伤种子发病重。

5.防治方法

水稻恶苗病以预防为主,防治重点是种子处理,田间发病后没有有效防治方法。

(1)进行种子处理,严格消毒种子是防病的最根本措施。

①药剂浸种。可用25%氰烯菌酯15 g,稻种 40 kg,加水 40 kg;或25%咪鲜胺 100 mL,稻种 300～400 kg,加水 500 kg;或40%萎锈灵·福美双 200 mL,稻种 50 kg,加水 60 kg;在11～12℃下浸种 5～7 d,浸种积温 85～100℃,稻种吸足水分后捞出,不必清水洗种可直接催芽。其中加入适量天然芸苔素对防病壮苗作用更佳。

②种子包衣。可用40%萎锈灵·福美双 200 mL 兑水 1～1.5 kg 调成浆糊状,拌 50 kg 水稻种子;或用 6.25%咯菌腈·精甲霜灵 100 mL 兑水 1～2 kg 调成浆糊状,拌 50 kg 水稻种子;或用15%戊唑醇 500 mL 兑水 0.3～0.4 kg 调成浆糊状,拌 25 kg 水稻种子;或用 20%多·咪·福美双 500 g 兑水 0.75 kg 调成浆糊状,可包衣水稻种子 20～25 kg。

种子包衣对水稻恶苗病、绵腐病、立枯病等苗期病害有很好的预防效果。

种子包衣只能包干种子或未破胸的种子,破胸催芽后的芽种不可包衣,包衣易产生药害。种子包衣后阴干 2～3 d。

(2)及时拔除病株及枯死病株。田间病株及枯死病株是导致种子带菌的主要原因,发现病株应及时拔除,可防止扩大侵染,减少初侵染来源,是防病的重要手段。

(3)加强栽培管理。建立无病留种田,选用无病的种子。勿在病田及附近的稻田留种。此外因品种间抗病性有差异,可选择抗病品种,避免种植感病品种。催芽时间不要太长,芽不宜过长。

(4)及时、妥善处理病稻草。拔除的病株不能随便乱扔,也不能堆放在田边地头,要及时晒干烧毁。病稻草要及时作燃料烧掉或沤制肥料,勿用病稻草捆秧,或作为种子消毒或催芽时的覆盖物。

(二)水稻绵腐病防治技术

水稻绵腐病是水稻秧苗期常发生的一种真菌性病害,常常导致水稻烂秧,严重影响了水稻的产量。

1.症状识别

绵腐病常见于苗床。水稻播种后 5～6 d 就可发生,主要为害幼根和幼芽。起初在颖壳破口处或幼芽基部产生乳白色胶状物,随后向四周放射长出白色絮状菌丝体,后常因氧化铁沉淀或藻类、泥土黏附而呈铁锈色、绿色、褐色或泥土色。受害稻种内部腐烂不能萌发,病苗常因基部腐烂而枯死。

在秧田中,初期此种烂秧多先呈点片发生,面积如碗口大小的烂秧中心,随着病发中心的扩大和相互连合,出现连片烂秧死苗的严重情况。如持续低温覆水,可迅速蔓延,全田枯死。

2.病原

由层出绵霉、稻绵霉、鞭绵霉等真菌侵染引起。属鞭毛菌亚门绵霉属,菌丝无隔膜,发达有分枝,管状,无色。无性繁殖产生肾形的游动孢子。有性繁殖产生球形的卵孢子,卵孢子壁厚,抗逆性强,经休眠萌发后产生游动孢子。

3.发病规律

绵腐病的主要病原菌是绵霉菌,在土壤中越冬,随灌溉水传播,浸染种子、幼芽和幼根。主要是苗床土水分超过 70% 以上,低温,通风不良造成的。

绵腐病多发生在 3 叶期前长期淹水的湿润苗床。播种后遇低于 10℃ 以下的低温,秧苗根系活力减退,吸水吸肥能力下降,引起根系生长缓慢,秧苗抗性下降,病菌乘虚而入,浸染秧苗,造成烂秧。

秧苗 3 叶期前后,气温愈低,持续的时间越长,烂秧就越严重。稻苗幼芽长到 1.5 cm 长时最易发生此病。

4. 防治方法

(1)控温。选好种,催好芽,防止种子受冻、受伤、受捂,催芽时防止伤热,不要超过 30℃,芽不要过长,以刚露尖为宜,催芽后要晾种。

(2)控水。幼芽时发生绵腐病危害,要及时喷施药剂,注意调控棚内温度、湿度,尽量减少浇水;由于根系受害,缺水易萎蔫,注意勤浇、少浇,保证不萎蔫即可,同时注意通风炼苗,散失土表水分。

(3)药剂防治。可用 0.2% 硫酸铜 1 000 倍液喷雾;或用 70% 敌克松 1 000 倍液喷雾;或用 25% 甲霜灵 800~1 000 倍液喷雾;或用可杀得 1 000 倍液喷雾;或用氯溴异氰尿酸 1 000~2 000 倍液喷雾;或用 1% 申嗪霉素 100 mL 兑水 15 kg 喷雾 200 m²。

(三)水稻立枯病防治技术

立枯病是寒地水稻旱育秧田常见的病害,其发病的主要原因是由于播种过早导致气温过低、温差过大、连续阴雨、光照不足使秧苗细弱和播种量过大、覆土过厚等因素引起,发病秧田由点、块发生逐渐扩展。立枯病一般年份发病率为 10%~30%,严重年份可达 60% 以上,在盐碱土壤地区发病更重,水稻立枯病在寒地水稻整个苗期都有发生,控制不当很容易造成大面积死苗现象。

1. 症状识别

水稻立枯病在苗床上常见到明显的发病中心,并由发病区迅速向四周扩展。

立枯病是一种土传病害。从出苗到插秧的整个育秧阶段均可发生,在离乳期发病最重。常见的有如下几种症状。

(1)芽腐。在幼苗出土前或刚出土时发生,幼苗的幼芽或幼根变褐色,病芽扭曲腐烂而死,在种子或芽基部生有白色或粉红色霉层。

(2)针腐。多发生于立针期至 2 叶期,病苗心叶枯黄,叶片不展开,茎基部变褐,有时叶鞘上有褐斑,根也渐变黄褐色,种子与茎基交界处有霉层,潮湿时茎基部软弱,易拔断,根变成黄褐色。

(3)黄枯。一般成片、成簇发生。早期发病,秧苗枯萎,潮湿时茎基部呈水浸状腐烂,易拔断。后期发病,病株逐渐枯黄、萎蔫,仅心叶残留少许青色,心叶卷曲。初期茎不腐烂,无根毛或根毛稀少,无新根,可连根拔起,以后茎基部变褐甚至软腐,易折断。病苗基部长出白色、粉红色或黑色霉层。

2. 病原

水稻立枯病属于土传病害。是由多种病原菌侵染引起的,主要有腐霉菌、镰孢菌和丝核菌等真菌,其中腐霉菌致病力最强,其次是镰孢菌,丝核菌最弱。

(1)腐霉菌。属鞭毛菌亚门,腐霉属。菌丝发达,无隔,呈白色絮状,孢子囊球形或姜瓣状,萌发产生肾形、双鞭毛的游动孢子。

(2)镰孢菌。属半知菌亚门,镰刀属。大型分生孢子镰刀状,弯曲或稍直、无色、多分隔。小型分生孢子卵圆形、无色、双胞或单胞。厚壁孢子椭圆形、无色、单胞。

(3)丝核菌。属半知菌亚门,丝核菌属。不产生孢子,只有菌丝和菌核。幼嫩菌丝无色,锐角分枝,分枝处缢缩,多分隔;成熟菌丝褐色,分枝与母枝呈直角,分枝处缢缩明显,离分枝不远处有一分隔,细胞中部膨大呈藕节状。菌核褐色、形状不规则。

3.发病规律

丝核菌和镰刀菌等水稻立枯病病原菌广泛存在于土壤中,均为弱寄生菌,一般能在水中或土壤内营腐生生活。这类病菌致病性不强,它们一般不宜侵染健壮的幼苗,只有当天气不良和管理不当,致使秧苗生长弱、抗性降低后,各种弱寄生菌才得以乘虚而入并传播蔓延。因此,秧苗素质差、生长弱、抗病抗逆性差是发生立枯病的直接原因。低温、阴雨、光照不足是诱发立枯病的重要条件,其中以低温影响最大。在低温条件下幼苗抗病能力降低,有利于病害发生。

(1)腐霉菌。以菌丝、卵孢子在土壤中越冬,菌丝或卵孢子产生游动孢子囊,孢子囊成熟后萌发产生游动孢子,游动孢子靠水传播和侵染。低温削弱了秧苗的生活力,引起发病。

(2)镰孢菌。以菌丝、厚壁孢子的形式在多种寄主病残体上及土壤中越冬,条件适宜时产生分生孢子,借气流传播,进行初侵染。在病苗上产生分生孢子,进行再侵染。

(3)丝核菌。以菌丝、菌核在病残体上和土壤中越冬,以菌丝蔓延传播和菌核随流水传播。

4.防治方法

(1)降低播种量。11片叶的品种每盘播芽种140～150 g,播种密度不要过大。要适期播种,应在气温稳定通过6℃时播种。加强苗床管理。要做好防寒、保温、通风、练苗等环节的工作,提高幼苗抗病力。

(2)种子包衣。用卫福、亮盾、护苗或多福咪种衣剂进行种子包衣。

(3)水稻2.5叶苗床调酸。1 kg柠檬酸颗粒加5 kg沙子,均匀抛洒在200 m²苗床上。

(4)药剂防治。水稻立针期至2.5叶期,喷雾或浇淋30%恶霉灵水剂3～4 mL/m²;或30%瑞苗清水剂2～3 kg/m²;或3%多抗霉素水剂2～3 mL/m²;或20%稻瘟灵·恶霉灵水剂2～3 mL/m²;或3%恶霉灵·甲霜灵水剂15～20 mL/m²。应注意含有恶霉灵的药剂喷雾后需洗苗,以免烧苗。

六、水稻秧田杂草防除技术

水稻秧田常见杂草有稗草、狗尾草等禾本科杂草,藜、苋、蓼、荠菜等阔叶杂草。其中以稗草发生数量大,为害较重,如果稗草不能在秧田除掉,则会被带入田间成为"夹心稗"。所以,稗草是水稻育秧田防除的重点。在除草剂品种的选择上应遵循对稻苗安全、针对性强的原则。播后苗前土壤封闭比较难解决的是安全性的问题。出苗时避免温度过高和过低,低温丁草胺发生药害,高温扑草净发生药害。因此,提倡苗后茎叶处理防除水稻秧田杂草。

(一)播后苗前土壤封闭处理

水稻播种覆土后,采用药土法封闭处理(按每100 m²计算用药量)。

常用的封闭除草剂有丁·扑乳油、新马歇特(丁草胺＋安全剂)、扫弗特(丙草胺＋安全剂)、二甲戊乐灵、杀草丹等。

除草剂单用,防除稗草及小粒种子阔叶杂草如反枝苋、藜等,可选用60％丁草胺(含安全剂)乳油25 mL或33％二甲戊乐灵乳油22.5～33 mL。

除草剂混用,防除稗草、藜、蓼、鳢肠等,可选用60％丁草胺(含安全剂)乳油25 mL＋25％扑草净可湿性粉剂10 g或50％禾草丹乳油40～50 mL＋25％扑草净可湿性粉剂10 g。

施药方法为每100 m² 所需药量与湿润细土或细沙10～15 kg混拌均匀后撒施于苗床表面;也可兑水3～5 kg均匀喷雾。要求苗床床面整平,覆土厚度0.75～1 cm,床面不可有积水,水稻秧苗1.5叶期之前不能浇水,否则将出现药害。

(二)苗后茎叶喷雾处理

水稻出苗后,采用喷雾法茎叶处理(按每100 m² 计算用药量)。当防除对象为稗草时,在稻苗1.1叶期以前,可以选用16％敌稗乳油150～175 mL;或在稻苗1.5～3.5叶期,选用10％氰氟草酯乳油10 mL。当防除对象为多种阔叶杂草时,可选用48％灭草松水剂25～30 mL;如果苗床中既有稗草又有多种阔叶杂草时,可选用48％灭草松25 mL和10％氰氟草酯10 mL,但这两种药不能混用,否则影响氰氟草酯的药效,一般要间隔5 d左右;或用稻喜,用药量是360 m² 使用100 mL稻喜。喷液量225 L/hm²。

项目三　水稻生产移栽技术

一、稻田整地

(一)稻田整地的基本作业

稻田土壤耕作的目的是通过耕作改变土壤的理化性状,使之适于水稻生长发育;同时释放土壤中产生的还原性有毒物质;经过耕作,促使稻田含有的盐碱和酸性物质脱盐碱或转变土壤的生物化学性质,从而保证水稻优质高产的土壤环境。

稻田整地的基本作业包括耕地、耙地、耢地。

1.耕地

耕地能疏松土壤,改善耕层构造,混合肥料,翻埋根茬杂　　　　二维码 1-4　稻田
草,降低病虫危害,还能加深耕作层,较多的容纳水、肥。　　　　耕作层的特点

耕地有秋耕、春耕之分,以秋耕为好。秋耕可以深耕,加厚耕作层,又能晒垡、冻垡、熟化土壤。如果来不及秋耕则要春耕。稻根85％以上分布在18 cm以内耕层中,从高产栽培角度看,秋耕一般应达到15～18 cm,春耕10～15 cm。具体掌握的原则是肥地宜深,瘦地宜浅;不破坏犁底层,保水保肥;开荒新稻田,不要超过草根层3～5 cm。

2.耙地

稻田耙地有干耙和水耙两种。干耙一般在春季进行,粉碎垡块,初平田面,再泡田5～7 d后进行水耙地,进一步平地,并泛起泥浆,使黏粒下沉,防止水田漏水。

3.耢地

为进一步整平田面提高插秧和播种质量,为水层管理创造良好条件,插秧或播种前进行耢地,达到上有泥糊,下有团块,土块细碎,田面高低差不超过3 cm。

(二)各类稻田整地要点

1.老稻田整地

老稻田土质比较黏重,有深厚的还原层,有害物质多。因此,在秋收后按地势先高后低的顺序进行秋耕。犁耕后通过冬春冻融交替,使土块自然破碎,便于整平耙细。春耕在水田化冻10 cm左右,趁冻底抢翻,深耕10～15 cm,沙性大或地势高的地块一般化冻快可早翻,机械耕翻不超过20 cm。秋翻地耕深18～20 cm,并于翌年早春化冻后,抓紧在适耕期内再旱耙1～2遍,以减少水分蒸发,防止垡块变硬,不易泡田。在插秧、播种前,根据土质和插秧期或播期适时灌水泡田,将土块浸透、泡软。在插秧前5～7 d,将水撤成"花达水"开始水耙地。而后再用耢子进一步拖平田面,达到插秧或播种状态。或者用搅浆平地机械进行水整地,搅浆平地一次完成。

2.新稻田

新开稻田、旱田改水田和播种年限短的水田,共同特点是漏水较重,田面不平,难以合理灌水。因此整地重点是早耙多耙,平整田面。耕地深度根据土质而定,黏土宜深,壤土宜浅,一般16～20 cm即可。同时应加强水耕水耙,促进犁底层的形成,防止漏水。

3.盐碱地稻田

不论新老稻田,其首要任务是消除盐碱危害。盐碱地土质黏重,透水性差,耕翻晒垡更为重要。盐碱地耕翻晒垡的好处:一是将含盐量较高的表土翻到下层,并切断底土与耕作层的毛细管,减轻盐分向表土层的积累;二是增加冲洗时土壤与水的接触面;三是秋耕后经过冻融,使垡块松散,有利于春季洗盐;四是通过晒垡使垡心的盐分析出,洗盐时易于溶解,以免造成"闷碱"。

盐碱地耕翻应比非盐碱土深些。黑土层厚(30 cm左右)、盐碱化土层部位深,一般新开垦地要深翻15～18 cm,以后再隔年深翻,逐年加深,最深可达24～30 cm;黑土层薄、盐碱化土层部位高的,要浅翻,避免把盐碱土翻上来,加重耕作层盐碱化。盐碱地种过3～4年水稻后,物理黏粒移动速度加快,形成坚硬的犁底层,影响水稻根系正常发育,因此,利用深松机间隔35 cm,深松30 cm,达到不乱土层、全面松土,代替耕地,效果显著。

(三)稻田秋整地

为了延长晒垡时间,秋整地时间应尽量提早。当土壤耕层的含水量下降到25%左右,耕垡不起泥条时即可开始作业。

为了提早进行秋整地,在水稻收割前要彻底疏通各级排水渠道降低地下水位,增强土壤渗透性,加速减少土壤含水量,并要及时腾地、晾地,为及时秋整地创造条件,做到早干早耕,提高耕地质量,加快耕地速度,力争在大地封冻前全部耕完。

(1)排水良好、肥力较高的老稻田,一般耕深18～22 cm为宜,此深度可保证秸秆残茬有效掩埋,加大耕作层,为水稻高产创造良好的基础条件。另外,一般高产水稻的根系主要分布在0～18 cm的土层内,约占总根量的90%以上,耕深18～22 cm完全能够满足高产水稻根系发育要求。

(2)碱地、旱改水地和排水不良的低湿田,要适当浅耕,一般12～15 cm为宜。因为盐碱地和旱改水地土壤细碎松散,如耕得过深,不容易风干熟化,容易造成漏水漏肥。低湿田由于土壤长期处于还原状态,土壤养分不易分解释放,而且容易窝盐窝碱,适当浅耕能够把表土风干晒透,以利于通气供氧、释放地力和洗净盐碱。

(3)盐碱地和新开荒地,必须浅耕,一般耕深 10～12 cm 为宜。因浅耕能使表层土壤风干晒透,有利于脱净盐碱,创造出 10 cm 左右的土壤淡化层,保证插秧后正常缓苗,然后通过加强灌溉管理,不断淡化土层,能保证中后期水稻生长发育,如果耕得过深,耕层盐碱淋洗不净,插秧后很难保苗成活。

(四)稻田春整地

1.旱整平

整平后根据地的落差情况筑埂,沉实后要保证埂高 30 cm 左右。

2.泡田

春季放水泡田,泡田时间不宜过长,应在整地前 2～3 d 灌水,泡田标准:池内 2/3 有水,1/3 露垡,缓水慢灌,达到花达水。

3.水整地

旱整地与水整地相结合,一般旋耕田只进行水整地,秸秆还田的地块,可结合搅浆平地机掩埋稻秸。

水整地要在插秧前 5～7 d 进行,整平耙细,做到"寸水不露泥,灌水棵棵到,排水处处干"。通过耕翻地和水整地达到深、松、平的目的,达到上有泥糊,下有团块,土块细碎,田面高低差不超过 3 cm。

二、移栽技术

水稻秧苗从秧田移栽到本田,意味着幼苗期已经结束。水稻进入返青、分蘖期,是生长发育上的一个转折点,在水稻生产中是十分重要的环节。水稻移栽必须做到适时早栽,保证插秧质量,合理密植。

(一)移栽时期

适时早栽,能延长营养生长期,争得低位分蘖,增加有效分蘖,使稻株在穗分化前积累较多营养物质,有利于壮苗、大穗、增产。黑龙江省育苗移栽早期界限是以当地气温稳定达到13℃,地温达到 14℃时即可开始移栽,一般为 5 月中旬。要尽量缩短插秧期,争取在 5 月 20 日前插完秧,最晚在 5 月 25 日插秧结束。

黑龙江省水稻移栽以 5 月 15—25 日为高产插秧期,随时间的推后,产量会明显降低。由于适期早栽,到 5 月末已进入分蘖,有效穗数增加,抽穗期略早,结实率高,粒数增加,是保证稻米品质的一项基本措施。

(二)移栽方法

移栽的方法有机械插秧、人工手插或摆栽,要按确定的插秧规格拉绳或划印。插秧的质量要求,旱育苗插秧的深度为 2 cm 左右,勿漂、勿深,插秧深度不要超过 3 cm。摆栽使钵体与地面持平即可。浅插秧土温高、通气好、养分足,利于扎根分蘖,插的要直,不东倒西歪,行向直,行穴距一致,每穴的苗数要均匀。插秧后要及时灌水,防止日晒蔫萎,促进返青。

1. 人工手插秧

(1)秧苗密度、手插秧规格。插秧基本苗受到各种因素的影响。具体来说,叶片松散型品种适当稀插,紧凑型品种适当密插;生长期长的品种适当稀插,生育期短的适当密插;大穗型适当稀插,多穗型适当密插;壮秧适当稀插,弱秧适当密插;早插适当稀插,晚插适当密插;地肥适当稀插,土地贫瘠适当密插。

目前,生产上主要采用宽行窄株插秧方式,行距 30 cm,穴距一般 12 cm、14 cm 或 16 cm,每穴 3～4 株,此种插秧方式能改善群体通风透光的条件,有利于增加穗粒数,降低病害发生指数,提高光合效率。

(2)质量要求。手插秧水稻应该做到浅插、插直、插匀、减轻植伤。

①浅插。移栽深度是影响移栽质量的最重要因素。浅插以不倒为原则,深不过寸,使秧苗根系和分蘖处于通风良好、土温较高、营养条件较好的泥层中。栽插过深除造成返青慢、分蘖晚以外,还会出现"二段根"或"三段根"。

②插直。要求不插"顺风秧""烟斗秧""拳头秧"。这三种秧插得不牢,受风吹易漂倒,返青困难。

③插匀。防止小苗插大棵,大苗插小棵,每穴苗数要均匀一致,行距、穴距大小也要均匀一致。这样,苗才能分布均匀,单株的营养面积和受光率才能保持均匀一致,稻株生长才能整齐一致。

④减轻植伤。如果水稻移栽过程中受植伤,会影响返青和分蘖。因此,在移栽中必须减轻水稻受植伤的程度,其措施主要是提高秧苗素质,增强抗逆性能,保护秧苗根系。

2. 机械插秧

插秧前将田间水层调整到 1 cm(呈花达水状态)有利于插秧机作业,食指入田面一节(2 cm 左右)深度划沟,周围软泥呈徐徐合拢状态,为最佳的机械插秧状态。如土壤稀软则插秧不牢,立秧姿势乱,秧苗易下陷,影响缓苗和分蘖;如土壤硬度大则容易伤苗,插秧深度变浅,造成漂苗、缺苗。

机械插秧农艺要求:插秧深度 1.5～2.0 cm,每穴株数 3～4 株,均匀度在 80% 以上。行距 30 cm,穴距一般 12 cm、14 cm 或 16 cm。行要直,不漂秧。

机械插秧对秧苗的要求:苗壮、茎粗、叶挺,叶色深绿,苗高 10～20 cm,土块厚度 2～2.5 cm,成苗 1.5～3 株/cm²,秧根盘结不散。盘式秧苗要求四边整齐,连片不断,运送不挤伤、压伤秧苗。

机械插秧操作要求:作业前要将插秧机械安装调试好,先空运转 10 min 左右,要保证安装牢固、调整准确、工作可靠。起秧及入土深度一致、运转平稳。先进行试插,检查机组运转情况和插秧质量,如不符合要求应进行再调整,直至达到要求。行走方法一般采用梭形走法。机手和装秧手要密切配合。严格遵守起秧、装秧操作规程,秧苗要铺放平整并紧贴秧箱,不要在秧门处拱起。

机械插秧的质量要求:漏耕率不大于 5%,相对均匀度合格率要大于 80%,伤秧率不大于 4%,插秧深度 1.5～2.0 cm,插秧深度一致。作业时要求行距一致,不压苗,不漏行。

(三)合理密植

确定密度时要根据品种特性(分蘖力强的稀些,分蘖弱的密些;生育期长的稀些,生长期短的密些;植株收敛的密些;反之稀些),土壤肥力(肥力高稀些,肥力低密些),秧苗素质(壮苗稀些,弱苗密些),插秧时期(早插稀些,晚插密些)等条件具体安排。

根据当前土壤肥力状况及主栽品种特性,一般行距采用 30 cm,穴距 12～16 cm,每穴 3～4 株。第一、二积温带,可采用大垄单行,大行距 30 cm×穴距(16.5～20) cm,每穴 3～4 株,也可采用宽窄行,(大行距 40 cm＋小行距 20 cm)×穴距(16.5～20) cm。第三、四积温带,可采用大垄单行,30 cm×14 cm、30 cm×12 cm 的较密规格,也可采用宽窄行(40 cm＋20 cm)×14 cm、(40 cm＋20 cm)×12 cm。中等肥力土壤,行穴距为 30 cm×14 cm;高肥力土壤,行穴距为 30 cm×16 cm,每穴 3～4 棵基本苗。

(四)质量要求

水稻插秧是水田生产的特殊作业,标准化程度高,无论是采用机械插秧还是人工手插秧,都必须达到地平如镜,埂直如线,渠系配套,穴行一致,密度合理,保苗程度高,在无水层条件下作业,必须有健壮的秧苗,泥烂适中,上糊下松,泥烂糊状有利于插秧固苗,下松通气好利于发根。插秧当时的质量更为关键,要根据品种、产量、施肥水平等要求,确定合理的栽培密度、插秧形式和每穴插秧苗数。

为保证水稻返青快、分蘖早,提高产量,插秧时要做到浅、直、匀、齐。

浅:插秧要浅,2 cm 左右,深度不超过 3 cm。

直:秧苗插的直,不东倒西歪,行插直,行距、穴距规整。

匀:每穴苗数均匀。

齐:栽插深浅一致,不插高低苗、断头苗。

(五)注意事项

注意秧苗移栽时"四忌"是水稻高产的保证。

(1)忌过早或过晚移栽秧苗。最好在每年的 5 月 15—25 日的高产期移栽,不插 5 月 26 日秧。

(2)忌栽深水秧。田水过深对水稻分蘖早发不利,黑龙江省春季风大会出现漂苗现象,会缺苗,降低产量。

(3)忌秧苗插的过深。一般 2 cm 为好,过深低节位分蘖少,减少穗数,降低产量。

(4)忌隔夜备秧。在气温较高的情况下,秧苗营养消耗大,降低抗性,返青慢,降低产量。

项目四　水稻生产本田管理技术

一、水稻生产本田的养分和水分管理

加强水稻本田管理,以水调肥、以水调温、以水调气,综合防治病虫草害,促使秧苗快速返青、提早分蘖、壮根壮秆、足穗、大穗和增加粒重、确保安全成熟,才能获得水稻的高产、稳产、优质。

(一)稻田水分管理

稻田水分管理是水稻栽培技术中的一项重要内容,包括灌水和排水两个方面,这两个方面互相协调,共同对水稻生长发育产生作用。

水稻一生中,返青期、拔节孕穗期、抽穗开花期和灌浆期对水分的反应较敏感,而幼苗期、分蘖期和结实期对水分反应较迟钝。因此,水稻各生育时期的水分管理,首先应保证重点生育时期对水分的要求,其次根据水稻生育状况和气候变化特点,进行合理灌溉。

1. 返青期的水层管理

移栽后,当晴天中午有50%植株心叶展开,或早晨能看见叶尖吐水,或植株长出新根,表明稻田水分管理达到返青期的标准。

插秧后,稻田应立即建立苗高1/2~2/3深的水层,以不淹没秧心为好,以水护苗,促进返青。返青后正常年份内保持3 cm左右浅水层,低温冷害年份为5 cm深,如在返青期遇到寒潮,水层可加深到6~7 cm,提高水温、地温,以加速土壤养分转化。低温过后要立即放水,然后正常管理。

2. 分蘖期的水层管理

水稻分蘖期的灌水。从移栽到有效分蘖末期,稻田水分管总的原则是:花达水移栽,深水扶苗返青,浅水增温促蘖。在寒地稻区,水层的温度对分蘖发育的影响大于气温,水稻分蘖早生快发,除了取决于秧苗素质外,主要取决于水温。因此,为了促使分蘖早生快发,根系发达,稻株健壮,以浅水灌溉比较有效。因为浅灌可以提高水温和泥温,增加土壤氧气和有效养分,并使稻株基部光照充足,能为水稻分蘖创造良好的环境条件。水层浅时分蘖早、分蘖节位低,不但能增加分蘖的数量,还可提高分蘖的质量。水稻返青后到有效分蘖终止期间,一般保持3~4 cm浅水层为宜,以提高水温。如果在此期间遇到连续低温,日平均水温低于17℃时,应加深水层保护稻苗。

分蘖末期为了控制无效分蘖,要排水晾田。寒地稻作区主栽品种的特性,都是"重叠型"生育类型。分蘖尚未结束,幼穗分化已经开始,到颖花分化才开始拔节。这种生育特性决定了晾田不可能在幼穗分化开始以前结束。为了使晾田既能控制无效分蘖,巩固有效分蘖,又不影响幼穗分化,把握晾田的"时机"和"程度"十分重要。把握时机的原则是"权够不等时,时到不等权"。即当田间茎数达到计划收获穗数的80%左右时,要及时晾田,如计划收获的穗数是24穗,如果田间茎数达到17、18个时就可以了,此时是排水晾田的最佳时机。对长势较差,茎蘖数不足的也不能无限期地等下去。最晚时限等到倒3叶初,即11叶品种9叶初,12叶品种10叶初晾田。一般是从6月22日前后,到7月5日前后,在这段时间内,选择适当时机晾田5~7 d。通过排水,使田间无水层,达到地面见干,脚窝有水,田面站人留脚印,稍陷脚的程度时停止排水。进行晾田,当脚窝见干,地表出现微裂时,应及时补水,即俗称的跑马水。补到地面见干,脚窝有水,如此持续晾田5~7 d。

如果采用井水灌溉,要昼停夜灌,采取建晒水池、延长灌水渠、加宽进水口、表层水灌溉等增温措施,防止或减轻水温低对水稻生长发育的影响。灌水要在日落前1~2 h到日出后1~2 h进行。

3. 拔节孕穗期水层管理

水稻植株的长势长相开始出现变化,由分蘖期的叶色较深,渐次转淡,株高增长,出叶和分蘖速度开始减慢。此时是水稻生理需水量最大的时期。稻田蒸发量达到高峰值,进入稻田耗水量最大期,需要有足够的水分保证。此时另一个重要的生理特点是上层根开始大量发生,整个根群向深广两个方向发展,是水稻一生中根系发展的高峰期,至抽穗期达到最大值。从拔节开始一直到抽穗,宜采用浅水层和湿润交替的灌溉方式。拔节前采取间歇灌溉,即每次灌 3～5 cm 水层,停灌自然渗干,到地面无水、脚窝有水时再灌 3～5 cm 水层;拔节期浅水灌溉,拔节后间歇灌溉,破口抽穗期到齐穗期浅水灌溉。通过晒田和间歇灌溉,向土壤中输送氧气,排除有害物质,使根系下扎,壮根壮秆,为长穗期生长打下基础。

当剑叶叶枕与倒 2 叶叶枕在 10 cm 时,为减数分裂期,也就是剑叶露尖 4 d 左右,是减数分裂期开始时期。11 叶品种一般在每年的 7 月 13—19 日;12 叶品种一般在每年的 7 月 18—24 日。这个时期如果连续 3 d 日平均气温低于 19℃或夜间最低气温连续 3 d 低于 15℃,就会发生障碍型冷害。这是寒地稻作区对产量影响较大的主要自然灾害之一。因此我们从剑叶露尖就应该关注当地大气预报。看剑叶露尖 3 d 以后有没有低温过程,如果有足以造成障碍型冷害的低温过程,可以在低温到来之前,提前 3 d,向稻田中灌水。在低温到来之前,把水深灌到 17 cm 左右,使幼穗淹没在水层之中,可减轻或避免障碍型冷害的发生,低温过后立即正常灌水。如果灌溉水源是自然水,可以在低温到来之前一次性灌足;如果是井水,可以采取缓慢灌水,白天晒,在低温到来之前陆续把水深灌到 17 cm 左右。

4. 抽穗开花期到成熟期水层管理

抽穗开花期也是水稻水分反应敏感的时期,如水分不足,会造成抽穗不全,受精不好,秕粒增加。所以从抽穗扬花到灌浆前期,田间要建立水层。此时严重断水会影响受精结实。以后采取干干湿湿以湿为主的间歇灌溉。乳熟期间采取间歇灌溉,就是灌 3～5 cm 浅水,自然落干到地表无水,脚窝有水时再补水,如此反复;蜡熟期灌 3～5 cm 浅水,待自然落干到地表无水,脚窝也没有水时再补水,如此反复。直到蜡熟末期停灌,黄熟初期排干。也就是抽穗后 30 d 内不能停灌,防止撒水逼熟,造成稻谷的产量、质量降低。个别排水条件不好的地块,停灌时间可以适当提前。

(二)施肥技术

目前,黑龙江省稻田每公顷的用肥量在 600 kg 左右。N：P：K 比例一般为 2：1：1.5。

1. 基肥的施用

基肥要做到氮、磷、钾肥配合施用,用量为全年计划用氮肥总量的 30%～40%,磷肥 100%,钾肥总量的 60%～70%,硅肥 100%。注意磷肥不能表施,以免引起表层磷素富集诱发水绵的发生。有条件的可施些锌肥,能提高水稻抗病能力,增加产量。

具体施肥方法一般有以下 3 种。

第一,秋翻地块可在翻地前施入。已秋翻秋耙地块可在春季水耙前施入。春翻地在翻地前将化肥撒施田面。但这种施肥方法要求整地的基础一定要平。

第二,灌水泡田后,水耙前施用。先堵好水口,将化肥均匀地撒入田块,然后用拖拉机或其他耙地工具,将化肥耙入耕层 6～8 cm 处或更深些,使化肥与土壤充分混合在全耕层里;或结合最后一次水整地施入或与搅浆整地同时用施肥器施入,随整地将肥料混掺在 10～12 cm 耕层中,做到全层施肥。

第三,旋耕施入。有旋耕条件的地方,先把化肥撒在地表,随后用旋耕机将其混拌在 12～14 cm 的耕层里。

2. 分蘖期的施肥

寒地水稻总叶数相对较少,有效分蘖期也相对较短,仅 25 d 左右的时间,为了促进分蘖早生快发,插秧后要立即追施分蘖肥,分蘖肥宜追施不需要转化就能直接见效的铵态氮肥,如硫酸铵、碳酸氢铵等。分蘖期追施氮肥用量,一般为全生育期总施氮量的 30% 左右。可以一次性施入,也可以分两次施用,第一次在插秧时施入,第二次在水稻茎发扁时施入。要浅水施肥,施肥后一般 6～7 d 不灌不排,缺水补水,使肥水渗入土中,再正常灌溉。

3. 调节肥的施用

水稻调节肥在水稻 11 叶品种 7～8 叶,12 叶品种 8～9 叶时,功能叶明显褪淡时施入。施用量不超过全年用氮量的 10%。如没有使用调节肥,则将 10% 调节肥用作基肥。

4. 穗肥的施用

穗肥宜在水稻倒 2 叶露尖到长出一半时施用,11 叶品种一般在 7 月 2—5 日,12 叶品种一般在 7 月 7—10 日。此时正是颖花分化期,这时施用穗肥,既能促进颖花数量增多,又能防止颖花退化。施氮量一般为全年用氮量的 20%,钾肥一般为钾肥总量的 30%～40%。

5. 粒肥的施用

粒肥可以提高结实率、增加粒重,防止稻株老化。但粒肥施用不当会引起水稻贪青晚熟,首先水稻必须在安全抽穗期前抽穗,在水稻生长后期有早衰、脱肥现象时才能施用,否则不用施粒肥。施肥期应在齐穗期至抽穗后 10 d 内施用。施肥量为全生育期总用氮量的 10% 左右。

6. 叶面追肥

水稻全生育期结合防病采用飞机航化作业进行叶面追肥 2～3 次,可以起到健身防病促早熟的效果。

叶面追肥用量每公顷用尿素 7.5 kg,过磷酸钙 15～30 kg,加水 1 125～1 500 kg,过滤后叶面喷施;或每公顷用纯的磷酸二氢钾 2 250 g,兑水 1 050～1 200 kg,叶面喷施效果也好。

二、水稻生产本田的病害防治

(一)水稻稻瘟病防治技术

稻瘟病是水稻的重要病害之一,也是世界上公认的最难防治的水稻病害,给水稻生产造成严重危害。平常年份发病地块水稻产量损失一般在 5%～10%,发病严重的地块水稻产量损失为 10%～30%,甚至绝产。稻瘟病在我国发生严重,凡是种植水稻的地方都有发生。2005年黑龙江省水稻稻瘟病大面积发生,造成很大的经济损失。

1. 症状

稻瘟病在水稻整个生育期都能发生,根据水稻发病的时期和受害部位不同,分为苗瘟、叶瘟、叶枕瘟、节瘟、穗颈瘟、枝梗瘟和谷粒瘟等 7 种类型,各类型有时单独存在,有时几种类型交互并存。

(1)苗瘟。一般发生在水稻 3 叶期以前,初期在芽和芽鞘上有水渍状斑点,随着病情的发展,病苗基部逐渐呈黑褐色,上部呈黄褐色,严重情况下,病苗全株枯死,环境潮湿情况下,病部可长出灰绿色或灰黑色霉层。

(2)叶瘟。一般在水稻 9 叶期以后发生,由于水稻品种抗病性和气候条件不同,病斑分为4 种症状类型。

①慢性型。病斑呈梭形或纺锤形,病斑中央灰白色称为崩溃部,边缘褐色称为坏死部,病斑外缘有淡黄色晕圈称为中毒部;病斑两端有沿叶脉向外延伸的褐色坏死线;此"三部一线"是

慢性型病斑的主要特征,也叫典型病斑,湿度大时,病斑背面产生灰绿色霉层。

②急性型。多在感病品种上发生,在温度、湿度适宜及存在大量感病品种的条件下,易引起病害流行。病斑暗绿色,呈椭圆形,在叶片正、反两面密生灰绿色霉层。此类病斑出现,预示病害即将大发生,应立即进行药剂防治。遇干燥天气或药剂防治后,急性型病斑可转化为慢性型病斑。

③白点型。病斑圆形或近圆形,白色或灰白色,不产生分生孢子。多在感病品种的幼嫩叶片上发生,一般病菌侵入嫩叶后遇干旱天气或土壤缺水干旱时易产生白点型病斑,当温度、湿度条件适宜时,能迅速转变为急性型病斑。

④褐点型。病斑为褐色小点,有时边缘有黄色晕圈,多局限于叶脉间,不产生分生孢子,在抗病品种或稻株下部老叶上发生。

(3)叶枕瘟。其发生在叶片基部的叶耳、叶舌和叶枕上,病斑初期灰绿色,后呈灰白色或褐色。叶耳感病,潮湿时可产生灰绿色霉层,使病叶早期枯死,易引起穗颈瘟。

(4)节瘟。多发生于剑叶下第1～2个节上,初期为黑褐色小点,然后环状扩大至整个节部,使全节变为黑褐色腐烂,干燥时节的一侧干缩,凹陷,使稻株折断而倒伏。潮湿时病部产生灰绿色霉层,易折断。若抽穗期发生,常因水分和养料的输送受阻造成白穗。

(5)穗颈瘟和枝梗瘟。发生在穗颈、穗轴和枝梗上,病斑初为水渍状褐色小点,以后上下扩展成黑褐色条斑。发病早的形成白穗,发病迟的瘪粒增加,粒重降低,潮湿时产生灰绿色霉状物。

(6)谷粒瘟。发生在稻壳和护颖上,乳熟期症状最明显。发病早的病斑大、椭圆形,边缘褐色,中部灰白色,后可蔓延至整个谷粒,谷粒呈暗灰色或灰白色的秕粒;发病晚的病斑为椭圆形或不规则形褐色小点。严重时,谷粒不饱满,米粒变黑。

2.病原

稻瘟病病菌的无性态为半知菌亚门梨孢属的灰梨孢[*Pyricularia grisea*(Cooke)Sacc.],病部的灰绿色霉层即为病菌的分生孢子梗和分生孢子。分生孢子梗多从气孔伸出,单生或3～5根丛生,不分枝,有2～8个隔膜,基部膨大稍带淡褐色,顶端渐尖色淡,呈屈曲状,屈曲处有孢子痕,其顶端可陆续产生分生孢子5～6个,多的可达9～20个。分生孢子梨形,无色,有二横隔,隔膜处稍向内缢缩。

病原菌的有性态为灰色大角间座壳菌(*Magnaporthe grisea* Barr),属子囊菌亚门大角间座壳属,仅在人工培养基上产生,自然界尚未发现,稻瘟病病菌极易变异,对水稻不同品种的致病性有明显差异,据此可将病菌分为多个生理小种。

3.发病规律

病菌主要以菌丝体和分生孢子在病籽粒和病稻草上越冬,成为次年稻瘟病的初侵染源。病谷粒播种后引起苗瘟,病稻草上菌丝在来年气温回升到20℃左右时,遇雨可产生大量分生孢子。分生孢子借气流、雨水传播到秧田和本田,萌发侵入水稻叶片,形成叶瘟的中心病株。温、湿度适宜时,病斑上产生大量分生孢子继续传播危害,进行多次再侵染。叶瘟发生后,相继引起节瘟、穗颈瘟乃至谷粒瘟。

发病轻重与品种抗病性、生育期、气候条件、栽培管理等关系密切。苗期(4叶期)、分蘖期和始穗期最容易感病。其中水稻分蘖末期是叶瘟发生的高峰期。气温在20～30℃,阴雨多雾,露水重,田间相对湿度达到90%以上时,有利于稻瘟病发生。24～28℃范围内,温度越高发病越重。偏施氮肥、长期深灌、密植过度、土质黏重的地块发病重。

在抽穗期前后,如遇连续阴雨天气,形成高湿、低温和寡照条件,不利于水稻生长发育,但对病菌孢子的产生、孢子萌发侵入有利,因而低温寡照条件常使穗颈瘟、节瘟和谷粒瘟发生严重。

4.防治技术

稻瘟病的防治应采取以种植高产优质抗病品种为基础,加强肥水管理为中心,药剂防治为辅的综合防治策略。

(1)种植高产抗病品种。应注意品种的合理布局,避免品种的单一化种植,同时还要注意品种的定期轮换。当抗病品种在一地种植2~3年后,应用新的抗病品种替换老品种,不可采用单一抗病品种长期大面积种植。

(2)加强栽培管理。合理施肥,不能偏施氮肥,注意氮、磷、钾配合施用,适当施用硅肥来增强水稻的抗病性,做到施足基肥,早施追肥,中后期看苗,看天,看田,酌情施肥。合理排灌,以水调肥,促控结合。分蘖前期浇水灌溉,分蘖后期适度晾田,抽穗后湿润灌溉,增加土壤通透性,促进根系发育,使水稻生长健壮,增强对稻瘟病的抗病力。

(3)减少菌源。不播种带菌种子,清除田间及田边的病稻草,并在播种前要处理完。妥善处理病稻草和稻壳,病稻草、病秕谷和稻壳要在春季播种之前彻底处理干净,减少越冬菌源。收割时发病田的稻草应单放,并及时处理。

(4)药剂防治。9.1~9.5叶期(11叶品种)即倒二叶伸展期是防治水稻叶瘟的最佳时期,孕穗期和齐穗期是防治穗颈瘟的最佳时期,水稻抽穗后15 d是防治枝梗瘟和粒瘟最佳时期。

可选用的药剂有2%加收米(春雷霉素)液剂1 200~1 500 mL/hm²,或75%拿敌稳(戊唑醇·肟菌酯)水分散粒剂225~300 g/hm²,或富士一号(40%稻瘟灵)乳油1 500 mL/hm²,或75%三环唑(比艳、稻艳)可湿性粉剂375 g/hm²,或20%爱可(烯肟菌胺·戊唑醇)悬浮剂750~1 050 mL/hm²,或50%稻瘟酞可湿性粉剂1 200~1 500 g/hm²。

(二)水稻细菌性褐斑病防治技术

水稻细菌性褐斑病又称细菌性鞘腐病,从2003年以来,黑龙江省水稻大面积发病且逐年增加,随着种植年限和施肥量的不同,发病越来越重,一般减产在5%以上。

1.症状

细菌性褐斑病是黑龙江省水稻主要发生的细菌性病害,主要侵染水稻叶片、叶鞘和穗部。

(1)苗期。在苗床上叶片顶端发紫,严重的叶片顶端干枯,也就是农民俗称的"红尖子""糊巴叶子"。

(2)叶片。叶片染病后初为水渍状褐色小斑点,扩大后呈纺锤形、长椭圆形或不规则形,赤褐色,边缘有黄色晕纹,病斑中心呈灰色,常融合形成大型条斑,使叶片局部枯死。如病斑发生在叶片边缘时沿叶脉扩展成赤褐色长条形病斑。

(3)叶鞘。多发生于剑叶叶鞘,病斑为赤褐色,短条形,水渍状,多数病斑融合呈不规则形,后期中央成灰褐色,组织坏死,剥开叶鞘,内部茎秆上有黑色条状斑,叶鞘被害严重时,稻穗不能抽出。

(4)穗部。主要发生于稻粒颖壳上,产生污褐色,近圆形病斑,重者可融合成污褐色块状斑。

2.病原

丁香假单胞菌丁香致病变种,属细菌。菌体杆状,单生,大小为$(1～3)\ \mu m×(0.8～1.0)\ \mu m$,极生鞭毛2～4根。肉汁胨培养基上菌落白色,圆形,表面光滑,后呈环状轮纹。

3.发病规律

病菌在种子和病组织中越冬。从伤口侵入寄主,也可以从水孔、气孔侵入,细菌在水中可存活20～30 d,随水流传播。病菌生长发育温度为13～37℃,病菌侵染剑叶叶鞘的最适宜温度为24～25℃,病菌可侵染颖壳、米粒,病菌在种子上可存活至第2年8—9月份,褐飞虱、蚜虫、叶螨也能携带该病菌。凡上年残存的水稻病残体、病种子数量多,如不经处理,可引起下一年水稻发病。野生寄主菌源多,也可加重病情。

7—8月份天气阴冷,加上大风,尤其暴风雨使稻株叶片多伤,可加重病情。一般水、肥管理不当(如施氮肥过多,长期深水灌溉,水稻生长不良),病害发生的比较重。当前尚无免疫或高抗病性品种,但品种间抗病差异显著,有的品种抗病性较高。

4.防治技术

(1)选用抗病、高产、优质水稻品种。

(2)铲除田边杂草和病株残体。

(3)苗期防治。可采用种子处理的方法,用50%氯溴异氰尿酸300～500倍液浸种或20%溴硝醇300倍液浸种。如在苗床上发生了细菌性褐斑病,可在秧苗1.5～2叶期喷施药物防治,可用20%溴硝醇45 g兑水15 L+有机硅5 mL;或用50%氯溴异氰尿酸防治。

(4)移栽后本田防治。在水稻9.1～9.5叶期(11叶品种)、孕穗期和齐穗期,选用2%春雷霉素水剂1 200～1 500 mL/hm²,或27.12%铜高尚(碱式硫酸铜)悬浮剂750～1 100 mL/hm²,或50%氯溴异氰尿酸可溶性粉剂750～900 g/hm²,兑水225 L(背负式喷雾器)或105～120 L(弥雾喷雾器)喷雾。

(三)水稻纹枯病防治技术

水稻纹枯病俗称"花脚病",是水稻的重要病害之一,近几年在黑龙江省发生普遍,而且有逐年加重的趋势。发病后常会引起鞘枯和叶枯,会造成田间稻株大片倒伏,结实率降低,千粒重减轻,一般造成减产10%～20%,严重时减产30%以上。

1.症状

水稻各生育期均可发病,主要侵染叶鞘和叶片,一般以分蘖盛期至抽穗期为害重,特别是抽穗期前后发病受害最严重。叶鞘发病,先在近水面的叶鞘基部产生暗绿色、水浸状、边缘模糊的小病斑,后逐渐扩大成椭圆形或云纹状病斑,病斑中部灰绿色或灰褐色,边缘暗绿色。天气干燥时,病斑中央草黄色至灰白色,边缘褐色,潮湿时中央灰绿色至墨绿色,边缘褐色至暗褐色,常几个病斑联合成云纹状大斑块。湿度大时在病部产生白色蛛丝状菌丝体,重病叶鞘上的叶片常发黄或枯死,叶片发病的病斑与叶鞘相似,也呈云纹状,边缘褪绿或变黄,发病快时病斑呈暗绿色,好似开水烫过,叶片很快腐烂。病害常从植株下部叶片向上部叶片蔓延。

穗部发病,轻者穗呈灰褐色,结实不良;重者不能抽穗,造成"胎里死"或全穗枯死。在多雨潮湿条件下,病部产生白色蛛丝状菌丝体,后汇聚成白色菌丝团,最后形成菌核,菌核深褐色,易脱落。高湿条件下,病斑上产生一层白色粉末状籽实层,即病菌的担子和担孢子。

2.病原

其无性态为半知菌亚门、丝核菌属的立枯丝核菌（*Rhizoctonia solani* Kuhn）。菌丝蛛丝状，初无色，后浅褐色，具分枝，分枝与主枝近似直角，近分枝处明显缢缩，离分枝不远处具分隔。菌核由菌丝纠结而成，老熟菌核馒头状，表面粗糙，茶褐色。

其有性态为担子菌亚门、亡革菌属的瓜亡革菌。

3.发病规律

病菌主要以菌核在土壤中越冬，也能以菌核和菌丝体在病残体上或在田间杂草等其他寄主上越冬。水稻收割时大量菌核落入田间的土壤中，成为第二年的主要初侵染源。

第二年稻田灌水后，越冬菌核飘浮于水面与其他杂物混在一起，插秧后菌核粘附在稻株近水面的叶鞘上，条件适宜时，菌核萌发长出菌丝侵入叶鞘组织危害，在稻株组织中不断扩展，并向外长出气生菌丝蔓延至附近叶鞘、叶片或邻近植株进行再侵染。水稻拔节期病情开始激增，病害向横向、纵向扩展，抽穗前以叶鞘为害为主，抽穗后向叶片、穗颈部扩展，早期落入水中菌核也可引发稻株再侵染。菌核可分为浮核（浮于水面）和沉核（沉入水中），两者长出菌丝蔓延进行再侵染。病部形成的菌核脱落到水中，随水流漂附在稻株基部，萌发侵入引起再侵染。灌溉水是稻田中菌核传播的动力，密植的稻丛是菌丝体进行再侵染的必要条件。

菌核数量多，发病重，纹枯病属于高温高湿型病害，温度高于 22℃，相对湿度达 90％以上即可发病，温度在 25～31℃，相对湿度达 97％以上时发病最重。生长前期雨日多、湿度大、气温偏低，病情扩展缓慢，如果在易感病的孕穗至抽穗期湿度大、气温高，病情迅速扩展，后期高温干燥则会抑制病情扩展。种植密度大、长期深灌，氮肥施用过多、过迟等，有利于病害发展。

4.防治技术

水稻纹枯病的防治应实施以农业防治为基础，适时进行药剂防治的综合防治策略。

（1）种植抗病品种。目前生产上没有高抗和免疫品种，但品种间抗性存在差异。一般高秆窄叶型比矮秆阔叶型抗病，生育期长的品种比生育期短的品种抗病。

（2）清除菌源。在秧田或本田翻耕灌水时，大多数菌核浮在水面，被风吹集到田角和田边，应捞出菌核，深埋或烧毁。不用病稻草和未腐熟的病稻草还田，铲除田边杂草，均可有效减少菌源，减轻前期发病。

（3）科学管水施肥，合理密植。改变水稻生长中高湿的环境条件，水稻生长前期浅水灌溉，中期（分蘖末期至拔节前）进行适时晾田，后期干湿交替灌溉，避免长期深灌。

施肥方面应施足基肥，早施追肥，适当增施磷、钾肥和硅肥，使水稻前期不披叶，中期不徒长，后期不贪青。氮肥应早施，切忌偏施氮肥和水稻生长中、后期大量施用氮肥。在确保基本苗的情况下，适当放宽行距，改善稻田群体通透性，降低田间湿度，减轻危害。

（4）药剂防治。从水稻分蘖末期开始防病，当发病率达到 15％左右时要及时防治。可选用三唑类的杀菌剂，但一定要注意三唑类的杀菌剂在水稻扬花期不能喷施。可选用的药剂有：5％井冈霉素水剂 1 500～2 250 g/hm²，或 75％戊唑醇·肟菌酯水分散粒剂 225～300 g/hm²，或 24％噻呋酰胺悬浮剂 225～340 mL/hm²，或 20％烯肟菌胺·戊唑醇乳油 750～1 050 mL/hm²，或 30％丙环唑·苯醚甲环唑乳油 225～300 mL/hm²，或 23％醚菌酯·氟环唑悬浮剂 450～750 mL/hm²，或 75％戊唑醇·嘧菌酯水分散粒剂 150～225 g/hm²，或 5％己唑醇 60～75 g/hm²，兑水 225 L（背负式喷雾器）或 105～120 L（弥雾喷雾器）喷雾，喷雾时撒浅水层向水稻中下部叶鞘喷雾。

(四)水稻稻曲病防治技术

稻曲病在我国各稻区普遍发生,一般穗发病率为 $4\%\sim6\%$,严重达 50% 以上;粒发病率为 $0.2\%\sim0.4\%$,最高可达 5% 以上,局部田块减产可达 $20\%\sim30\%$,稻曲病不仅使秕谷率、青米率、碎米率增加,而且病菌能产生稻曲毒素,当稻谷中含有 0.5% 病粒时能引起人畜中毒。

1. 症状

稻曲病主要在水稻开花以后至乳熟期的穗部发生,大多分布在稻穗的中下部。病菌侵入稻粒后,在颖壳内形成菌丝块。菌丝块逐渐增大,颖壳合缝处微开,露出淡黄色块状的孢子座。孢子座逐渐膨大,最后包裹颖壳,形成比正常稻谷粒大 $3\sim4$ 倍表面光滑的近球形体,黄色并有薄膜包被。薄膜破裂后,转为黄绿或墨绿色粉状物(厚垣孢子)。一般稻穗中仅有部分籽粒受害,病粒中心为菌丝组织密集构成的白色肉质块,外围为产生厚垣孢子的菌丝层。菌丝层又可分为 3 层,外层墨绿色或橄榄色,最早成熟,第二层为橙黄色,第三层为黄色。

2. 病原

稻曲病菌有性态为稻麦角菌,属子囊菌亚门麦角菌属;无性态为稻绿核菌,属半知菌亚门绿核菌属。

病粒上形成的橄榄色或墨绿色稻曲球为病菌的孢子座,孢子座内含厚垣孢子。厚垣孢子墨绿色,球形或椭圆形,表面有疣状凸起。厚垣孢子萌发后产生短小、单生或分枝、有分隔的菌丝状分生孢子梗,其尖端着生数个椭圆形或倒鸭梨形的分生孢子。孢子座中的黄色部分常可形成菌核 $1\sim4$ 粒。菌核扁平,质地较硬,长椭圆形,初为白色,后呈黑褐色,成熟时易脱落。落入土中的菌核于第二年萌发,产生一到数个柄头状(有一长柄和一球形或帽状的顶部)子座。子囊壳球形,埋生于子座顶部表层,具孔口,外露。子囊壳含几百个无色、圆柱形子囊,内含 8 个单胞、无色、丝状的子囊孢子。

3. 发病规律

病菌以落入土中的菌核或附于种子上的厚垣孢子越冬。第 2 年菌核萌发产生子座,并形成子囊壳及子囊孢子;厚垣孢子萌发产生孢子。子囊孢子和分生孢子都可借气流、雨水传播,侵害花器和幼颖,引起谷粒发病。带菌种子的调运是主要的远距离传播方式。

不同水稻品种间的抗性存在较明显差异,矮秆、叶片宽、角度小、枝梗数多的密穗型品种较易感病,反之则较抗病。耐肥抗倒伏和适宜密植的品种,有利于稻曲病的发生。在水稻孕穗至抽穗期,连续低温、多雨、寡日照,有利于病害发生。长期深灌,田间落干过迟,病害发生严重。偏施氮肥,尤其穗期追施氮肥过多的田块会加重病害发生,氮、磷、钾肥合理搭配施用,可以明显减轻病害发生,高密度和多栽苗的田块发病重于低密度和少栽苗的田块。

4. 防治技术

稻曲病的防治应采取以抗病品种为主,化学防治为辅,合理调节农业栽培管理的综合措施。

(1)农业防治。因地制宜地选用抗病品种,建立无病留种田,发病的地块收割后要及时耕翻,选用不带病种子。合理密植,适时移栽。灌水上应干干湿湿,适时适度晒田,以增强稻株根系活力,降低田间湿度。施肥上应施足基肥,早施追肥,合理使用氮、磷、钾、硅肥,增强稻株抗病能力。

(2)药剂防治。水稻孕穗末期即水稻破口抽穗前 $5\sim7$ d 为防治关键期,此时也是防治稻瘟病的关键时期,可结合稻瘟病的防治一并进行。可选用 75% 戊唑醇·肟菌酯水分散粒剂 $150\sim225$ g/hm²,或 40% 咪鲜胺铜盐·氟环唑悬浮剂 $300\sim450$ g/hm²,或 20% 烯肟菌胺·戊唑醇悬浮剂 $750\sim1\ 000$ g/hm²,或井冈霉素,或 18% 纹曲清(井冈霉素·烯唑醇),或 50% 稻后安(氧化亚铜·三唑酮)、可杀得等喷雾防治,但应注意穗期用药的安全性。

三、水稻生产本田的虫害防治

(一)水稻潜叶蝇防治技术

水稻潜叶蝇又称稻小潜叶蝇,属双翅目,水蝇科,是黑龙江省水稻生产上的主要害虫之一。以成虫在杂草间越冬。主要危害期在水稻返青后,深水田、弱苗田,水稻二叶长度大于 5 cm,披散在水面易发生,叶龄 4.1 叶期(插秧后 $10\sim20$ d)开始就有发生;5.1 叶期达到发生盛期。每一片叶少则 $2\sim3$ 头,多则 $7\sim8$ 头。

1.危害症状

其危害主要发生于插秧后的稻苗上,幼虫钻入叶片内部潜食叶肉,仅留上、下表皮,受害叶片最初在叶面上出现芝麻粒大小的黄白色"虫泡",之后幼虫继续咬食,导致叶片出现不规则白色条斑。当叶内幼虫较多时,整个叶片发白、腐烂,甚至可造成全株枯死,受害地块大量死苗。

2.形态特征

(1)成虫。青灰色小蝇子,体长 $2\sim3$ mm,有绿色金属光泽,头部暗灰色,复眼黑褐色;触角 3 节黑色,触角芒的一侧有 5 根小短毛。腹部心形,足灰黑色,中、后足跗节第一节基部黄褐色。

(2)卵。乳白色,长椭圆形,上有细纵纹。

(3)幼虫。体长 $3\sim4$ mm,圆筒形,稍扁平,乳白色至乳黄色,腹部末端有两个黑褐色气门凸起。

(4)蛹。长约 3 mm,黄褐色,各体节有黑褐色短刺围绕,尾端有两个黑褐色凸起。

3.发生规律

(1)生活史及习性。黑龙江省一年发生 $4\sim5$ 代,以成虫在水沟边杂草上越冬,第二年 5 月上旬越冬成虫开始活动。先在杂草上繁殖一代,6 月中旬是第一代成虫羽化盛期。成虫喜欢将卵产在平伏于水面的稻叶叶面上或稻叶尖部,每次产卵 $3\sim5$ 粒,一生可产 $47\sim665$ 粒卵。幼虫孵化后 2 h 内即可以锐利的口钩咬破稻叶,钻入叶内取食叶肉,随着虫龄增大,$7\sim10$ d 潜道加长至 2.5 cm 时,在潜道中化蛹。成虫有补充营养习性和趋糖液的习性。幼虫有转株为害习性,转株时常坠入水中死亡。幼虫只能取食幼嫩稻叶,对于分蘖后的老叶不能取食危害。黑龙江省幼虫危害盛期是 6 月中、下旬,成虫羽化后又转至杂草上繁殖 $2\sim3$ 代,9 月下旬至 10 月上旬羽化为成虫越冬。所以在黑龙江省仅第二代幼虫为害水稻。

(2)温度、湿度条件。水稻潜叶蝇是对低温适应性强的害虫,在黑龙江省发生较多。当气温达 $11\sim13$℃时,成虫最活跃,气温升高,稻株长得健壮,伏在水面上的叶片少,不适宜产卵,水温达到 30℃时,幼虫死亡率可达 50% 以上。因此,高温限制了水稻潜叶蝇在水稻上继续危害,迁移到水生杂草上栖息。

(3)栽培管理。水稻潜叶蝇幼虫只能取食幼嫩稻叶,对于分蘖后的老叶不再取食。当稻苗高 6~10 cm,正值第一代成虫发生盛期,秧田受害严重,插秧时还有一部分未孵化的卵被带到本田,本田水稻受到第二代幼虫为害。

灌水深的稻田,伏在水面上的叶片多,着卵量多,且卵多产在下垂或平伏水面的叶片尖部,深水还有利于幼虫潜叶。浅水灌溉的水稻,卵多产在叶片基部,卵量少。幼虫在直立叶片上潜食,常因缺水而死亡。另外,幼虫转株潜食也需要足够的湿度,因此,浅灌比深灌的稻田受害轻。近年来由于提前育苗,若秧田管理跟不上,造成稻苗细弱,插秧后叶片漂浮在水面上,则水稻潜叶蝇为害加重。

4.防治方法

(1)农业防治。水稻潜叶蝇仅 1、2 代幼虫取食水稻,其余世代在田边杂草上繁殖,因此清除田边杂草可减少虫源。培育壮苗,稻株生长健壮、不倒伏,不利于水稻潜叶蝇产卵和潜食。浅水灌溉,提高水温,有利于稻苗生长,也有利于控制水稻潜叶蝇的发生,尤其在潜叶蝇产卵盛期适当浅灌(4~5 cm 水层)或排水晒田,可使稻苗叶片直立,不利于成虫产卵和幼虫侵入。直立的叶片互相接触少,幼虫转株时易落水死亡。

(2)药剂防治。移栽前 1 d 用药(带药下地),水稻叶龄在 3.1~3.5 叶期;移栽田仍见潜叶蝇可以二次用药,水稻叶龄在 4.5~5.5 叶期。喷药前应将稻田水排至 5 cm 左右,喷药 1d 后再灌水。可以选用内吸性杀虫剂:如氧化乐果、吡虫啉、啶虫脒、甲拌磷、三唑酮、克百威、杀虫双、噻虫嗪。也可选用高渗作用的杀虫剂:高效氯氟氰菊酯(功夫)、甲氰菊酯、阿维菌素、毒死蜱等。

可选用 25% 噻虫嗪水分散粒剂 90~120 g/hm^2,或 70% 吡虫啉水分散粒剂 60~90 g/hm^{2}加水 225 kg 喷雾防治,也可用 5% 甲氨基阿维菌素苯甲酸盐水分散粒剂 45 g/hm^2,或 48% 毒死蜱 900~1 050 mL/hm^2 喷雾防治。

(二)水稻负泥虫防治技术

水稻负泥虫俗称背粪虫、巴巴虫,属鞘翅目,叶甲科。在黑龙江省是水稻常发性害虫,以成虫、幼虫为害水稻。水稻插秧后成虫转移到稻苗上危害,水稻 5.5~6.1 叶期幼虫开始危害,6月下旬至 7 月上旬为幼虫盛发期,水稻叶龄 7、8 甚至 9 叶期都有发生。

1.危害症状

秧苗期、分蘖初期受害最重。以成虫、幼虫取食叶肉,成虫多沿叶脉取食危害,形成白条斑;幼虫取食叶片上表皮和叶肉,残留下表皮。被害叶片上形成许多白色条斑,严重时全叶发白,焦枯或整株死亡,被害秧苗即使能复活,后期生长和产量也受影响。寄主除水稻外,还有谷子及芦苇、碱草、甜茅等多种禾本科杂草。

2.形态特征

(1)成虫。为小型甲虫,体长 4~5 mm。头小黑色,复眼黑色,触角 11 节,丝状,前胸背板黄褐色,有微细点刻。鞘翅比前胸背板宽,青蓝色,有金属光泽,有 10 行纵列刻点。足黄色至黄褐色,附节黑色。胸、腹部腹面黑色。

(2)卵。椭圆形,表面有微细刻点。

(3)幼虫。梨形,体长 4~5 mm。头黑色。腹部背面隆起,第 3 腹节特别膨大,第 4 腹节以后渐小,各节有黑色毛疣 10~11 对。幼虫肛门开口向上,排出的粪便堆积在体背上如泥丸,故称"负泥虫"。

(4)蛹。幼虫化蛹前先在稻叶上吐丝做白色或暗黄色茧,在茧内化蛹,茧椭圆形,蛹为裸蛹。

3.发生规律

(1)生活史及习性。负泥虫在全国各地1年发生1代,以成虫在稻田附近背风向阳处的禾本科杂草丛中及其根际土缝内越冬。越冬成虫5月下旬开始活动,平均气温14~15℃时活动最盛,先在越冬地点附近的禾本科杂草上取食,6月上旬左右(稻苗高10~13 cm)迁移到稻田取食危害,并选择生长嫩绿的稻苗叶片正面近叶尖处产卵,卵块状,在叶片背面多排列成双行。

卵期7~13 d,初孵幼虫在卵块附近取食,后集中在稻叶的正面及叶尖取食危害,阳光强烈时隐蔽于背光处。幼虫期11~18 d,幼虫共4龄,老熟幼虫在叶片上做白色茧化蛹。蛹期10~14 d,成虫羽化后稍取食水稻后,便寻找越冬场所。成虫有假死性,飞翔力弱,寿命长。成虫在晴暖天气活跃,幼虫怕干燥,多在早晨或傍晚由叶内上升到叶片上取食,午间炎热时又转回心叶内。

(2)发生条件。水稻负泥虫生长发育的适宜温度为18~22℃,喜阴凉潮湿,早晨及阴天活动最盛。山区、杂草多、背风的稻田发生较多。高湿有利于卵孵化。

靠近越冬场所及排灌渠道的稻田,附近杂草多的稻田负泥虫发生早且发生量大。适宜的发生条件是阴雨连绵、低温高湿天气。

水稻负泥虫卵、幼虫和蛹的寄生性和捕食性天敌较多,如负泥虫缨小蜂、负泥虫瘦姬蜂、步行虫、瓢虫等对水稻负泥虫有一定的控制作用。

4.防治方法

(1)农业防治。冬春清除田间杂草,消灭越冬成虫。

(2)人工防治。幼虫期每天清晨将伏在叶片上的幼虫扫落,连续3~4次可取得较好防治效果。

(3)药剂防治。2.5%溴氰菊酯(敌杀死)乳油225~450 mL/hm^2,或2.5%三氟氯氰菊酯(功夫)乳油450 mL/hm^2,或21%灭杀毙乳油225~300 mL/hm^2,茎叶喷雾,喷液量225L/hm^2。或选用90%晶体敌百虫1 500~2 250 g/hm^2,或50%杀螟松乳油800倍液。还可以用敌杀死、毒死蜱、阿维菌素等药剂防治负泥虫。

(三)二化螟防治技术

二化螟别名钻心虫,蛀秆虫,属鳞翅目,螟蛾科。国内分布广泛,北方稻区发生普遍,并有逐年加重的趋势。二化螟为多食性害虫,除为害水稻外,还为害小麦、玉米、高粱、油菜及稗草、芦苇、稻李氏禾等杂草。二化螟危害性极大,防治不好的地块损失可达10%~30%,严重的能造成绝产。

1.危害症状

二化螟为多食性害虫,以幼虫为害水稻为主。幼虫钻蛀水稻能力强,在水稻分蘖至抽穗成熟期均能蛀食危害,危害症状因水稻不同生育期而异。分蘖期,初龄幼虫先是群集叶鞘内为害,被害叶鞘呈水渍状枯黄,造成"枯鞘";2龄幼虫蛀入稻株茎秆内危害,水稻分蘖期咬断稻心造成"枯心苗"。孕穗期幼虫蛀食稻茎,造成枯孕穗;抽穗至扬花期咬断穗颈,造成白穗;灌浆、乳熟期为3龄以上幼虫转株危害,造成虫伤株。虫伤株外表与健株差别不大,仅谷粒轻,米质差;灌浆到乳熟期幼虫转株蛀入稻茎,茎内组织全部被蛀空,仅剩下一层表皮,遇风吹折,易造成倒伏。这种被害株颜色灰枯,秕谷多,形成半枯穗,又称"老来死"。

2.形态特征

(1)成虫。为黄褐色或灰褐色小蛾子,雌大雄小,前翅略呈长方形,后翅均白色。雄蛾体长10～12 mm,翅展20～25 mm,前翅黄褐至灰褐色,翅面密布褐色不规则小点,前翅中央有1个灰黑色斑点,其下有3个斜行排列的灰黑色斑点,腹部瘦,圆筒形。雌蛾体长12～15 mm,翅展25～31 mm,前翅褐色,翅面小点不明显,沿外缘有7个小黑点,有绢丝光泽;腹部纺锤形,灰白色。

(2)卵。扁平椭圆形,初产时白色,近孵化时变为灰黑色。卵粒排列呈鱼鳞状,卵块椭圆形,上盖透明胶质。

(3)幼虫。末龄幼虫体长20～30 mm,头部淡红褐色,胴部淡褐色,2龄以上幼虫腹部背面有5条暗褐色纵线,末龄幼虫时纵线红棕色,腹足较发达,趾钩三序全环。

(4)蛹。初期淡黄色,后变红褐色,圆筒形,尾端臀刺扁平,有1对刺毛,背面有1对角状小凸起。

3.发生规律

(1)生活史及习性。二化螟在我国北方稻区1年发生1～2代。以4～6龄幼虫在稻桩、稻草和稻田田埂及周围的杂草茎秆中越冬。成虫羽化后3～5 d内为产卵盛期,幼虫孵化后为害水稻至越冬。成虫昼伏夜出,趋光性强,有趋嫩绿习性。一般在水稻分蘖期和孕穗期产卵较多。高秆、茎粗、叶片宽大、叶色浓绿的稻田最易诱蛾产卵。初孵幼虫称"蚁螟",蚁螟孵出后,沿稻叶向下爬行或吐丝下垂,从叶鞘缝隙侵入,幼虫期6龄,3龄以后食量增大,并转株为害。幼虫钻蛀水稻能力强,蛀孔离地面3～13 cm,在水稻分蘖至抽穗成熟期均能蛀食危害。老熟幼虫在稻株近水面处茎秆内或叶鞘内结薄茧化蛹。

(2)发生条件。二化螟抗低温能力强,抗高温能力弱,幼虫发育适温为22～23℃,高于25℃发育缓慢,超过30℃不利于幼虫发育。因此,低温多雨年份二化螟发生数量大,高温干旱年份发生数量小。

二化螟卵期寄生蜂有稻螟赤眼蜂、等腹黑卵蜂、长腹黑卵蜂,螟卵啮小蜂等,幼虫期寄生蜂有多种姬蜂、茧蜂和寄蝇。虎甲、步行虫,青蛙、蜘蛛等捕食性天敌及昆虫病原微生物和线虫对二化螟也有明显的抑制作用。

4.防治方法

(1)农业防治。水稻收割后及时翻耕灌水,淹死稻桩内幼虫;铲除田边杂草消灭越冬虫源,减少第一代幼虫发生量;加强田间管理,使水稻生长整齐,缩短卵孵化盛期与水稻分蘖期及孕穗期相遇时间;选用优质高产抗虫品种;避免过量使用氮肥;结合除草,人工摘除卵块,拔除枯心株、白穗和虫伤株,可有效防止其转株危害。因二化螟多在水面不高的稻茎或叶鞘内化蛹,放干田水,降低二化螟化蛹位置,后灌水15～20 cm浸田,杀螟效果良好。

(2)生物防治。保护天敌,合理用药,尽量使用生物农药,发挥天敌自然控制害虫作用。

(3)化学防治。在二化螟盛孵期,秧田枯鞘率达0.1%以上时及时进行药剂防治。可选用5%锐劲特悬浮剂450～600 mL/hm^2,或48%毒死蜱乳油1 125～1 500 mL/hm^2,或90%敌百虫晶体1 500～2 250 g/hm^{2}加水常规喷雾;还可选用50%杀螟松乳油1 000倍液喷雾。锐劲特对虾、蟹、蜜蜂高毒,在养殖虾、蟹和蜜蜂的地区应谨慎使用。

四、水稻生产本田的草害防除

(一)黑龙江省水稻田主要杂草

1.禾本科杂草

主要有稻稗、稗草、匍茎剪股颖、稻李氏禾、看麦娘、芦苇等。

禾本科杂草(单子叶)的特点:叶片狭长,平行叶脉;叶鞘包围茎秆,边缘常分离;茎圆或略扁,茎秆有明显节和节间的区别,茎的生长点位于节间,节间常中空;基部有分枝,称为分蘖;根为须根,无明显主根。

2.阔叶杂草

包括全部双子叶杂草和部分单子叶阔叶杂草。主要有野慈姑、泽泻、雨久花、眼子菜、狼巴草、花蔺、宽叶谷精草、疣草等。

多数阔叶杂草叶片比较宽阔,阔叶杂草包括的范围非常大,为了便于掌握可以认为除禾本科杂草和莎草科杂草以外均为阔叶杂草。

双子叶阔叶杂草有两个子叶,一般为子叶出土幼苗;生长点裸露在外;根系多数是直根系,主根发达;叶脉为网状脉。单子叶阔叶杂草只有一个子叶,一般为子叶留土幼苗;根系为须根系,主根不发达;叶脉为平行脉。如鸭跖草。

3.莎草科杂草

此类杂草为单子叶草本植物,主要为莎草科植物。主要有多年生三棱草、水莎草、牛毛毡、萤蔺、针蔺、一年生异型莎草等。

其多数为多年生杂草,营养繁殖器官多为根茎,少数为块茎或球茎。叶片狭长,长宽比例大,平行叶脉叶鞘闭合;茎三棱形或扁三棱形,多数为实心,个别为圆柱形,空心。

主要杂草有牛毛毡、异型莎草、水莎草、苔草、扁秆藨草、水葱、萤蔺等。

本田杂草发生常有两个高峰,第1个出草高峰在移栽后的10 d左右,以禾本科杂草为主;第2个出草高峰在移栽后20 d左右,以阔叶杂草和莎草科杂草为主。这两个出草高峰都在水稻封行前,是危害水稻生长的关键时期。因此,水稻移栽田杂草的防除策略为狠抓前期(封闭),挑治中期和后期视草情用药,即移栽前(后)土壤封闭处理,防除第1个高峰期发生的杂草,如稗草、一年生阔叶杂草和莎草科杂草等;水稻分蘖期(充分缓苗后)再进行一次土壤处理,以防除第2个出草高峰期发生的一

二维码1-5　如何正确选用水田除草剂

年生和多年生莎草科杂草、眼子菜以及多种阔叶杂草。在水稻有效分蘖末期视草情采取茎叶喷雾处理,进行局部挑治。

(二)移栽前土壤处理

水稻移栽前5~7 d,水整地结束后,待泥浆自然沉降水面澄清,先将药液稀释后倒入喷雾器中,然后将喷雾器的喷片摘下,向上成股将药液施入田间(农思它除外)。施药后保持水层3~5 cm,保水5~7 d,自然落到花达水后插秧。

禾本科杂草和阔叶杂草混生,且慈姑、泽泻、雨久花等发生严重地块,可选用12%恶草酮乳油3 000 mL/hm²,或用24%乙氧氟草醚600~900 mL/hm²+50%丙草胺750~1 000 mL/hm²

＋10％吡嘧磺隆 150～300 g/hm²,或 30％苄嘧磺隆 150～300 g/hm²;或 12％恶草酮 1 000～1 500 mL/hm²＋24％乙氧氟草醚 400～600 mL/hm²＋50％丙草胺 500～750 mL/hm²,或 60％恶草丁 2 250～3 000 mL/hm²,或 80％丙炔恶草酮 90～120 g/hm²＋10％吡嘧磺隆 150 g/hm²＋30％苄嘧磺隆 150 g/hm²,或 50％丙草胺 1 000 mL/hm²＋10％吡嘧磺隆 150 g/hm²＋30％苄嘧磺隆 150 g/hm²。

如田间主要以禾本科杂草为主可选用 24％乙氧氟草醚 400～600 mL/hm²＋30％莎稗磷 500 mL/hm²＋10％吡嘧磺隆 150～300 g/hm² 或 30％苄嘧磺隆 150～300 g/hm²;或 30％莎稗磷 1 000 mL/hm²＋10％吡嘧磺隆 150 g/hm²＋30％苄嘧磺隆 150 g/hm²,或 50％丙草胺 1 000 mL/hm²＋ 10％吡嘧磺隆 150 g/hm²＋30％苄嘧磺隆 150 g/hm²。

(三)移栽后土壤处理

水稻插秧后 10～15 d,水稻 4.5～5.5 叶期,水层 3～5 cm,保水 5～7 d,毒土法(结合第二遍分蘖肥)或甩喷法将除草剂施入田间。

(1)30％莎稗磷乳油 900～1 200 mL/hm²＋ 32％苄嘧磺隆 300 g/hm² 或 10％吡嘧磺隆 300 g/hm²。

(2)50％丙草胺 750～1 050 mL/hm²＋32％苄嘧磺隆 300 g/hm² 或 10％吡嘧磺隆 300 g/hm²。

(3)53％苯噻酰草胺·苄嘧磺隆 750～1 050 g/hm²。

(4)53％苯噻酰草胺·苄嘧磺隆 750～1 050 g/hm²＋30％莎稗磷 500 mL/hm²。

(5)53％苯噻酰草胺·苄嘧磺隆 750～1 050 g/hm²＋25％西草净 600～900 g/hm²。

(6)5％硝磺草酮·丙草胺(0.6％＋4.4％)900～1 200 g/hm²。

(7)33％嗪吡嘧磺隆 300～400 g/hm²＋莎稗磷 900～1 200 mL/hm²。

(8)稻悠乳油(39.8％五氟·丁)1 500～2 000 mL/hm²＋32％苄嘧磺隆 300 g/hm² 或 10％吡嘧磺隆 300 g/hm²。

(四)本田茎叶除草技术

1.防除稗草、稻稗等禾本科杂草

(1)2.5％稻杰(五氟磺草胺)乳油 1 500 mL/hm²(3 叶期以下),1 500～1 800 mL/hm²(5 叶期以下)。

(2)6％稻喜(五氟磺草胺·氰氟草酯)乳油 2 000～2 250 mL/hm²(3 叶期以下),2 250～2 700 mL/hm²(5 叶期以下)。

(3)扫乐特(21％嘧啶肟草醚·丙草胺)乳油 1 500 mL/hm²。

(4)10％氰氟草酯 1 500 mL/hm²＋ 50％二氯喹啉酸 750～1 125 g/hm²。

(5)50％二氯喹啉酸 750～1 050 g/hm²＋30％莎稗磷 750 mL/hm²。

(6)2.5％五氟磺草胺 1 500～1 800 mL/hm²＋10％氰氟草酯 1 500～4 500 mL/hm²。

(7)40％氰氟草酯(卫道夫)2 250～4 500 mL/hm²。

(8)2.5％五氟磺草胺 1 500～1 800 mL/hm²＋10％双草醚 225～450 mL/hm² 或 5％嘧啶肟草醚 450～750 mL/hm²。

2.防除野慈姑、泽泻、三棱草、萤蔺等莎草科和阔叶杂草

(1)48％灭草松 2 250～3 000 mL/hm²。

(2)38％苄嘧·唑草酮可湿性粉剂 180 g/hm²。

(3)扫乐特 1 500 mL/hm²。

(4)48％灭草松 1 500 mL/hm²＋56％农多斯 450 g/hm²。

(5)37.5％ 2 甲·灭草松 2 250～3 000 mL/hm²。

项目五 水稻收获与贮藏技术

一、收获技术

(一)收获时期

水稻的适宜收获时期,主要依据稻粒充实程度及稻粒含水量,同时考虑生产目的和收割方法。一般稻粒变黄,含水量 17％～20％,茎秆含水量 60％～70％为水稻的生理成熟期,也是开始收获的适期。水稻收获适期的标准是水稻抽穗后 40 d 以上,活动积温 850～900℃,95％以上的籽粒颖壳变黄,2/3 以上穗轴变黄,95％以上的小穗轴和副护颖变黄,即水稻黄化完熟率95％以上为收获适期。

(二)收获方法

1.种子收获

种用收获要求割在霜前,脱在雪前,贮在冻前,以免遭受霜冻而降低发芽能力。

半喂入式水稻收获机收获减少糙米率。种子收获后及时清理、烘干、除芒、除糙、加工、包装、贮存。种子水分 14％以下时,一般条件库存;含水量大于 14％时,暖库贮存。

2.商品粮收获

(1)机械分段收获。割茬 12～20 cm,晾晒 3～5 d,稻谷水分降至 16％左右时及时拾禾脱粒,严防干后遇雨,干湿交替,增加水稻裂纹率,降低稻谷品质。

(2)机械直接收获。枯霜后,稻谷水分降至 16％时用联合收获机一次完成收割、脱粒、清选等作业,严防稻谷捂堆现象发生,及时倒堆,降低水分,严防温度过高产生着色米而影响稻谷品质。水稻直收综合损失率 3％以内,谷外糙米不超过 2％。半喂入式水稻收获机可以在收获期前 5～7 d 开始收割。

(3)人工收割。茬高一致、捆小捆,码人字码,干后及时上小垛,收脱损失控制在 3％以内,稻谷水分达到 15％,按品种收、脱、入库,加工成优质米,达到高产、优质、高效益。

二、安全贮藏

水稻种子在贮藏过程中不断进行呼吸,发生生理、生化代谢,如果没有适宜的贮藏环境和相应的安全贮藏措施,就会导致种子活力下降,种用价值降低,影响种子企业收益和农业生产。因此,搞好种子安全贮藏具有重要的意义。

(一)水稻种子的贮藏特性

水稻种子是颖果,其籽实由内外稃包裹着,谷壳外表面有茸毛,有些品种的外稃尖端延长为芒。水稻种子的这些形态特征决定了其贮藏特性。

(1)水稻种子堆比较疏松,孔隙度比其他作物种子大,种子堆的通气性比较好。

(2)种子表面粗糙,散落性比其他种子差。可以适当高堆,以提高仓库利用效率。

(3)稻谷的休眠后熟期较短,多数品种的后熟期不超过1个月。稻谷在田间成熟收获时种胚已发育完成,已达到生理成熟阶段。

(4)稻谷的胶体结构疏松,对高温的抗性较弱,每经过一次高温,就会引起不同程度的品质变劣。在高水分状态下,日光暴晒或者高温烘干均会发生爆腰现象,严重影响种子的生活力。

(5)高温入库的稻谷如不及时进行处理,种子堆的不同部位易发生显著温差,而造成水分分层,导致表面结顶,甚至发热霉变。特别是在持续高温的影响下,稻谷所含的脂肪酸会急剧增加而发生变质,影响种子的种用价值。

(6)稻谷外部有完整的颖壳,能起到一定的保护作用,会减少病虫为害的机会,同时也可以降低米粒的吸湿性。与其他作物比较,稻谷的吸湿力最弱,但稻谷结构较松弛,呼吸作用较强,加之孔隙度较大,在通气情况下导热性强,易受气温变化影响。在高温条件下较易变质,而在低温条件下又容易受冻害,所以种子收割后应该充分晾晒干燥。

(7)新收获的稻谷生理代谢强度大,呼吸旺盛,在贮藏初期往往不易稳定,容易导致发热甚至霉变。

(二)水稻种子安全贮藏措施

针对水稻种子的贮藏特点,为保证水稻种子在贮藏过程中不发生劣变,要抓好下列措施。

(1)做好仓库的修补、清仓和消毒工作。种子入库前,应检查仓库、麻袋及其他器材,做到不残留种子,无仓储害虫,无农药和化肥污染。检查仓库密封性,发现缝隙应及时修补。

(2)留种稻谷要充分成熟。因为未充分成熟的稻谷青粒较多,而青粒越多,贮藏越困难。

(3)霜前抢晴收割。水稻种子胶体结构疏松,易受冻害影响,所以要在霜前的晴天收割,以利稻谷贮藏。

(4)分级贮藏保管。水稻种子入库要严格检验分级,按不同品种、品质、水分等情况分批分级分仓贮藏保管。每批种子都要用标签标明品种、种子品质状况,根据其不同的品质、水分采取适宜的保管措施。

(5)控制入库种子水分。为有效地控制种子内部的生理活动、微生物的繁育和仓库中螨类的滋生,稻谷在入库前必须降到安全水分标准才能进仓贮藏。

(6)控制种子净度。水稻种子的安全贮藏还与稻谷的成熟度、净度、病粒、残粒等有关。如种子饱满、杂质少,基本上无损害及芽谷,安全程度就高;反之,安全程度就低。所以,稻谷收割入库前必须及时清选,剔除破损粒、秕粒和病虫粒,以利于安全贮藏。

(7)做好治虫防霉工作。仓虫的大量繁殖会引起贮藏种子发热,还会损伤种子的皮层和胚部,使种子完全失去种用价值。仓虫可采用药剂熏杀的方法进行控制。同时,采取措施降低贮藏种子的水分,控制贮藏环境的空气相对湿度,使它们都处于较低的水平下,以抑制霉菌的发生。

(8)选择合适的贮藏方式。根据具体情况,如大量种子贮藏和长期贮藏可采用散装,如数量少、品种多和短期贮藏可用袋装。

(9)要根据天气情况和贮藏稻谷情况进行通风换气。必要时进行翻晒晾种。还要定期检查种温、水分及虫害,如发现异常情况,应立即采取措施,以防稻种仓储损失。

黑龙江省种子水分14%以下时,一般条件库存、含水量大于14%时,暖库贮存。

模块小结

本模块简要介绍了水稻生产在我国粮食生产中的地位,黑龙江省水稻生产概况,水稻的植物学特征,水稻各生育阶段的特点;明确了水稻种子处理、整地做床、苗床播种及苗床管理技术;详细介绍了水稻移栽技术、水稻生产本田的养分和水分管理、水稻生产本田的病、虫、草害防治技术;明确了水稻的收获与贮藏技术。

模块巩固

1. 黑龙江省种稻的优越条件和不利因素有哪些?

2. 什么是水稻的"三性"? 水稻的"三性"在引种和生产上如何应用?

3. 插秧深度对水稻分蘖有何影响?

4. 如何确定水稻最佳播种时间及简述水稻播种技术。

5. 简述水稻苗床温度管理的"2.5.8原则"。

6. 水稻秧田如何进行"三看"浇水?

7. 简述水稻恶苗病的防治技术。

8. 水稻本田不同时期应如何进行科学的水层管理?

9. 简述水稻稻瘟病的发病症状、防治时期及防治方法。

10. 黑龙江省水稻生产中主要发生的虫害有哪些? 应如何防治?

11. 简述水稻纹枯病的发病症状、防治时期及防治方法。

12. 水稻移栽田的杂草应如何防除?

13. 简述水稻秧田草害的防除技术。

14. 水稻本田基肥的施用方法有哪些?

15. 生产中应如何防止水稻的空秕粒?

模块二

玉米生产与管理

【知识目标】

通过本模块学习,使学生了解玉米的起源、用途及玉米的生命周期,熟悉玉米如何进行分类,玉米品种选择依据与原则、如何选择玉米品种及对选择的品种、如何进行处理等,掌握玉米的需肥规律及施肥技术、玉米的播种技术、田间管理技术及玉米的收获、贮藏技术等。

【能力目标】

具备(掌握)玉米高产、高效栽培技术的能力(技能),能够独立(协作)完成玉米病、虫、草害及综合防治技术工作。

项目一　玉米播前准备

一、玉米生产概述

(一)玉米的起源与传播

关于玉米的起源,华德生、瓦维洛夫等认为玉米起源于中美洲的墨西哥、危地马拉、洪都拉斯;达尔文、第康道尔等认为玉米起源于南美洲的秘鲁和智利半荒漠地带;韦瑟伍克斯、曼格尔斯多夫等认为玉米有两个起源中心。初生起源中心为南美洲的亚马逊河流域(巴西、阿根廷、玻利维亚);第二起源中心是中美洲的墨西哥、秘鲁。

现代考古证实,墨西哥是玉米的故乡。玉米起源驯化于一种生长在墨西哥的野生黍类,开始于 7 000~10 000 年以前,但迟于人类迁徙到新世界(美洲)。然后经过逐渐的培育,在 3 000~4 000 年前,中美洲的古印第安人已经开始种植玉米了。

从公元 1492 年哥伦布到达美洲大陆后,开始正式有了关于玉米的文字记载。哥伦布在航海日记中记述:"我发现了一种奇异的谷物,它的名字叫马希兹,甘美可口,焙干,可做粉。"继哥伦布之后接踵而至的欧洲航船,每到新大陆一个地方,都曾谈到当地印第安人种植玉米的情况。由此可以相信,在哥伦布到达新大陆之前,南北美洲大部分地区都早已开始种植玉米了。由于玉米适合旱地种植,西欧殖民者侵入美洲后将玉米种子带回欧洲种植,之后在亚洲和欧洲被广泛种植。到目前为止,世界各大洲均有玉米种植,其中北美洲和中美洲的玉米种植面积最大。

大约在 16 世纪中期,中国开始引种种植玉米。玉米传入中国的途径分为海路和陆路。陆路又分为两条:一条由印度、缅甸传入云南的西南路线,另一条经波斯、中亚到甘肃的西北线。海路则经东南沿海省份再传入到内地。根据我国各省通志和府县志的记载,玉米最早传到我国的广西,16 世纪初有记载传入中国以来,就在广西、安徽、河南、江苏、甘肃、云南、浙江、福建、广东、山东、陕西等地开始种植;17 世纪种植范围扩展到河北、湖北、山西、江西、辽宁、湖南、四川等地。

(二)玉米的用途

1.人类的粮食

玉米是世界上人类最重要的食粮之一,特别是一些非洲、拉丁美洲国家。现今全世界约有 1/3 的人以玉米籽粒作为主要食粮,其中亚洲人的食物组成中玉米占 50%,多者达 90% 以上,非洲占 25%,拉丁美洲占 40%。玉米的营养成分优于稻米、薯类等,缺点是颗粒大、食味差、黏性小。随着玉米加工工业的发展,玉米的食用品质不断改善,形成了种类多样的玉米食品。

(1)特制玉米粉和胚粉。玉米籽粒脂肪含量较高,在贮藏过程中会因脂肪氧化作用产生不良味道。经加工而成的特制玉米粉,含油量降低到 1% 以下,可改善食用品质,粒度较细。适于与小麦面粉掺和制作各种面食。由于富含蛋白质和较多的维生素,添加制成的食品营养价值高,是儿童和老年人的食用佳品。

(2)膨化食品。玉米膨化食品是 20 世纪 70 年代以来兴起而迅速盛行的方便食品,具有疏松多孔、结构均匀、质地柔软的特点,不仅色、香、味俱佳,而且提高了营养价值和食品消化率。

(3)玉米片。其是一种快餐食品,便于携带,保存时间长,既可直接食用,又可制作其他食品,还可采用不同佐料制成各种风味的方便食品,用水、奶、汤冲泡即可食用。

(4)甜玉米。其可用来充当蔬菜或鲜食,加工产品包括整穗速冻、籽粒速冻、罐头 3 种。

(5)玉米啤酒。因玉米蛋白质含量与稻米接近而低于大麦,淀粉含量与稻米接近而高于大麦,故为比较理想的啤酒生产原料。

2.牲畜、家禽饲料

玉米是发展畜牧业的良好饲料。世界上大约 65% 的玉米都用作饲料,发达国家高达 80%,其是畜牧业赖以发展的重要基础。当代世界上玉米作为饲料用于生产奶、肉、油、蛋等畜产品占总产量的 70%~75%。畜牧业发达的国家,都在积极研制和发展玉米配合饲料有密切关系。玉米鲜嫩的茎叶,营养丰富,每 100 kg 青贮玉米秸秆含有 20 个饲料单位和 0.6 kg 可消化蛋白质,相当于 20 kg 籽粒的营养价值。畜牧业在经济发展中所占比重大、影响广,以发展玉米生产来支撑畜牧业是一条切实可行的路径。

(1)玉米籽粒。玉米籽粒,特别是黄粒玉米是良好的饲料,可直接作为猪、牛、马、鸡、鹅等畜禽饲料;特别适用于肥猪、肉牛、奶牛、肉鸡。随着饲料工业的发展,浓缩饲料和配合饲料广泛应用,单纯用玉米作饲料的量已大为减少。

(2)玉米秸秆。玉米秸秆是良好饲料,特别是牛的高能饲料,可以代替部分玉米籽粒。玉米秸秆的缺点是含蛋白质和钙少,因此需要加以补充。秸秆青贮不仅可以保持茎叶鲜嫩多汁,而且在青贮过程中经微生物作用产生乳酸等物质,增强了适口性。

(3)玉米加工副产品的饲料应用。玉米湿磨、干磨、淀粉、啤酒、糊精、糖等加工过程中产生的胚、麸皮、浆液等副产品,也是重要的饲料资源,在美国这种副产品占饲料加工原料的5%以上。

3.工业加工

玉米籽粒是重要的工业原料,初加工和深加工可生产200~300种产品。初加工产品和副产品可作为基础原料进一步加工利用,在食品、化工、发酵、医药、纺织、造纸等工业生产中制造种类繁多的产品,穗轴可生产糠醛。另外,玉米秸秆和穗轴可以培养生产食用菌,苞叶可编织提篮、地毯、坐毯等手工艺品,行销国内外。

(1)玉米淀粉。玉米在淀粉生产中占有重要位置,世界上大部分淀粉是用玉米生产的。美国等一些国家则完全以玉米为原料。为适应对玉米淀粉量与质的要求,玉米淀粉的加工工艺已取得了引人瞩目的发展。特别是在发达国家,玉米淀粉加工已成为重要的工业生产行业。

(2)玉米的发酵加工。玉米为发酵工业提供了丰富而经济的碳水化合物。通过酶解生成的葡萄糖,是发酵工业的良好原料。加工的副产品,如玉米浸泡液、粉浆等都可用于发酵工业生产酒精、啤酒等许多种产品。

(3)玉米制糖。随着科技发展,以淀粉为原料的制糖工业正在兴起,品种、产量和应用范围大大增加,其中以玉米为原料的制糖工业尤为引人瞩目。专家预计,未来玉米糖将占甜味市场的50%,玉米在下一世纪将成为主要的制糖原料。

(4)玉米油。其是由玉米胚加工制得的植物油脂,主要由不饱和脂肪酸组成。其中亚油酸是人体必需脂肪酸,是构成人体细胞的组成部分,在人体内可与胆固醇相结合,呈流动性和正常代谢,有防治动脉粥样硬化等心血管疾病的功效,玉米油中的谷固醇具有降低胆固醇的功效;玉米油富含维生素E,有抗氧化作用,可防治干眼症、夜盲症、皮炎、支气管扩张等多种功能,并具有一定的抗癌作用。由于玉米油的上述特点和其营养价值高,味觉好,不易变质,因而深受人们欢迎。

4.医疗美容

玉米具有抗衰防癌作用,玉米须美容、降糖、健脾益胃、利水渗湿,防止便秘,防止动脉硬化。

5.加工成绿色燃料

近年来,人们还尝试使用玉米酿制乙醇,从而成为替代和补充汽油的燃料,该燃料有可能在21世纪取代传统燃料而被广泛使用。

二、玉米栽培基础

(一)玉米植物学特征

1.种子

玉米粒即种子,植物学上称颖果。颜色有黄、白、紫、红、花斑等色,常见的多为黄色和白色。种子由皮层(果皮、种皮)、胚乳、胚和子叶组成。皮层起保护作用,胚乳是种子贮藏营养物质的仓库。玉米的胚较大,由胚根、胚轴和胚芽组成,是种子内的原始植株。在胚和胚乳之间有一盾片称子叶,内含多种酶,有吸收、转送胚乳养分,供种子发芽和幼苗生长的作用。种子大小因品种、栽培水平而异,一般千粒重 250～350 g。

2. 根

玉米根属须根系,由初生根,次生根和支持根组成,如图 2-1 所示。

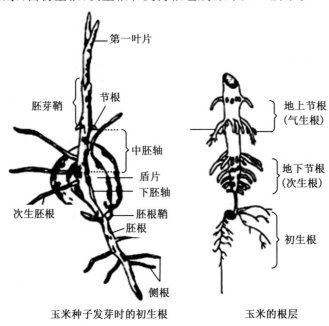

玉米种子发芽时的初生根   玉米的根层

图 2-1　玉米根的结构

初生根包括初生胚根和次生胚根,垂直向下生长,是玉米幼苗期吸收肥水的根系。次生根是随茎节的形成,自下而上一层一层地生于地下密集茎节上,又称节根或层根。次生根是玉米根系的主体,依品种不同,可形成 7～9 层,数量多达百余条,是决定玉米产量的主要根系。支持根是玉米地上茎近地面茎节上轮生的层根,一般 3 层左右,能支持植株,增强抗倒能力,还有合成氨基酸,进一步形成蛋白质的作用。

玉米根深可达 2 m 以上,水平可达 1 m,但绝大部分集中在 30 cm 以内、距植株 20 cm 半径范围的土层中。玉米的主体根系分布在 0～40 cm 土层中,随着生育期的推迟,后期深层根量增加。因此,基肥深施有利于根系的吸收,追施化肥则以深施 10 cm 以上和距离植株 10 cm 较为合适。

3. 茎

玉米茎由节和节间组成。玉米茎秆上有许多节,每节着生 1 片叶子,通常一株玉米的地上部有 8～20 节,地下部有密集的 3～5 个节。节数的多少,因品种和种植时期而异。节与节之间称为节间。节间的长度由基部到顶端渐次加长,以最上面的一个节间最长,也有一些是中的节间比上部和下部的长。节间的粗度从下到上逐渐减小。

玉米的茎秆比其他禾谷类作物粗壮、高大。植株高矮与品种、土壤、气候和栽培条件有密切关系。一般晚熟品种,水肥条件好,气温高,则茎秆生长高大;反之,茎秆生长矮小。在生产上,通常把玉米按株高分为 3 种类型:株高低于 2 m 者为矮秆型;2～2.7 m 的为中秆型;2.7 m

以上者为高秆型。一般矮秆型的生育期短,单株产量较低,高秆型的生育期较长,单株产量较高。植株高度是决定密植范围的重要因素之一。

玉米茎是担负水分和养分的运输;支撑叶片,使之均匀分布,便于更好地进行光合作用;贮藏养料的器官,后期将部分养分转运到籽粒中去。

玉米茎节上有腋芽,下部茎节上的腋芽长成的侧枝称为分蘖。分蘖的多少与品种类型和水肥条件有关。一般甜质型、硬粒型玉米分蘖多。同一品种在土壤肥沃,水分充足,密度稀时分蘖也多。分蘖一般不结果穗,应尽早除掉,以免消耗养分,但对饲用玉米或分蘖具有结实特性的玉米,则应保留。

4.叶

玉米完全叶由叶鞘、叶片、叶舌、叶环(叶枕)4部分组成。叶鞘包着节间,有保护茎秆和贮藏养分的作用。叶片着生于叶鞘顶部的叶环之上,是光合作用的主要器官。叶片中央纵贯一条主脉,主脉两侧平行分布着许多侧脉。叶片边缘带有波状皱纹。玉米叶舌着生于叶鞘和叶片交接处,紧贴茎秆,有防止雨水、病菌、害虫侵入叶鞘内侧的作用。

玉米叶片长大,一般长为70～110 cm,宽6～12 cm。叶片中央是一条主脉(中脉),主脉两侧平行分布许多侧脉。玉米叶片边缘呈波浪皱褶状,这是因为叶子边缘薄壁细胞比叶子中部的薄壁细胞生长快造成的。波浪状的皱褶可起缓冲作用,避免风害折断叶子。

玉米最初的5～6片叶是在种子胚胎发育时形成的,故称胚叶。这些叶片表面光滑不具茸毛,可作为判断玉米叶位的一个指标。

5.穗

玉米为雌、雄同株异花作物,天然杂交率在95％以上。

(1)雄穗。玉米雄穗又称雄花序,为圆锥花序,着生于茎秆顶端。由主轴、分枝、小穗和小花组成。主轴有4～11行成对小穗。主轴中、下部有15～25个分枝,上有2行成对小穗。

每对雄小穗中,一为有柄小穗,位于上方,一为无柄小穗,位于下方。每个雄小穗基部两侧各着生1个颖片(护颖),两颖片间着生2朵雄花。每朵雄性花由1片内稃(内颖),1片外稃(外颖)及3个雄蕊组成。每个雄蕊的花丝顶端着生1个花药。1个正常雄穗,能产生1 500万～3 000万个花粉粒,如图2-2所示。

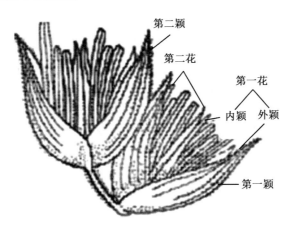

图 2-2　玉米雄穗小花

　　玉米雄穗抽出 2～5 d 开始开花。顺序是从主轴中上部开始,然后向上、向下同时进行。各分枝的小花开放顺序同主轴。一个雄穗从开花到结束,一般需 7～10 d,长者达 11～13 d。天气晴朗时,以上午开花最多,下午显著减少,夜间更少。

　　玉米雄穗开花的最适温度是 20～28℃,温度低于 18℃ 或高于 38℃ 时,雄花不开放。开花最适相对湿度为 65%～90%。

　　(2)雌穗。雌穗又称雌花序,为肉穗花序,由茎秆中部叶腋中的腋芽发育而成,果穗位于茎秆腰部(中部)。玉米除上部 4～6 节外,全部叶腋中都能形成腋芽,具有潜在的多穗性。多数情况下,地上节上的腋芽进行穗分化到早期阶段停止,不能发育成果穗,只有上部 1～2 个腋芽正常发育形成果穗。在肥水管理不当的条件下,会出现多个腋芽发育成果穗的现象,但不是高产的标志,因形成的果穗较多,对养分竞争激烈,会导致各个果穗发育不良的结果。

　　玉米的雌穗为变态的侧茎,穗柄为缩短的茎秆,节数随品种而异,各节着生 1 片仅具叶鞘的变态叶即苞叶,包着雌穗,起保护作用。

　　雌穗由穗轴和雌小穗构成。穗轴白色或紫红色,重量占雌穗总重量的 20%～25%。穗轴节很密,每节着生两个无柄小穗,成对排列。每小穗内有两朵小花,上位花结实,下位花退化,故果穗上的行粒数为偶数,一般为 12～18 行,也有 8～30 行的。每穗粒数有 200～800 粒或更多些,一般多为 300～500 粒。果穗的粒行数、行粒数和穗粒数的多少,均因品种和栽培条件而异。

　　雌小穗基部两侧各着生一个革质的短而稍宽的颖片(护颖),颖片内有两个小花,其中一个退化的小花,仅留有膜质的内外稃(颖)和退化的雌、雄蕊痕迹。另外一个结实小花,包括内外稃(颖)和一个雌蕊及退化的雄蕊。雌蕊由子房、花柱和柱头组成。通常将花柱和柱头总称为花丝。花丝顶端分叉,密布茸毛分泌黏液,有黏着外来花粉的作用,花丝任何部位都有接受花粉的能力,如图 2-3 所示。

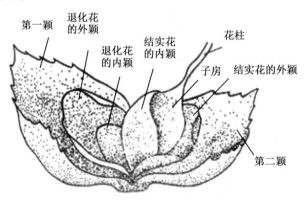

图 2-3　玉米雌穗小花

　　雌穗一般比同株雄穗开花晚 2～5 d,也有同时开花的。一个雌穗从开始抽丝到全部抽出,需 5～7 d。花丝长度 15～30 cm,若长期得不到受精,可延长至 50 cm 左右。同一雌穗上,一般位于雌穗基部往上 1/3 处的小花先抽丝,然后向上、下伸展,顶部小花的花丝最晚抽出,当花粉源不足时,易发生顶部花丝得不到授粉而造成秃顶的现象。有些苞叶长的品种,基部花丝要伸得很长才能露出苞叶,抽丝很晚,也影响授粉,造成果穗基部缺粒。因此,开花后期人工辅助授粉很重要。

玉米雄花序的花粉传到雌穗小花的柱头上叫授粉。微风时,散粉范围约 1 m,风力较大时,可传播 500～1 000 m。花粉落到花丝上,在适宜条件下 10 min 即发芽,30 min 形成花粉管。2 h 左右,花粉管进入子房,抵达胚乳,进行双受精。从花丝接收花粉到受精结束一般需要 18～24 h,从花粉管进入子房至完成受精过程需 2～4 h。花丝在受精后停止伸长,2～3 d 变褐枯萎。

(二)玉米的生育期和生育时期

1. 生育期

玉米从播种至成熟的天数,称为生育期。玉米生育期的长短与品种、播种期和温度等有关。早熟品种生育期短,晚熟品种生育期较长;播种期早的生育期长,播种期迟的生育期短。

2. 生育时期

在玉米一生中,由于自身量变和质变的结果及环境变化的影响,不论外部形态特征还是内部生理特性,均发生不同的阶段性变化,这些阶段性变化,称为生育时期,如出苗期、拔节期、抽雄期、开花期、抽丝期和完熟期等。

(1)出苗期。幼苗出土高约 2 cm 的日期。

(2)三叶期。植株第三片叶露出叶心 3 cm。

(3)拔节期。植株雄穗伸长,茎节总长度达 2～3 cm,叶龄指数 30 左右。

(4)小喇叭口期。雌穗进入伸长期,雄穗进入小花分化期,叶龄指数 46 左右。

(5)大喇叭口期。雌穗进入小花分化期、雄穗进入四分体期,叶龄指数 60 左右,雄穗主轴中上部小穗长度达 0.8 cm 左右,上部几片大叶甩开呈喇叭口状。

(6)抽雄期。植株雄穗尖端露出顶叶 3～5 cm。

(7)开花期。植株雄穗开始散粉。

(8)抽丝期。植株雌穗的花丝从苞叶中伸出 2 cm 左右。

(9)籽粒形成期。植株果穗中部籽粒体积基本建成,胚乳呈清浆状,也称灌浆期。

(10)乳熟期。植株果穗中部籽粒干重迅速增加并基本建成,胚乳呈乳状后至糊状。

(11)蜡熟期。植株果穗中部籽粒干重接近最大值,胚乳呈蜡状,用指甲可以划破。

(12)完熟期。植株籽粒干硬,籽粒基部出现黑色层,乳线消失,并呈现出品种固有的颜色和光泽。一般大田或试验田,以全田 50% 以上植株进入该生育时期为标志。

(三)玉米的分类

按照不同的划分方法,玉米分为不同的类型。

1. 按籽粒特征分类

(1)硬粒型。也称硬粒种或燧石种。果穗多为圆锥形,籽粒坚硬饱满,平滑,有光泽。籽粒顶部和四周胚乳均为角质淀粉,仅中部有少量粉质淀粉。角质胚乳环生于外层,故籽粒外表透明,多为黄色。品质较好,适应性强,成熟较早,产量低并较稳定。

(2)马齿型。也称马牙种。果穗多呈圆柱形,籽粒扁平呈方形或长方形。角质胚乳分布于籽粒两侧,中央和顶部为粉质胚乳,成熟时顶部失水干燥较快,故籽粒顶部凹陷如马齿状。多为黄白两色,不透明,品质较差。植株高大,需肥水较多,产量较高。具有增产潜力特点。

(3)半马齿型。也称中间型。籽粒顶端凹陷不明显或呈乳白色的圆顶,角质胚乳较多,种皮较厚,边缘较圆。植株、果穗的大小、形态和籽粒胚乳的特性都介于硬粒型与马齿型之间,籽粒的颜色、形状和大小具有多样性,产量一般较高,品质比马齿型好,是各地生产上普遍栽培的一种类型。

(4)糯质型。也称蜡质型。胚乳全部为角质淀粉组成,籽粒不透明,坚硬平滑,暗淡无光泽如蜡状,水解后易形成胶黏状的糊精,粒色有黄、白等颜色。蜡质型玉米的胚乳,遇碘呈褐红色反应。此种最早发现于我国,主要作为鲜食或食品玉米。

(5)爆裂型。也称爆裂种。果穗较小,穗轴较细,籽粒小而坚硬,粒形圆或籽粒顶端突出,胚乳几乎全为角质淀粉。籽实加热时,由于淀粉粒内的水分遇到高温,形成蒸气而爆裂,籽粒胀开如花。爆裂后的籽粒的膨胀系数达 25~45 倍。粒色多为黄、白色、其他颜色较少,按籽实形状可分为两类:一类为米粒形,籽粒小如稻米状,顶端带尖;一类为珍珠形,籽粒顶部呈圆顶形如珍珠。

(6)粉质型。又名软质种。果穗和籽粒外形与硬粒种相似,但籽粒无光泽。籽粒胚乳完全由粉质淀粉组成,仅在外层有一薄层角质淀粉。籽粒乳白色,内部松软,容重很低,容易磨粉,是制造淀粉和酿造的优质原料。

(7)甜质型。也称甜质种(甜玉米),可分为普通甜玉米、超甜玉米和加强甜玉米 3 类,籽粒胚乳大部分为角质淀粉,乳熟期籽粒含糖量一般为 12%~18%,高的达 25%,比普通玉米高 2~4 倍,成熟后籽粒皱缩,颜色有黄、白等色。多鲜食、做蔬菜或制罐头。成熟时籽粒的淀粉含量只有 20%左右,脱水后表现凹陷,使种子皱缩,坚硬呈半透明状。胚乳多为角质,胚大。

(8)有稃型。也称有稃种。籽粒包于长稃内(颖片和内外稃的变形),有的具芒。籽粒坚硬,角质胚乳环生外层,有色泽,具有各种颜色和形状。植株多叶,雄花序发达,常有着生籽粒的现象,高度自交不孕,是一种原始类型,很少栽培,可作饲料。

(9)甜粉型。籽粒上部为角质淀粉、下部为粉质淀粉,含糖质淀粉较多,生产价值较小。

2.按生育期分类

(1)早熟品种。生育期 70~100 d,要求积温 2 000~2 200℃(大于 10℃的有效温度)。这类品种的植株较矮,叶片较少,一般在 14~17 片,果穗为短锥形,百粒重 15~20 g,产量潜力不大。

(2)中熟品种。生育期 100~120 d,要求积温 2 300~2 600℃。这类品种适应性较广,叶片数一般在 18~20 片,果穗大小中等,百粒重 20~30 g。

(3)晚熟品种。生育期 120~150 d,要求积温 2 600~2 800℃,这类品种植株高大,叶片数一般在 21~25 片,果穗较大,百粒重 30 g 左右,产量潜力较高。

3.按株型分类

依据玉米植株茎叶角度和叶片的下披程度将玉米分为紧凑型、平展型和半紧凑型 3 种类型。

(1)紧凑型。表现为果穗以上叶片直立、上冲,叶片与茎秆之间的夹角小于 30°。植株中部叶片比较长,而上部和下部叶比较短。紧凑型玉米群体的透光性能较好,对光能的利用率高,特别适合于高密度种植,具有较高的群体生产潜力,是目前高产玉米的主要类型。

(2)平展型。表现为果穗以上叶片平展,叶尖下垂,叶片与茎秆夹角大于 45°。植株上部叶片较长,下部叶片较短,个体粗壮,群体透光性能差,不宜高密度种植。

(3)半紧凑型。株型介于紧凑型和平展型之间。

4.按株高、籽粒颜色、用途分类

(1)株高。玉米按其株高可分为高秆类型(株高＞2.5 m)、中秆类型(株高 2.0～2.5 m)和矮秆类型(株高＜2.0 m)3 类。

(2)籽粒颜色。玉米籽粒的颜色可分为黄色、白色和杂色 3 类。黄玉米含有较多的甲种维生素和胡萝卜素,营养价值较高,而白色玉米则不含有甲种维生素。

(3)用途分类。玉米按用途可以划分为食用、饲用和食饲兼用 3 类。食用玉米主要是指利用它的籽粒,供做粮食、精饲料和食品工业原料,通常要求籽粒高产、优质。饲用玉米指用玉米的茎叶作为饲料,要求茎秆粗大,叶片宽而多汁。食饲兼用玉米则要求综合前两者的优点,既要求籽粒高产优质,又要求籽粒完熟时茎叶仍青嫩多汁。

三、品种选择依据与原则

(一)我国的玉米分布与区划

根据我国的自然条件、玉米的种植制度和栽培特点,可将我国玉米划分为 6 个种植区域,即:北方春播玉米区、黄淮海夏播玉米区、西南山地玉米区、南方丘陵玉米区、西北灌溉玉米区、青藏高原玉米区。

1.北方春播玉米区

本区包括黑龙江、吉林、辽宁、宁夏和内蒙古的全部,山西的大部,河北、陕西和甘肃的一部分。本区属寒温带大陆性气候,无霜期短,冬季严寒,春季干旱多风,夏季炎热湿润,多数地区年均降水量 500 mm 以上,分布不均匀,60%集中在夏季,形成春旱、夏秋涝的特点,玉米栽培基本上为一年一熟制。种植方式有玉米清种、玉米大豆间作及春小麦套种玉米。

在玉米栽培上应注意以下几点。

(1)更换新品种,选育或引进高产、抗倒伏、适宜密植的新杂交种。

(2)增加投入,特别是化肥投入,培肥地力,提高土壤有机质含量,以充分发挥本区光、热、水条件的优势,为玉米生长发育创造良好条件。

(3)扩大玉米覆膜栽培面积。

(4)浇足底墒水,适当深播,以利于保全苗和促进壮苗早发。

(5)争取早播,加强田间管理,加快前期生长发育,力争提早开花,延长开花至成熟这一段的时间,发挥后期在干物质生产方面的优势。

2.黄淮海夏播玉米区

本区位于北方春玉米区以南,淮河、秦岭以北。其包括山东、河南全部,河北的中南部,山西中南部,陕西中部,江苏和安徽北部。该区属温带半湿润气候,无霜期 170～220 d,年均降水量 500～800 mm,多数集中在 6 月下旬至 9 月上旬,自然条件对玉米生长发育极为有利。由于夏季气温高,蒸发量大,降雨较集中,经常发生春旱夏涝,而且有大风、冰雹、盐碱、低温等自然灾害。栽培制度基本上是一年两熟,种植方式多样,间套种、复种并存,复种指数高,地力不足成为限制玉米产量的主要因素。在玉米栽培上,应注意以下几点。

(1)推广早熟、高产、抗逆性强的紧凑型玉米杂交品种。

(2)增加肥料投入,发挥肥料的增产潜力。本区玉米施肥面积约占总面积的 2/3,磷肥不足,钾肥更少,应把肥料施用量提高到每亩施纯氮 12 kg 以上和适量的磷肥、钾肥。

（3）华北地区的套种玉米和麦茬夏播玉米，播种时正值一年中最干热的季节，耕作层十分干旱，结合上茬作物后期浇水，在播种前备足底墒，适当深播（6～7 cm），盖严和镇压，是出全苗的重要措施。对于套种玉米，为了减轻共生期间小麦的遮阴，麦收前后还必须再浇一遍水，目的是防旱保苗和促进壮苗早发。

（4）华北地区的雨季一般从6月下旬开始，麦茬夏玉米容易发生芽涝。因此，抢早播种或采用套种方法，促使幼苗在雨季到来之前拔节，可避开和减轻涝害。如8月下旬以后降水量逐渐减少，有秋旱发生时，应浇水促进籽粒灌浆，增加粒重。

3.西南山地丘陵玉米区

本区包括四川、贵州、广西、云南、湖北和湖南西部、陕西南部以及甘肃的一小部分。属温带和亚热带湿润、半湿润气候。雨量丰沛，水热条件较好，光照条件较差，有90％以上的土地为丘陵地区和高原山区，无霜期200～260 d，年平均温度14～16℃，年降水量800～1 200 mm，降水多集中在4—10月份，有利于多季玉米栽培。在山区耕地主要实行玉米和小麦、甘薯或豆类作物间套作，高寒山区只能种一季春玉米。在玉米栽培上，应注意以下几点。

（1）扩大杂交玉米种植面积，充分挖掘地方种质资源（具有优良遗传特性的纯种称为种质，用它来培育杂交品种），根据生态区划选用单交、双交、三交和群改种，使杂交优良品种面积扩大到80％以上。

（2）在高寒山区和丘陵地区推广玉米覆膜，争农时、夺积温，单产可增加30％～50％。

（3）扩大间套复种面积，提高复种指数，推广玉米规模种植。

（4）在云南、广西南部地区扩大一部分冬种玉米种植面积。

（5）本区多数山、丘陵土壤瘠薄，阴雨天气多，应注意加强对病虫害的防治。

4.南方丘陵玉米区

本区包括广东、海南、福建、浙江、江西、江苏、广西、湖南、安徽的南部和湖北的东部。

5.西北灌溉玉米区

其包括新疆的全部和甘肃的河西走廊以及宁夏河套灌溉区。本区属大陆性气候，以种植一年一熟的春玉米为主。

6.青藏高原玉米区

其包括青海和西藏，是我国重要的牧区和林区，玉米是本区新兴的农作物之一，栽培历史很短，种植面积不大。但表现高产，今后颇有发展前途。

（二）黑龙江省玉米区划

黑龙江省幅员辽阔，根据10℃以上有效活动积温划分为6个积温带。

1.第一积温带活动积温：2 700℃以上

此带包括有哈尔滨市平房区、道里区、道外区、香坊区、南岗区、松北区、阿城区、双城区、宾县，大庆市红岗区、大同区、让湖路区南部、肇东、肇源、肇州，齐齐哈尔市富拉尔基区、昂昂溪区、泰来、杜蒙、东宁。

2.第二积温带活动积温：2 500～2 700℃

此带包括有巴彦、呼兰、五常、木兰、方正、绥化市、庆安东部、兰西、青岗、安达、大庆南部、齐齐哈尔市北部、林甸、富裕、甘南、龙江、牡丹江市、海林、宁安、鸡西市恒山区、城子河区、密山、八五七农场、兴凯湖农场、佳木斯市、汤原、依兰、香兰、桦川、桦南南部、七台河市西部、勃利。

3.第三积温带活动积温:2 300～2 500℃

此带包括有延寿、尚志、五常北部、通河、木兰北部、方正林业局、庆安北部、绥棱南部、明水、拜泉、依安、讷河、甘南北部、富裕北部、齐齐哈尔市华安区、克山、林口、穆棱、绥芬河南部、鸡西市梨树区、麻山区、滴道区、虎林、七台河市、双鸭山市岭西区、岭东区、宝山区、桦南北部、桦川北部、富锦北部、同江南部、鹤岗南部、宝泉岭农管局、绥滨、建三江农管局、八五三农场。

4.第四积温带活动积温:2 100～2 300℃

此带包括延寿西部、苇河林业局、亚布力林业局、牡丹江西部、牡丹江东部、绥芬河南部、虎林北部、鸡西北部、东方红、饶河、饶河农场、胜利农场、红旗岭农场、前进农场、青龙山农场、鹤岗北部、鹤北林业局、伊春市西林区、南岔区、带岭区、金山屯区、美溪区、翠峦区、友好区南部、上甘岭区南部、铁力、同江东部、北安、嫩江、海伦、五大连池、绥棱北部、克东、九三农管局、黑河、逊克、嘉荫、呼玛东北部。

5.第五积温带活动积温:1 900～2 100℃

此带包括绥芬河北部、穆棱南部、牡丹江西部、抚远、鹤岗北部、四方山林场、伊春市五营区、上甘岭区北部、新青区、红星区、乌伊岭区、汤旺河区、黑河西部、嫩江东北部、北安北部、孙吴北部。

6.第六积温带活动积温:1 900℃以下

此带包括兴凯湖、大兴安岭地区、沾北林场、大岭林场、西林吉林业局、十二站林场、新林林业局、东方红、呼中林业局、阿木尔林业局、漠河、图强林业局、呼玛西部、孙吴南部。

(三)玉米品种的选择原则

农民选择农作物品种时应该遵循"产量是基础、抗病是保证、质量是效益"的原则。玉米应选择高产、耐密、广适性、商品性好的品种。选好玉米良种是关系到玉米高产优质增收的关键问题。

1.根据热量资源条件(积温)选种

当地的热量资源与玉米品种的生长期有关。生长期长的玉米品种丰产性能好、增产潜力较高,当地的热量和生长期要符合品种完全成熟的需要。热量充足,就尽量选择生长期较长的玉米品种,使优良品种的生产潜力得到有效发挥。但是,过于追求高产而采用生长期过长的玉米品种,则会导致玉米不能充分成熟,籽粒不够饱满,影响玉米的产量和品质。所以,选择玉米品种,既要保证玉米正常成熟,又不能受早霜危害。禁止越区种植,要将早、中、晚熟品种进行合理的搭配,尽量不要种植贪青晚熟玉米品种。地势高低与地温有关,岗地温度高,宜选择生育期长的晚熟品种或中晚熟品种;平地适宜选择中晚熟品种;洼地宜选择中早熟品种。

2.根据当地生产管理条件选种

玉米品种的丰产潜力与生产管理条件有关,丰产潜力高的品种需要好的生产管理条件,产量潜力较低的品种,需要的生产管理条件也相对较低。因此,在生产管理水平较高,且土壤肥沃、水源充足的地区,可选择产量潜力高、增产潜力大的玉米品种。反之,应选择产量潜力稍低,但稳定性能较好的品种。

3.根据前茬作物选种

玉米的增产增收与前茬作物有直接关系。若前茬作物的是大豆,土壤肥力则较好,宜选择高产品种;若前茬作物的是玉米,且生长良好、丰产,可继续选择这一品种;若前茬玉米感染某种病害,选种时应避开易染此病的品种。另外,同一个品种不能在同一地块连续种植3～4年,否则会出现土地贫瘠、品种退化现象。

4.根据病害选种

病害是玉米丰产的克星,为了保证玉米高产稳产,选育和推广抗病品种,尤其是抗大斑病、小斑病和茎腐病的品种是生产上迫切需要解决的问题。

5.根据种子外观选种

玉米品种纯度的高低和质量的好坏直接影响到玉米产量的高低。选用高质量品种是实现玉米高产的有利保证。优质的种子包装袋为一次封口,有种子公司的名称和详细的地址、电话;种子标签注明的生产日期、纯度净度、水分、发芽率明确;种子的形状、大小和色泽整齐一致。

6.根据当地降水等自然条件选种

降水多的地区可选喜欢肥水的丰产型品种,干旱风沙地区可选抗旱、耐瘠薄型品种。

7.根据用途选择

生产上可根据玉米的用途选择甜、糯、高油、高赖氨酸、高淀粉、青贮、爆裂、玉米笋等玉米品种。

8.选用合法品种

合法品种是指经过专门的品种审定委员会审定通过的品种,这样的品种一般都具有高产稳产性和高抗逆性等特点。另外,在发生意外损失时可以获取赔偿。因此,应根据当地的实际情况因地制宜选用良种,并做到良种良法配套,才能发挥良种的增产潜力。

四、种子精选

(一)优良玉米种子的标准与鉴别

品种与种子是两个完全不同的概念,某个品种的表现好坏与其种子质量的好坏是不同的,即好品种也有好种子和孬种子之分,赖品种当中也有好种子和孬种子之分。所以确定了品种后,要确保种子质量。种子质量根据纯度、净度、发芽率、水分4项指标评定等级。优良玉米种子的标准与鉴别如下(表2-1)。

表 2-1　玉米杂交种分级标准(GB/T 4404.01—2008)　　　　　　　　　%

种子类别	纯度不低于	净度不低于	发芽率不低于	水分不高于
单交种	96.0	99.0	85.0	13.0
双交种	95.0	99.0	85.0	13.0
三交种	95.0	99.0	85.0	13.0

(二)精选种子

为了提高玉米种子质量,在播种前应做好玉米种子精选工作。根据玉米果穗和籽粒较大的特点,可采取穗选和粒选等方法。

1.穗选

穗选是在收获时进行,选择具有本品种特征、穗大、粒多、颜色鲜明、籽粒排列整齐的果穗留种。如双果穗或多果穗品种,最好选留植株上部果穗。据国外资料显示,上部果穗具有发芽率高、染病率低等特点。

播种前将当选果穗顶部(3 cm 左右)和基部(1.5 cm 左右)的籽粒去掉,留中部籽粒做种用。生产实践证明,用果穗中部籽粒做种用能早熟、增产。因为果穗中部的花丝抽出和受精时间较早,籽粒充实饱满,酶的含量较多,特别是氧化酶多,播种后内部养分转化快,发芽出苗早,幼苗健壮。同时,中部籽粒整齐,便于使用机械播种,有利于苗全、苗齐、植株生长整齐一致,减少空秆、倒伏,提高产量。

据国外试验证明,果穗不同部位种子的发芽率和染病率也不相同,果穗中部的种子发芽率高,染病率最低,其幼苗对病害有很强的抵抗力;果穗基部种子次之;顶部最差。因此,播种时尽可能选用玉米果穗中部籽粒做种。

经过穗选及果穗去头去尾的种子,播种前最好再经过筛选和粒选,除去霉坏、破碎、混杂及遭受病虫为害的籽粒,以保证种子有较高的质量。

2.粒选

利用机械进行籽粒大小的筛选。选择大小相对一致的种子。

种子质量要求:种子纯度不低于 98%,净度不低于 98%,发芽率不低于 90%,含水量不高于 16%。

对选过的种子,特别是由外地调换来的良种,都要进行发芽试验。一般要求发芽率达到 85%以上,如低于 85%,要酌情增加播种量。

(三)种子发芽试验

1.种子纯度鉴别

纯度是表示种子特征特性方面典型一致的程度,是种子品质的重要指标之一,用本品种的种子数占供检本作物样品种子数的百分率表示。国家种子质量标准对每种作物不同等级的种子均有非常严格的规定,该指标的鉴别往往需要花费一个生长周期的时间,因此选购时,除了选用信誉好的种子生产与经营单位外,还应该进行简单目测,看一批种子中有无明显的外观不一致的现象。一般种子纯度不符合标准有以下几种情况。

(1)掺有商品粮。

(2)混有制种田中父本籽粒,父本属自交系,产量低。

(3)混有其他品种的种子,适应性不同,会影响产量。

(4)常见的是制种时母本去雄不彻底,质量不合格。

2.发芽率鉴别

种子发芽率是种子质量检验中的一项指标,是指在规定的条件和时间内,长出的正常幼苗数占供检种子数的百分率。玉米种子发芽试验最适用的方法是用沙培法。种子发芽率高低直接影响着农业增产,农民增收。

种子发芽力是指种子在适宜的条件下发芽并长成正常幼苗的能力,常用发芽势和发芽率表示。

　　种子发芽势是指种子在发芽试验初期(规定的条件和日期)长成的正常幼苗数占供试种子数的百分率。发芽势高说明种子发芽出苗迅速,整齐一致,活力高。

　　种子发芽率是指在发芽试验终期(规定的条件和日期内)长成的全部幼苗数占供试种子数百分率,种子发芽率高表示有生活力的种子多,播种后成苗率高。

　　(1)种子室内发芽试验步骤

　　①数取试样。试样必须是经过净度分析后的净种子,从净种子中用数种仪或手工随机数取400粒。

　　②发芽床。发芽床必须按照《农作物种子检验规程》要求的沙粒,在使用前必须经洗涤和高温杀菌消毒。

　　③种子置床。将消毒拌好的湿沙装入培养盒至4 cm左右厚,把数取的种子排在培养盒内,每个盒内均匀排放50粒种子,粒与粒之间要保持一定的距离,避免种子受到病菌感染,再盖上1.5 cm左右湿沙后放入种子培养箱内。

　　④温度。种子发芽温度通常为最低、最适、最高3种。玉米种子发芽温度最适为25℃。

　　⑤发芽试验时间。按照《农作物种子检验规程》规定要求,玉米种子发芽试验持续时间是7天。

　　⑥幼苗鉴定。在规定的试验时间内从种子培养箱内取出长成的幼苗,用清水洗干净后按有关规定鉴定幼苗,幼苗鉴定分为正常幼苗、不正常幼苗、死种子3类。

　　(2)布卷或毛巾卷发芽试验步骤。在没有培养皿或调种途中,利用纱布或毛巾做发芽床进行发芽试验。

　　①先将纱布或毛巾煮沸消毒,沥去多余水分,摊平。

　　②从净种子中随机数取试样2～4份,每份50粒(大种子)或100粒(小种子)。

　　③纱布或毛巾晾至不烫手时,把种子排列在半块毛巾上面,粒距2～3 cm,两边留3～4 cm,另半块毛巾覆盖。

　　④在上边放一支筷子,将纱布或毛巾卷成棍棒状,两头用橡皮筋或线轻轻缚住,挂上标签,直放或横放在有水的杯或盆内,纱布或毛巾可自动吸水供种子发芽用。

　　⑤将杯或盆放在温度适宜的地方,要经常喷水或加水,定期检查种子的发芽势或发芽率。

　　3.净度鉴别

　　净度表示种子的干净程度,该指标虽然没有发芽率和纯度重要,但也不能忽视,尤其是夹杂在其中的一些杂草种子,会给农业生产带来很多麻烦。种子净度的鉴别方法:取一定量的种子,挑出异作物种子、破损种子、土块、石块等无生命杂质,以及菌核等有生命杂质,测出杂质占所取样的百分重量,衡量其是否符合品质要求。

　　二维码2-1　玉米杂交种的纯度要求、质量标准及购种注意事项

　　4.含水量鉴别

　　含水量是一个安全贮藏指标,可用手摸或牙咬,通过手感等进行简单鉴别。对准备入库贮藏的含水量偏高的种子要进行晾晒,达到安全含水量以后方可贮藏,防止霉变。

五、种子处理

　　玉米在播种前,可通过晒种、浸种和药剂拌种等方法,增加种子生活力,提高种子发芽势和发芽率,减轻病虫为害,以达到出苗早和苗齐、苗壮的目的。

(一)晒种

晒种在粒选后播种前进行。尤其是贮藏一冬的种子,微生物、病菌、虫卵等夹杂和依附在种子上,晒种可以杀灭一些病菌、虫卵;另外播前晒种能促进种子后熟,降低含水量,增加种子酶的活性,增强种子的生活力和发芽能力。

试验证明,经晒种后,出苗率可提高13%～28%,提早出苗1～2 d,并且能减轻玉米丝黑穗病的危害。方法是选晴天把种子摊在干燥向阳的地上或席上,连续晒2～3 d,并要经常翻动种子,晒匀、晒到。

晒种时注意不要在柏油路上翻晒,以免温度过高烫伤种子,降低发芽率;在水泥地上晒种时,为避免烫伤种子,不要摊得过薄,一般5～10 cm为宜,并且每隔2～3 h翻动一次。

(二)浸种

浸种可增强种子的新陈代谢作用,提高种子生活力,促进种子吸水萌动,提高发芽势和发芽率,并使种子出苗快,出苗齐,对玉米苗全、苗壮和提高产量均有良好作用。

(1)温烫浸种。根据种子的耐热能力比病菌耐热能力强的特点,用较高温度杀死种子表面和潜伏在种子内部的病菌,并兼有促进种子萌发的作用。温水(两杯开水兑一杯凉水或水温55～58℃)浸种6～12 h,比干种子有增产效果。

(2)冷水浸种。用冷水浸种12～24 h。

(3)肥育种子。在生产上,也有用腐熟人尿25 kg兑水25 kg浸泡6 h或用腐熟人尿15 kg兑水35 kg浸12 h,有肥育种子,提早出苗,促使苗齐、苗壮等作用,但必须随浸随种,不要过夜;还有用500倍磷酸二氢钾溶液浸种12 h,有促进种子萌发,增强酶的活性等作用。

必须注意,在土壤干旱又无灌溉条件的情况下,不宜浸种。因为浸种时的种子胚芽已萌动,播在干土中容易造成"回芽"(或称烧芽),不能出苗,造成损失。

(三)药剂拌种

(1)防治病害。为了防治病害,在浸种后用0.5%的硫酸铜拌种,可以减轻玉米黑粉病的发生;还可用20%萎锈灵拌种,用药量是种子量的1%,可防治玉米丝黑穗病。

(2)防治虫害。对于地下害虫如金针虫、蝼蛄、蛴螬等,可用50%辛硫磷乳油,用药量为种子量的0.1%～0.2%,用水量为种子量的10%稀释后进行药剂拌种;或进行土壤药剂处理或用毒谷、毒饵等,随播种随撒在播种沟内,都有显著的防治效果。

(四)生长调节剂处理种子

植物生长调节剂通过激发种子内部酶的活性和某些内源激素来抵御影响种子发芽因素的干扰,促进种子发芽、生根,达到苗齐、苗壮。

1.赤霉素处理

用浓度10～250 mg/kg的赤霉素处理种子12～24 h。种子可提早萌发出苗,且有不同程度的增产效果。

2.生长素处理

常用的生长素有吲哚乙酸(IAA)、萘乙酸(NAA)、2,4-D等。用5～10 mg/kg浓度浸种效果最好。

(五)玉米种子包衣技术

玉米种子包衣,不仅能够防治苗期病虫鼠害,还能促进玉米苗生长发育,而且具有省种、省工、省药节约成本的效果。

1. 种子初加工

种子包衣前要对玉米种子进行初加工,被包衣的玉米种子必须经过精选,去除杂质和破碎粒,其成熟度、发芽率、水分含量等均应符合良种标准化要求,否则影响种子包衣效果。

2. 选择种衣剂

现在市场上流通的种衣剂主要有 3 类。

第一类主要成分是杀菌剂;

第二类主要成分是杀虫剂;

第三类主要成分中既有杀虫剂又有杀菌剂,此外还含有一些微量元素。

种子包衣可以防治地下害虫和一些苗期害虫,同时也可以防治种传和土传的一些病害,如玉米丝黑穗病等。有的种衣剂由于可以有效杀灭土壤习居的真菌,还可以防止玉米粉籽。种衣剂中含有的微肥可以补充玉米苗期对营养的需求,促进壮苗。

种子包衣时需要根据当地玉米常发生的主要病虫害选用种衣剂型号。如玉米大、小斑病、黑粉病、地下害虫、螟虫等,病害重的选用旱粮种衣剂 1 号。

3. 种衣剂用量

包衣时确定种衣剂用量,种衣剂用量应根据种衣剂的有效成分和作物来决定。药种比例一般是以每百克种子所需药肥有效物克数表示,即有效物克数/100 g 种子。如旱粮种衣剂 1 号 0.5～0.8 g/100 g 种子。

玉米种子包衣:

每 100 kg 种子用 2% 立克秀湿拌种剂 0.4～0.6 L;或 2.5% 适乐时 150～200 mL;或 5% 穗迪安(烯唑醇)超微粉种衣剂 400 g,兑水 1～1.5 L;或 40% 卫福(萎莠灵福美双)种衣剂 400～500 mL,兑水 3～4 倍进行种子包衣,防治玉米丝黑穗病。

每 100 kg 种子用 35% 多克福种衣剂 1.5～2 L;或锐胜(噻虫嗪)100 g＋3.5% 满适金悬浮种衣剂 100 mL,兑适量水进行种子包衣,防治玉米丝黑穗病及地下害虫。

每 100 kg 种子用 2.5% 适乐时 150～200 mL;或 3.5% 满适金悬浮种衣剂 150～200 mL 进行种子包衣,防治玉米茎基腐病。

每 100 kg 种子用 60% 高巧(吡虫啉)悬浮种衣剂 500～800 mL,兑水 1～2 L 进行种子包衣,防治地下害虫。

用以上药剂在种子包衣时每 100 kg 种子均可加益微 100 mL。

4. 玉米种子包衣方法

(1)机械包衣法。种子公司或大的生产单位用包衣机包衣。包衣前,要根据包衣机械以及种衣剂的有关说明和药种比例进行调配。包衣过程中,要经常观察计量装置工作情况,如有变化则要重调。

(2)人工包衣法。农户及用量小的生产单位可采用人工包衣法。人工包衣可用手摇包衣机、塑料薄膜、塑料袋、圆底大锅、带盖的小桶等器具,根据器具大小称取一定数量的种子,再把相应数量的种衣剂倒在种子上,快速翻动(揉搓)拌匀,使种衣剂在种子表面均匀迅速地固化成膜,阴干后,妥善保管备用。注意包衣要均匀,包衣后的种子放在阴凉通风处阴干备用。

塑料袋包衣法:把备用的两个大小相同的塑料袋套在一起,取一定数量的种子和相应数量的种衣剂装在里层的塑料袋内,扎好袋口,然后用双手快速揉搓,直到拌匀为止,倒出即可备用。大瓶或小铁桶包衣法:准备有盖的大玻璃瓶或小铁桶,如可装 2 000 g 的大瓶或小铁桶,应装入 1 000 g 种子和相应量的种衣剂,立即快速摇动,拌匀为止,倒出即可备用。圆底大锅包衣法:先将大锅固定,清洗晒干,然后称取一定数量种子倒入锅内,再把相应数量的种衣剂倒在种子上,用铁铲或木棒快速翻动拌匀,使种衣剂在种子表面均匀迅速地固化成膜后取出。

(3)提早包衣。为了满足玉米种子的供应,在玉米种子包衣后使包衣膜完好的固化,应提早包衣,要求在播种前两周包衣完毕。

(4)种衣剂用量。要根据种衣剂说明书确定种衣剂与种子的用量,通常 1 kg 种衣剂可以包种子 50 kg。

(5)包衣剂及种子包衣时的注意事项。为了满足玉米种子的供应及包衣膜完好的固化,应提早包衣,要求在播种前两周包衣完毕。种衣剂要直接用于包衣,不能再加入水或其他物质。包衣后的种子不可浸种播种。已包衣好的种子,应立即装入聚丙烯双层编织袋内,单仓贮存,绝不能与粮食、饲料混贮。不宜在低洼易涝地使用,因为包衣种子在高湿的土壤条件下,极易发生酸败腐烂。包衣种子一般播种后 30 d 才能使用敌稗,如先用敌稗,则需 3 d 后再播种。否则容易发生药害或降低种衣剂的效果。种衣剂遇碱会分解失效,所以在 pH>8 的田地上,不宜使用包衣种子。包衣种子播种时不能吃东西、喝水,不能徒手擦脸、抹眼,播种人员最好要穿防护服、戴手套,工作结束后用肥皂洗净手,以防中毒。不能用装过包衣种子的口袋装粮食或其他食物、饲料,应及时烧毁盛过包衣种子的容器,必须用清水洗净后再做他用,严禁再盛食物。将冲洗种衣剂的用水倒入树根、田间,防止人畜、鱼类中毒。严禁用剩余包衣种子饲喂家禽家畜。不能用间下的苗喂牲畜,严防家畜家禽因食用包衣种子后的死虫、死鸟,以免发生二次中毒。

六、肥料准备

玉米是高产作物,植株高大,茎叶繁茂,需肥量较大。尤其中晚熟品种,因为生育期长,产量较高,需肥量就更大。合理施肥,是提高玉米产量和改善其品质的重要措施之一。

玉米进行正常的生长发育所必需的矿质元素有 20 多种,如氮、硫、磷、钾、钙、镁、铁、锰、铜、锌、硼、钼等矿质元素和碳、氢、氧 3 种非矿质元素等。其中,氮、磷、钾为大量元素,硫、钙、镁为中量元素。铁、锰、铜、锌、硼、钼等元素,需要量很少,称为微量元素。

各种矿质元素都存在土壤中,但含量有所不同。一般土壤中硫、钙、镁以及各种微量元素并不十分缺乏,而氮、磷、钾因需要量大,土壤中的自然供给量往往不能满足玉米生长的需要,所以必须通过施肥来弥补土壤天然肥力的不足。在各种必需元素中,一旦缺少其中任何一种,都会引起玉米生理生态方面的抑制作用,表现出各种特殊反应。因此,我们必须补充一些肥料供给玉米的生长发育需求。

(一)玉米的需肥特点

玉米不同生育时期,对氮、磷、钾的吸收数量和速度是不一样的。在苗期阶段,对养分的吸收量比较少,整个苗期吸收量占一生吸收总量的 10%以下,但植株中氮、磷、钾的浓度却是一生中最高的,这表明苗期肥料充足对培育壮苗有积极作用。在穗期阶段,对养分的吸收速度较快,数量增多、尤其是从大喇叭口期到抽雄期,是玉米一生养分吸收最快、吸收量最多的时期。据研究,该时期所吸收的氮磷钾占全生育期总量的 50%～70%,因而也是玉米的施肥关键时期。花籽期仍然是吸收养分较多的时期,特别是籽粒灌浆初期到乳熟期,玉米需要的钾已全部吸收,氮、磷也已吸收到 90%以上。从乳熟期到成熟,玉米对氮、磷还存在着一定的吸收,所以仍然不能缺肥缺水。

每生产 100 kg 玉米籽粒需吸收氮肥 3.43 kg,磷肥 1.23 kg,钾肥 3.26 kg,N、P、K 的比例为 3∶1∶2.8。

1.玉米缺素症状

(1)玉米缺氮症状。氮是形成玉米蛋白质、叶绿素等重要生命物质的组成部分;玉米需氮量大,缺氮时苗期生长缓慢,矮瘦,叶色黄绿,抽雄迟。生长盛期缺氮,叶的症状更为明显。老叶从叶尖沿着中脉向叶片基部枯黄,枯黄部分呈"V"形,叶缘仍保持绿色,而略卷曲,最后呈焦灼状而死亡。在缺氮条件下,下部老叶中的蛋白质分解,并把它转移到生长旺盛的部分。就单株玉米来看,缺氮症状首先表现为老叶先发黄,而后才逐渐向嫩叶扩展。

(2)玉米缺磷症状。磷可使玉米植株体内氮素和糖分的转化良好;加强根系发育;还可使玉米雌穗受精良好,结实饱满。苗期缺磷时,玉米根系发育差,玉米苗生长缓慢。玉米苗期缺磷,即使后期供给充足的磷也难以弥补早期缺磷的不良影响。5 叶期后明显出现缺磷症状,如叶片呈紫红色、叶尖紫色、叶缘卷曲,这是由于碳元素代谢在缺磷时受到破坏,糖分在叶中积累,形成花青素的结果。但是,叶上的这种症状也可能因虫害、冷害和涝害而引起,所以要全面分析,确认病因。缺磷还使花丝抽出速度缓慢,影响授粉,并且果穗卷缩,穗行不齐,籽粒不饱满,出现秃顶现象,成熟延迟。

(3)玉米缺钾症状。钾可促进玉米体内碳水化合物的合成和运转,使机械组织发育良好,厚角组织发达,提高抗倒伏的能力。而且钾对玉米雌穗的发育有促进作用,可增加单株果穗数,尤其对多果穗品种效果更为显著。玉米缺钾时,根系发育不良,植株生长缓慢,叶色淡绿且有黄色条纹,严重时叶缘和叶尖呈现紫色,随后干枯呈灼烧状,叶的中间部分仍保持绿色,叶片却逐渐变皱。这些现象多表现在下部老叶上,因缺钾时老叶中的钾首先转移到新器官组织中去。缺钾还使植株瘦弱,易感病,易倒折,果穗发育不良,秃顶严重,籽粒中淀粉含量少,千粒重下降,造成减产。过于干旱季节,有时土壤中富含钾,但植株仍表现缺钾;是由于干旱导致抑制根系对 K 的吸收,K 被土壤颗粒牢固吸附,不再以游离的 K^+ 存在。

(4)玉米缺微量元素症状。玉米缺硼穗轴短小,果穗畸形,籽粒不齐且稀,施用硼肥可以显著提高植株生长素的含量及其氧化酶的活性,并加速果穗的形成;玉米缺锌花白苗,花白叶,植株矮小,施锌肥可加速玉米发育 5～12 d,并使开花期以后呼吸作用减弱,有利于干物质积累;玉米缺钙叶片粘连不舒展,幼叶向下弯曲。此外,对缺钼、铜、镁、铁、钴的地块,适时适量的施用,对玉米生理过程,有刺激酶的活性和提高产量等作用。

2.影响玉米需肥量的因素

(1)产量水平。一般随着玉米产量水平的提高,单位面积玉米的 N、P_2O_5、K_2O 吸收总量也随之提高,但形成 100 kg 籽粒所需的 N、P_2O_5、K_2O 量却下降,肥料利用率提高。相反,在低产水平条件下,形成 100 kg 籽粒所需的矿质元素增加。因此,在确定需肥量时产量水平的确定较为重要。

（2）品种特性。一般生育期较长、植株高大、适于密植的品种需肥量大；反之，需肥量小。生育期相近的玉米需肥量一般为高秆品种高于中秆和矮秆品种；紧凑型品种高于平展型品种。

（3）土壤肥力。肥力较高的土壤，由于含有较多的可供玉米吸收的速效养分，因而植株对 N、P_2O_5、K_2O 的吸收总量要高于低肥力土壤条件，而形成 100 kg 籽粒所需 N、P_2O_5、K_2O 量却降低。因此，培肥地力是玉米获得高产和提高肥料利用效率的重要保证。

（4）施肥量。一般随施肥量增加玉米产量水平也随之提高，由于植株需肥量的增长幅度大大超过产量的提高幅度，所以形成 100 kg 籽粒所需的 N、P_2O_5、K_2O 量也随施肥量的增加而提高，说明在肥料投入较大的情况下肥料利用率降低。

（5）气象因素。玉米的需肥量在年际变化较大，这种变化主要是年际间多种气象因素综合作用的结果。玉米生育期间气象因素的变化主要是通过生长发育来影响需肥量的。品种间生产能力对气象因素的敏感程度存在一定差别。

（二）玉米施肥技术

1. 玉米常用肥料类型

玉米生长发育所需要的肥料包括有机肥、单一元素化肥、复合肥、BB 肥、微生物肥料等。

（1）有机肥。有机肥通常用作基肥。主要是以供应有机物质为手段，以此来改善土壤理化性能，促进植物生长及土壤生态系统的循环。

（2）单一元素化肥。其只含有一种化学成分，常见的有 N 肥（如尿素），P 肥（如过磷酸钙），K 肥（如硫酸钾、氯化钾、硝酸钾等），微量元素中常见的有钼肥（钼酸铵）、硼肥（硼砂）、锌肥（硫酸锌）等。单一元素化肥可作为基肥、种肥、追肥使用。

（3）复合肥。其是在氮、磷、钾 3 种养分中，至少有 2 种养分组成并由化学方法制成的肥料，是复混肥料的一种。其一般用作种肥或基肥。

（4）BB 肥。其全称是散装掺混肥料。它是将几种颗粒状单一肥料或复合肥料按一定的比例掺混而成的一种复混肥料，生产过程较为简单，是未来肥料发展的主要趋势，用法类似于复合肥。

（5）微生物肥料。俗称细菌肥料，简称菌肥，其是指一类含有活微生物的特定制品，应用于农业生产中，能够获得特定的肥料效应。它是从土壤中分离出的少量微生物，经过人工选育与繁殖后制成的菌剂，它是一种辅助性肥料。

2. 施肥技术

各地丰产经验证明，玉米施肥应掌握"基肥为主，种肥、追肥为辅；有机肥为主，化肥为辅；基肥、磷钾肥早施，追肥分期施"等原则。施肥量应根据产量指标、地力基础、肥料质量、肥料利用率、种植密度、品种等因素灵活运用。

（1）基肥。基肥又称底肥，播种前施入，应以有机肥料为主，化肥为辅。基肥的主要作用是培肥地力，疏松土壤，缓慢释放养分，供给玉米幼苗期和生育后期生长的需要。

在北方春播玉米地区，基肥随着秋耕或冬耕施入，可以促进肥料分解，春季只要春耙即可播种，这样能减少土壤水分蒸发，保蓄水分，提高肥效。有机肥主要有畜禽粪便、杂草堆肥、秸秆沤肥以及各类土杂肥等。其肥效时间长，有机质含量高，含有氮、磷、钾和各种微量元素。种植豆科绿肥，也是解决玉米基肥的重要来源。绿肥中含有机质多，能改良土壤结构，氮的含量又比磷、钾多;适合玉米的营养要求。因此,不论休闲地种植绿肥或玉米地套种绿肥,均对第二年玉米有显著的增产效果。有机肥做基肥时,最好与磷肥一起堆沤,施用前再掺入氮肥,减少土壤对磷的固定。氮、磷混合施用,以磷固氮,可以减少氮素的挥发损失,提高肥效。常用化肥有尿素、碳酸氢铵、磷酸二铵、过磷酸钙、硫酸钾、氯化钾等。

基肥施用方法要因地制宜。主要有撒施、条施和穴施3种方法。基肥充足时可以撒施后耕翻入土,或大部分撒施,小部分集中施。如肥料不足,可全部沟施或穴施。"施肥一大片,不如一条线(沟施),一条线不如一个蛋(穴施)",群众的语言生动地说明了集中施肥的增产效果。

(2)种肥。其是在播种时施在种子附近或随种子同时施入,供给种子发芽和幼苗生长发育所需的肥料。有些地方也叫口肥、盖粪、窝肥。施用种肥以速效化肥为主,也有施用腐熟农家肥的。氮素化肥种类和形态很多,因其性质和含量不同,对种子发芽和幼苗生长有不同的影响。有的适宜作种肥,有的则不适宜,应在了解肥料性质后选择使用。就含氮形态来说,固体的硝态氮肥和铵态氮肥,只要用量合适,施用方法恰当,做种肥施用安全可行。硝态氮肥和铵态氮肥均易被玉米根系吸收,并被土壤胶体吸附,适量的铵态氮对玉米无害。各地生产实践证明,磷酸二铵做种肥比较安全,碳酸氢铵、尿素作种肥时,必须与种子保持10 cm以上的距离,避免烧苗。在玉米播种时配合施用磷肥和钾肥有明显的增产效果。种肥宜穴施或条施,施用化肥应使其与种子隔离或与土壤混合,预防烧伤种子。

(3)追肥。玉米是需肥较多和吸肥较集中的作物,出苗后单靠基肥和种肥,不能满足其拔节孕穗和生育后期的需要。我国北方各地农民群众,对玉米合理追肥都有丰富的经验,如"头遍追肥一尺高,二遍追肥正齐腰,三遍追肥出毛毛""三看"(看天、看地、看苗)、"三攻"(攻秆、攻穗、攻粒)、"单株管理"和"吃偏饭"等。这在一定条件下,概括了玉米的追肥技术。

按照玉米不同生育时期追施的肥料,可分为苗肥、拔节肥、穗肥和粒肥4种。

(三)配方施肥技术

配方施肥技术是近年来大力推广的科学施肥技术,取得了明显的节肥增产、节支增收,增肥增产增收的效果,取得了较好的经济效益、生态效益和社会效益。

黑龙江省配方施肥技术始于1976年,该项技术的推广使得磷肥利用率比经验施肥时提高了4.4%,氮肥利用率提高了14%。据统计,配方施肥可平均增产玉米240 kg/hm² 以上。

所谓配方施肥是指综合运用现代农业科技成果,根据作物需肥规律、土壤供肥性能与肥料效应,在以有机肥为基础的条件下,提出氮、磷、钾和微量元素肥料的适宜用量比例和相应的施肥技术。

配方施肥的特点是产前测定土壤基础肥力状况,根据目标产量确定肥料用量及比例,从而实现经济施肥、合理施肥。

玉米配方施肥方法很多,在生产中常用的有氮、磷比例法、目标产量法、肥料效应函数法和微量元素临界值法。

(四)几种常见的玉米施肥方案

1.春玉米施肥方法

底肥可使用玉米配方肥45%(18-12-15),每亩10~20 kg。在大喇叭口时期追施高氮肥36%(28-0-8),每亩30~40 kg。

2.东北地区春玉米"一炮轰"施肥法

东北有些地区为减少生产用工,采取一炮轰的施肥方法,应用高含量玉米配方肥54%（30-14-10）或控释肥等,每亩30～50 kg。播种时一次性施入。此方法应注意两点：一是种肥间隔离5 cm以上,避免烧种烧苗。二是后期如发现肥力不足,应及时追肥,每亩20～30 kg尿素。

3.控释肥一次追肥法

东北有些地区为减少劳动用工,采取玉米苗期一次追施法。在定苗后,一次性追施肥料,可选用控释肥40%（26-5-9）,44%（26-9-9）等,每亩35～40 kg。此方法应注意两点：一是追肥时,苗肥间隔离5 cm以上,不要把肥料直接撒在幼苗基部。二是后期如发现肥力不足,应及时追肥,每亩20～30 kg尿素。

4.经验施肥法

一般来说,科学种田,玉米应进行测土配方施肥。对土壤进行化验,根据土壤中现有的氮、磷、钾等主要营养成分,缺啥补啥而施肥。但由于条件有限的原因,在实际生产中,仅能靠经验的方式施肥。

二维码2-2 玉米科学施肥技术有关问题

一般玉米施肥最好是有机肥和化肥配合使用,施用有机肥15 m³/hm²以上,化肥是氮、磷、钾三元素都施用较好。施用P_2O_5 75～115 kg/hm²,为底肥或种肥；施用K_2O 60～75 kg/hm²,为底肥或种肥,不能秋施；施用纯N肥100～150 kg/hm²,其中30%～40%为底肥或种肥,其余为追肥。

七、农机具准备与整地

（一）农机具的准备与调试

播种前应先检修好农机具,使得大型机车和中型机车有机结合,农机与农艺相结合,提高耕作质量。做到行距、播种深度一致,播种机行距调整为60或70 cm,播种深度调整为4～5 cm,机播肥深度调整为10 cm,种肥间隔6 cm。播种机开沟要宽,覆土要严。

（二）耕地、整地技术

耕地与整地的目的在于改善耕层的土壤结构,恢复土壤肥力,覆盖残茬和杂草,减少病虫害,为玉米生长发育创造良好土壤条件。

合理的土壤耕作是保证玉米播种质量,达到苗全、苗齐、苗匀、苗壮的先决条件。合理的耕地整地使耕层深厚、土质疏松,透气性和排水性良好,蓄水、保水、供肥能力强。土温稳定,从而增强抵抗旱灾、涝害的能力,有利于玉米根系和植株的生长发育,提高籽粒产量。

黑龙江省地域辽阔,土壤和气候条件较复杂,耕作制度也有差异,但经过长期生产实践,逐步形成了一些具有精耕细作特点的土壤耕作方法。但无论哪一种耕作方法,都要因地制宜地采用。

1.深耕的作用

深耕可打破长期浅耕造成的犁底层,使耕层加深,孔隙度增大,容重减少,保蓄水分,可增强抗旱耐涝能力。黑龙江省20世纪70年代采用深松耕法,土壤透水性、透气性和蓄水量提高,从而改善了土壤的物理性状,促进了有机养分的分解和无机养分的释放,不仅提高了肥料的利用效果,而且还能减少或抑制杂草、病虫害的发生和发展;深耕还可以改善玉米根系的分布,促进玉米生长发育。

2.选地、选茬

(1)选地。选择地势平坦,耕层深厚(土层厚度 80 cm 以上为宜),肥力较高,营养元素丰富,保水保肥性能好,排灌方便的地块。土壤 pH 在 5~8,最好为 6.5~7.0,土质以黑土、黑黄土或沙壤土地块为宜,不宜选白浆土和盐碱土地块。

(2)选茬:连作不超过 2 年(耐连作)。前茬未使用长残效除草剂的大豆、小麦、马铃薯或玉米等肥沃的茬口,不要选用甜菜、向日葵、白菜等耗费地力较大的前茬。

3.耕地、整地技术

(1)前茬处理。耕地前的前茬处理称为灭茬,它是保证耕作质量,保墒除草的重要步骤。玉米前茬作物为玉米、高粱的,可先用圆盘耙浅耙 1~2 遍,将其切碎,然后耕地。也可用畜力浅耕或人工刨茬,然后再进行秋耕。前茬为大豆、小麦,因根茬较小,可直接耕作翻埋。若秋季来不及进行秋耕,应先灭茬保墒,接纳雨雪,第二年春季及时耕翻整地,准备播种。

(2)耕地、整地。玉米播种前土壤耕作包括深松、翻地、耙地、平整等工作任务,以下介绍玉米播种前进行的主要的土壤耕作方法。

①平翻耕法。平翻耕法是始终保持平整的耕作方法,由翻地、耙地和耢地等项作业组成,翻地的过程是把上下土层交换位置,并把土地表面的大量草籽、害虫、病菌孢子、作物残茬、落叶或有机肥翻到下面去,而把底土翻上来,也称基本耕作。一般由机引铧式犁或畜力引犁完成。翻地深度 14~18 cm 为浅翻,20~22 cm 为普通深翻,22 cm 以上为深翻。耕翻方法包括全翻垡、半翻垡和分层翻垡。

②垄作耕法。垄作是创造人为小地势的土壤耕作方式,一般多用旧式畜力犁,或用向两边分土的耠子,在播种前或在作物行间将土分向两侧成一个高垄,培土的多少、垄的高低视作物栽种要求而定。一般垄高 14~18 cm,垄距 60~70 cm。

深耕与播种相结合的扣种。操作方法是先破茬,然后在新土上播种,再破原垄,掏墒,将松土覆盖于种子上,最后用木磙镇压。

原垄上直接播种。即在前一年带茬越冬的原垄上,将前茬耢碎、耢软,并将垄上杂草种子耢至垄沟,然后播种、镇压。

深耕与中耕相结合的趟地。在作物生长期间于垄沟部位进行深耕,一年进行 2~3 次。每次趟地前用锄头人工除草。

③旋耕法。利用旋耕机一次完成耕、耙、平、压等作业。一般耕深 12~15 cm。在南方水田上整地极为普遍,华北地区常用于麦茬整地,近年来也有用于秋耕整地,具有方便、效率高的特点,但也容易破坏土壤结构,长期应用旋耕会使耕层变浅。多次旋耕后应适当进行一次深耕深松。

④少耕或免耕法。少耕或免耕法是防风蚀、水蚀、减少水分蒸发的耕作方法,可根据当地条件结合具体情况适当采用。

⑤镇压。其是用机械播种后采用环形镇压器镇压;用耧播种的平作区多用石磙或木磙镇压;东北地区春季较干旱,一般在播种后,人工用脚在播种行上踩 1~2 遍(踩格子),然后再用木磙镇压 1 次。

⑥耢地。耢地又称盖地、擦地和耱地。耢地经常与耙地连接使用。耙后耢地可耢平耙沟，平整地面，使地面形成一层紧密而疏松的覆盖层，减少蒸发。在冬季雨雪较多，经过冻融变酥的坷垃，可用耢地来破碎，春季雨后地面形成结皮的土壤，也可用耢地代替耙地来疏松表层。在镇压后为防止板结和水分丢失，要经常耢地，具有平整土地、碎土和紧土的作用。在干旱地区能减少地面蒸发，起到保墒作用。耢地作用于表土的深度一般为 3 cm。耢地的工具是用荆条或其他耐摩擦树条编在框上而成。

4.秋整地

(1)秋整地的优点。秋整地是指在秋季进行整地，秋整地是农村秋季工作的组成部分，是一季管两年的重要环节。东北秋冬春降水量少，只有保住土壤中有限的水分不失墒，春播时才能保证及时播种，出全苗、出齐苗、出壮苗。实践证明秋整地比春整地好，秋整地的项目有深松、翻地、旋耕、耙地、起垄、根茬粉碎还田等多项作业，它们的作用与好处各有不同。秋整地的好与坏，直接影响农作物的产量与品质，关系到农民的经济收入。

入冬后土壤从表面开始向下冻结，下面未冻土壤的水汽通过土壤孔隙向上运动，在已冻的耕层结霜，使耕层土壤水分增加，甚至超过土壤正常的含水能力。春季开化后，上层土壤先融化，融化的水使上层土壤含水量很高，但下层仍然冻结，过量的水无法下渗，则通过毛细血管向上运动。水分多时可使土表湿润，这就是返浆。当土壤化透之后，水分下渗，耕层水分迅速减少，成为煞浆。翻耕过的土壤经过冬春干湿冻融交替，结构得到改善，便于接纳秋冬雨水，利于春季保墒。应在秋收后结冻前土壤水分适宜时进行秋翻秋耙。平播的地块保持耙地后状态，垄作的地块则在耙地后打垄。秋耙比春耙土壤水分多 3%～5%，使秋雨冬雪春用，利于抵抗春旱。翻耕深度 8～25 cm，翻耕后及时耙压，做到无漏耕，无立垡，无坷垃，根茬翻埋良好，地面平整。春季风大，动土易失墒，因此，尽量不在春季整地。如春天耕地，由于春季风大，在整地过程中返浆水大量散失，整地后增温快，下部未解冻的土壤很快化冻，这样很快就形成煞浆。由于春季缺透雨，水分不能及时补充，使得耕层中的水分大量减少，墒情很差，甚至无法播种。秋整地春季不动土，返浆水保留在耕层，而且秋整地后耕层土壤孔隙不大，地下水可能更多地进入耕层孔隙内，增加耕层中土壤的含水量，所以秋整地的土壤墒情要明显好于春整地。秋整地主要有以下优点。

第一，翻转土层。把失去养分的表土翻下去，使尚未被破坏的土壤翻上来。同时还可以将杂草及作物根茬埋于地下，减轻次年杂草为害。

第二，改善土壤结构。通过深翻使土壤结构松散，同时把有机肥料深埋于土壤之中，经过发酵腐烂，促进微生物的活动，使耕地成为更有利于农作物生长发育的团粒结构，并且还能提高耕地的抗旱耐涝能力。深松度要达 30 cm 以上，打破犁底层，加深耕层，改善耕地的理化性能，据专家测定:表土耕层每加深 1 cm，每公顷可增加 30 t 蓄水能力，储存 3 mm 降雨，若一次降水 40～50 mm，地表也不会有明水。

第三，增加土壤的通透性。土壤的通气和透水性对农作物生长发育尤为重要。秋翻整地，可以有效地增加土壤的通气和透水性能。

第四，减少病虫害的发生。通过秋翻整地，可以把病虫深埋于地下，窒息而死亡，病菌由于环境改变而不能继续存活。同时还可以使地下害虫暴露于地表，或被冻死、干死，或被鸟类啄食，从而减轻来年病虫的为害。

第五，避免土壤水分损失。春季干旱，气温回升快，蒸发量大，空气干燥，风多风大，春翻整地土壤水分损失量较大,而秋翻整地则可以有效地避免春翻整地时土壤水分损失。

第六,避免与春播争工争时。春季升温较快,春播时间紧迫,春翻可能来不及。秋翻地可缓解劳力紧张状况,避免春翻整地与播种争工争时。

第七,可以保护耕地,促进农业可持续发展。目前看,农民种地忽视养地,土壤耕层逐年变薄,有机质含量下降,这是关系农业是否可持续发展的根本问题,进行秋整地,建立科学合理的土地耕作制度,减少耕地的风蚀、水蚀。实行保护性耕作,可扩大根茬秸秆还田面积,增加有机质含量。

(2)秋整地的技术要点。秋整地有两种。一种是用大型机械秋翻整地,理想的做法与质量要求是:施农肥(同时施底肥更好)、耕翻、耙耢连续进行,耕翻深度达到18~22 cm,无漏耕、无立垡、无坷垃、土块疏松细碎地面平整,秋翻地可隔3年进行一次。另一种是秋整地秋灭茬(玉米茬或高粱茬),秋施农肥(施底肥更好),秋打垄,再用碾子轻压一下即可。主要做的工作有以下几个方面。

①前茬处理。耕地前的前茬处理称为灭茬,它是保证耕作质量,保墒除草的重要步骤。玉米前茬作物为玉米、高粱的,可先用圆盘耙浅耙1~2遍,将其切碎,然后耕地。也可用畜力浅耕或人工刨茬,然后再进行秋耕。前茬为大豆、小麦,因根茬较小,可直接耕作翻埋。若秋季来不及进行秋耕,应先灭茬保墒,接纳雨雪,第二年春季及时耕翻整地,准备播种。

②整地技术。

平翻。准备进行秸秆还田的地块,将秸秆粉碎,均匀抛撒,玉米可在人工摘穗后,用秸秆粉碎机粉碎,或者用缺口耙耙1~2次;也可在用玉米收获机摘穗后将秸秆粉碎。具体做法是在翻地前用缺口耙或重型圆盘耙耙地,将茬子耙碎。根据土壤墒情和耙地时间,确定耙深。一般轻耙为8~10 cm,重耙为12~15 cm。耙耢后达到上虚下实、耙平、耙碎、耙透、耕层内无大土块,每平方米耕层内,直径为5~10 cm的土块不得超过5个,沿播种垂直方向,在4 m宽的地面高低差不超过3 cm,不漏耙、不拖堆。

深翻。玉米茬及杂粮茬的秋翻应及早进行,因为在黑龙江省这些作物收获较晚,结冻前的宜耕期只有不到1个月的时间,如果不能及时深翻,翻地及整地质量都难以保证。玉米茬秋翻,一般翻地深度在20~22 cm。翻地要求耕深一致,扣垡严密,不重耕,不漏耕,耕垡直,地头齐,开闭垄少。

深松。深松不仅能使自然降雨迅速渗透到耕层深处,形成深层土壤水库,还能改善深层耕层结构,协调深层土壤水、肥、气、热状况,为玉米的根系发育创造良好的土壤条件,深松深度一般为30~40 cm,以打破犁底层为宜,同时应保证耕层不乱,深松有效时间长,一般一年作业三年受益。深松适宜在土壤水分条件较好地块应用。深松后还应碾压1~2次,否则易引起水分散失,深松后的土壤可有效接纳秋冬降雨雪。深松整地可以抢农时、增积温,减少低温冷害对农业的影响。通过秋季深松整地,达到待播状态,第二年春季可以适时早播,并且春季寒气散发快,地温高于未整地的地块,有利于作物生长,促早熟,降低低温冷害对农业的影响,从而提高农产品的品质。而且深松能打破犁底层,改善土壤的3项比例,培肥地力,增产10%~20%,特别是实行连片整地可降低油耗,减少堑沟的耕地损失,大幅度地增加产出效益。

垄作。垄作是防旱抗涝栽培的一种耕作方式。一般于秋耕后或早春在已耕地上顶浆起垄,也可破旧垄为新垄,耕种同时进行。垄作耕法,地表呈凹凸状,地表面积比平地一般增加33%,因此,受光面积大,吸收热量多,利于玉米早播和幼苗生长。在玉米收获后,土壤结冻前,在垄沟中施有机肥,深松垄沟,然后破台合成新垄、镇压,第二年垄上精量点播玉米。或者进行垄体深松,深松深度在 20 cm,同时进行垄上除茬,然后扶垄整形、镇压,下年垄上卡种。也可在玉米收获后进行田间清理,结冻后用铁耢子耢茬,春播前再耢一次,随耢随播种,苗期进行垄沟深松。据黑龙江省农业科学院 1977 年测定,在一昼夜内,垄作地温高于平作的时间有 16～18 h,低于平作的有 6 h,这对玉米的光合作用和营养物质的积累与变化,促进玉米的生长发育十分有利。

(3)秋整地的技术要求。

①整翻要及时。秋整翻地一般在收获后至土壤封冻前进行,这样才能有充分的时间进行土壤熟化,有利于土壤蓄存晚秋降水,建立土壤耕层水库,实现秋墒春用,整翻过晚,土壤地表封冻,此时整翻不但油耗增加,损耗农机具,而且还起冻垡,不利于次年耕种。

②整翻具体要求。地头要整齐,犁底层平整,耕深一致。无漏耕、重耕现象。耕层土壤细碎,无立垡,不能有较大的土块架空现象。具有良好的翻土覆盖性能,耕后土壤要比较均匀整齐地铺放在已翻土壤之上,地表的杂草、残茬及肥料应得到充分的覆盖。

③秋整地要注意土壤湿度。土壤含水量适宜,翻后土壤细碎,保墒好,如果土壤过干,翻地阻力大、工效低,耕作质量差。土壤水分过大,翻后易形成黏条,干后变成死坷垃,即使多次整地也难耙碎,不保墒。秋翻应优先翻耕土质黏重的地块,以达到疏松土壤,加速土壤熟化的目的。对于土壤质地轻的沙质土,可不翻或采取隔年翻耕,更有利于蓄水保墒,同时,又可节省机耕作业的投资。

④防止跑水跑墒。整地后在上冻前起好垄并及时镇压,防止跑水跑墒。在秋翻地打垄的同时,实施秋施肥是一项效果比较明显的增产措施。秋翻后,没有来得及整地的地块,当土壤化冻层达到 10～15 cm 时,即可进行耙压整地,宜早不宜晚,还可以结合整地进行深施底肥。

⑤秋翻要与秋灌相结合。秋翻后要及时整地作畦进行秋灌,因为只有冻前灌溉才能使灌溉水顺利渗入土壤耕层,保蓄起来,实现春旱秋抗。同时,还可推迟土壤结冻,有利于土壤微生物活动,促进土壤养分的转化,提高土壤供肥能力。秋整地总体上应注意以下几点。

一是要适时。秋翻整地要适时,要在土壤封冻前进行。

二是要适深。秋翻深度一般以 22～25 cm 为宜。黑土层过浅的地块,可采取上翻下松的松土方法加深耕层,以免将下层的生土和砂石翻到土壤耕层。

三是要整齐。要翻到地头,翻到地边。地头、地角整齐,翻垡整齐严密,耕幅直。

(三)土壤耕作质量检查

1.耕深及有无重耕或漏耕

玉米标准化耕作措施包含对土壤作用深度的指标,如翻耕深度、播前耙地、开沟深度等。这些指标与玉米出苗、根系发育等有密切关系,是耕作质量的重要指标。检查深度可在作业过程中进行,也可以在作业完成后,沿农田对角线逐点检查。

有无重耕和漏耕可以由作业机械工作幅宽与实际作业幅宽求得。重耕会造成地面不平,降低工效,增加能耗;漏耕则会使玉米出苗不齐、生长不匀,增加田间管理的难度。生产中如果出现大面积耕作深度不够和漏耕,则需返工。

2.地面平整度

地面平整度是指地块内不能有高包、洼坑存在,否则会引起农田内水分再分配,导致一块田地土壤肥力和玉米生长状况出现显著差异。对灌溉农田和盐碱土壤,平整度更是重要的质量指标。

土地表面平整度检查,必须从犁地作业开始把关,如正确开犁、耕深一致、没有重耕和漏耕等。辅助作业的平地效果只有在基本作业基础上才能更好地发挥作用。

3. 碎土程度

碎土就是要求土壤碎散到一定程度,即绵而不细。理想的土壤团块大小应该是既没有比 0.5～1 mm 小得多的土块,也没有比 5～6 mm 大得多的土块。因为微细的土粒将堵塞孔隙,而大土块会影响种子与土粒紧密接触吸收水分,还会阻碍幼苗出土。

土壤碎散程度,间接反映土壤水分状况。在过湿或过干的情况下耕作是造成大土块的原因,出现这一情况,说明土壤水分已被大量损失,所以检查碎土状况的同时要检查耕层墒情。

检查耕作后的碎土程度,通常是以每平方米地面上出现某一直径的土块数为指标。同时也要检查在耕层内纵向分布的土块,这些土块的存在是造成缺苗、断垄的主要原因。

在过干时耕作所造成的土块,只有等待降雨和灌溉后去消除它们,过湿时耕作所造成的土块,如耕后水分合适,应及时用表土耕作措施将土块破碎。

经伏耕晒垡和秋耕冻土作用的土块,有利于耕层的熟化。因此,这些土块的多少和大小不作为检查的内容,这些土块经干湿和冻融作用,十分容易破碎。

4. 疏松度

土层的过于紧实和过于疏松均对玉米生长发育不利。检查疏松度一要抓住耕层有无中层板结,二要注意播前耕层是否过于松软。

由于土壤过湿或多次作业,耕层中容易形成中层板结,而地表观察时,不易发现。所以疏松度的检查不能观察土表状态,而要用土壤坚实度测定仪,检查全耕层中有无板结层存在。破除中层板结的较好办法是播前全面深松耕以及玉米苗现行后及时中耕松土。

播种前耕层不能太松,太松不仅使种子与土粒接触不紧,而且使播种深度不匀,幼苗不齐,甚至引起幼苗期根系接触不到土壤而受旱。播前或播后镇压可调节耕层过松现象,一般是播前松土深度不超过播种深度为宜。

5. 地头地边的耕作情况

机械化生产的单位,因农具起落、机车打弯,地边地头的耕作质量常被忽视,这些地方玉米生长较差,单产较低。犁地、播种须按起落线作业,有精确的行走路线,才能改善和提高地头地边的耕作质量和玉米生长状况。

(四)玉米保护性耕作技术

保护性耕作技术是对农田实行免耕、少耕,尽可能减少土壤耕作,并用作物秸秆、残茬覆盖地表,或保留高根茬秸秆 30% 以上和作物残留物覆盖率不低于 30% 的耕作技术。这是一项提高土壤肥力和抗旱能力的先进耕作技术。

机械化保护性耕作技术与传统耕作技术相比可减少土壤风蚀、水蚀,减少土壤流失和抑制农田扬尘的功效,提高土壤肥力和抗旱能力;能明显提高旱区粮食产量、降低农业生产成本、改善生态环境、促进农业可持续发展等特点。其主要应用于干旱、半干旱地区农作物生产。

据中国农业大学保护性耕作研究中心 2003 年对 10 个示范县的实施效果监测数据显示,保护性耕作能不同程度的降低作业成本,降低地表径流 60%、减少土壤流失 80%、减少大风扬沙 60%,并具有增产玉米 4.1% 的效果。玉米机械化保护性耕作包括 4 项内容。

1.田间秸秆覆盖技术

该技术是将 30% 以上的玉米秸秆、残茬覆盖地表,用高根茬固土,保护土壤,减少风蚀、水蚀和水分无效蒸发,提高天然降雨利用效率。

2.免耕、少耕技术

为提高劳动生产率,降低耕作成本,可以实行免耕或少耕,改革铧式犁翻耕土壤的传统耕作方式。免耕就是除播种之外不进行任何耕作,使用免耕播种机将种子播在秸秆覆盖的土壤中。少耕包括深松与表土耕作(浅旋、浅耙),深松即疏松深层土壤,基本上不破坏土壤结构和地面植被,可提高天然降水入渗率,增加土壤含水量。

3.免耕、少耕播种技术

其是在有残茬覆盖的地表实现开沟、深施肥、播种、覆土、镇压的复式作业,该技术可简化工序,减少机械进地次数,降低成本。

4.杂草、病虫害控制和防治技术

其主要是依靠化学药品防治病虫草害发生,结合浅松和耙地等作业进行机械除草。

项目二　玉米播种技术

一、玉米播种期的确定

春玉米的播种期,主要根据温度、墒情和品种特性来确定。玉米适宜播种期的农业气象指标是土壤相对含水量为 60%～70%,土壤表层 5 cm 温度稳定通过 8～10℃。因此,在播种阶段一定要及时收听天气预报,根据气候状况考虑采取坐水种、滤水种、种子包衣、催芽播种、育苗移栽和地膜覆盖、玉米膜下滴灌技术等措施,确保一次播种保全苗。

春玉米一般在表土层 10 cm 土温稳定在 10～12℃ 为宜。黑龙江省的适播期为 4 月下旬至 5 月上旬,争取 5 月 20 日前完成播种工作。春玉米播种下限温度 6～7℃,适播温度 10～12℃。但地区间存在很大差异。黑龙江省一般是气温稳定在 7～8℃ 时播种。

玉米种子一般在 6～7℃ 时,可开始发芽,但发芽极为缓慢,容易受到土壤中有害微生物的侵染而霉烂。到 10～12 ℃ 时发芽较为适宜,25～35℃ 时发芽最快。为了做到既要早播又不误农时,又要避免因过早播种引起烂种缺苗,土壤表层 5～10 cm 温度稳定在 10～12℃ 时,作为春玉米播种的适宜时期。

(一)影响玉米播期的因素

1.温度

玉米在水分、空气条件基本满足的情况下,播后发芽出苗的快慢与温度有密切关系。在一定温度范围内,温度越高,发芽出苗就越快,反之就慢。玉米种子一般在 6～7℃ 时,可开始发芽,但发芽极为缓慢,容易受到土壤中有害微生物的侵染而霉烂。到 10～12℃ 时发芽较为适宜,25～35℃ 时发芽最快。生产上当土壤表层 5～10 cm 深处温度稳定在 8～10℃ 时开始播种为宜。播种过早、过晚,对春玉米生长都不利。播种过早,出苗时间延长,出苗不整齐,易烂种。

黑龙江省的春季气温是波动式回升,应注意关注天气预报,在"冷尾暖头"天气抢晴播种。

2.墒情

玉米种子发芽,除要求有适宜的温度、空气外,还需要一定的水分,即需要吸收占种子绝对干重的 48%～50% 的水分,也就是说播种深度的土壤水分,达到田间持水量的 60%～70%,才能满足玉米种子发芽出苗的需要。因此,春季做好保墒工作,是保证玉米发芽出苗的重要措施。

3.品种特性

我国各地玉米品种(包括杂交种)很多,各有适应不同气候条件的特性。由于玉米品种特性不同,各有其适宜的播种期。经验证明,必须按照品种特性来掌握播种期,才能使各个品种或杂交种在适宜的环境条件下生育良好。我国北方种植有早熟、中熟和晚熟 3 种玉米品种类型,生育期长的晚熟种一般适当早播,迟播则在生育后期会遇到低温或早霜,不能正常成熟,降低产量和品质;生育期较短的早、中熟种可适当晚播。

由此可知,决定玉米适宜的播种期,必须根据当地当时的温度、墒情和品种特性,当然也与土质、地势和栽培制度有关,加以全面考虑,既要充分利用有效的生长季节和有利的环境条件,又要发挥品种的高产特性,既要使玉米丰产,也要为后茬作物创造增产条件达到全年丰收。

黑龙江省处于北方春玉米区,玉米生育期间 ≥10℃ 活动积温在 2 700℃ 以上的地区,一般玉米最适播期为 4 月 15—25 日;玉米生育期间活动积温在 2 500～2 700℃ 的地区,最适宜的播种期为 4 月 20 日至 5 月 1 日;玉米生育期间活动积温在 2 300～2 500℃ 的地区,最适播种期为 4 月 25 日至 5 月 5 日。

(二)适时早播的增产意义

1.可以提高玉米产量

适时早播可以延长玉米生长期,充分利用光能地力,合成并积累更多的营养物质,满足雌、雄穗分化发育以及籽粒形成的需要,促进果穗充分发育,种子充实饱满,提高产量。过晚播种,穗粒数、千粒重下降,秃尖增长。

2.可以提高保苗率

适时早播,可做到抢墒播种,充分利用早春土壤水分和养分,有利于种子吸水萌发,提高保苗率。

3.可以减轻病虫危害

适时早播可以在地下害虫发生以前发芽出苗,至虫害严重时,苗已长大,增强抵抗力,因而减轻苗期虫害,保证全苗,同时,还可以避过或减轻中后期玉米螟危害。

春玉米适时早播还能够有效地减轻病害。因为玉米早播,在春季低温条件下,不利于黑粉病孢子发芽,可以减轻或避过玉米发病。

4.可以增强抗倒伏能力

春玉米适时早播可使幼苗在低温和干旱环境条件下经过锻炼,地上部生长缓慢而根系发达,根群能向下深扎,为后期植株生长健壮打下基础,因而茎组织生长坚实,节间短粗,植株较矮,增强抗旱、耐涝和抗倒伏能力。

5.可以避过不良气候的影响

适时早播可以避过不良气候的影响,尤其玉米后期有秋霜为害的地方,更为重要。"春种晚一天,秋收晚十天",晚熟与遭受霜害,使籽粒不能充分成熟而降低产量和品质。在干旱地区适当早播既有利于趁墒出苗,又可避过伏旱,使玉米授粉受精良好,获得丰产。

但是过早播种,对玉米生长也不利,常因种子长期处在土壤低温条件下,发芽缓慢,容易引起霉烂或出苗不齐,有时还可能遇到晚霜为害,导致严重减产。

二、玉米种植密度的确定

玉米种植密度的确定要根据品种特性、栽培环境与条件确定。应遵循的一般原则是根据当地的自然条件、土壤肥力、栽培技术和品种特性来确定,保证玉米群体和个体协调生长,使产量构成因素中的穗数、穗粒数和穗粒重的乘积达到最大值。

(一)品种

1.株型

叶片上冲、株型紧凑的品种可密些,适宜种植密度为 75 000~85 000 株/hm²;平展型玉米植株与叶片之间容易遮光,适宜稀植,适宜密度为 45 000~50 000 株/hm²;中间型玉米也叫半紧凑型玉米,群体光分布介于紧凑型与平展型之间,种植密度适中,适宜密度为 60 000~70 000 株/hm²。

2.生育期

同一生产环境下,植株矮小的早熟品种茎叶量较小,需要的个体营养面积也较小,可适当密些,适宜密度为 60 000~67 500 株/hm²,如果株型紧凑可增加至 75 000 株/hm² 以上;一般晚熟品种生长期长,植株高大,茎叶繁茂,单株生产力高,需较大的个体营养面积,应适当稀一些,适宜种植密度为 52 500~60 000 株/hm²,紧凑型玉米可增加至 67 500 株/hm² 以上。

通常在购买的玉米种子的包装袋上标注有该品种的适宜种植密度。

(二)肥水条件

土壤地力较差,施肥水平较低,又无灌溉条件的地区,种植密度应稀一些,通常采用该品种适宜密度的下限值,每公顷减少 7 500 株左右;土壤肥力高、施肥较多、灌溉条件好的,因为肥水充足,较小的营养面积即可满足个体需要,所以,密度可以增大,通常采用该品种适宜密度的上限值,每公顷增加 7 500 株左右。

(三)地形

丘陵梯田通风透光条件好,在土壤肥沃、有灌溉条件时,应采用该品种适宜密度的上限值;低洼地通风条件差,如果土壤黏重,应采用该品种适宜密度的下限值。

(四)土壤质地

沙壤土、壤土地土壤疏松,透光性好,营养分解快,利用率高,玉米根系吸收好,应采用该品种适宜密度的上限值。黏土地,土质黏重,土壤紧实,浇水后易板结,不利于根系生长与吸收,易导致穗粒数和粒重的下降,宜采用该品种适宜密度的下限值。总体上,玉米种植适宜密度为轻壤土>中壤土>重黏土>黏土。

(五)生态条件

短日照、气温高,可促进玉米生长发育,缩短玉米从出苗到抽穗所需日数;反之,生育期就延长。因此,同一类型品种,南方的适宜密度高于北方,夏播可密些,春播可稀些。

三、玉米播种量和播种深度的确定

(一)播种量

玉米播种量因种子大小、发芽率高低、种植密度、播种方法和栽培目的而不同。一般种子大,发芽率低,种植密度大时,播种量应适当增加。反之,可适当减少。

条播的播种量一般为 $45 \sim 60$ kg/hm²,点播为 $37.5 \sim 52.5$ kg/hm²,做青贮的玉米播种量比正常播种量增加 25%。

(二)播种深度

玉米播种深浅要适宜,覆土厚度要一致,才能保证种子出苗整齐一致,利于消除大小苗。正常条件下,播种深度 $5 \sim 6$ cm 为宜。若土壤水分不足,应适当深播,可达 $6 \sim 7$ cm。土壤水分充足或小粒种子,可浅些。玉米的适宜播种深度,要根据土壤性质、土壤水分、种子大小来决定。质地黏重,应浅播;反之,质地疏松、沙质土应深些。大粒种子可深些,小粒可浅些。

四、玉米的播种方法

玉米播种方法主要有条播和点播两种。

(一)条播

条播又分为机播、耧播、犁播等,以机播为好。

1. 机播

机播是用拖拉机带上播种机,开沟、溜籽、施种肥、覆土一次性完成播种作业。机播时要调好行距和播种深度,确定好下子量,操作时要掌握好行距宽窄均匀度和行向直度。机播用种量较多,但播种深浅一致,下子均匀,出苗整齐。

2. 耧播

耧播是用牲畜或人拉小型播种耧随开沟随覆土。耧播分为两种形式,一种是机制式小型播种机,下面有小轮,随拉动随播种,不用人摇动;另一种是人工简易式自制播种机,随着人工摇动开沟播种。

3. 犁播

犁播是用牲畜拉犁开沟,人工撒籽,然后耙地覆土的播种方式。犁播适用于丘陵山区土地面积小,机械化程度低的地区。

(二)点播

点播是将种子按株行距点种在沟内、穴内的一种播种方式。点播可以节省播种量,但费工。点播又分为机械精量点播和人工按行株距穴(点)播。人工点播容易出现播深不一致,出苗不齐的现象。

五、玉米的种植方式

玉米为非分蘖增产作物,单产提高的主要影响因素为种植密度,在种植方式上均围绕合理密度的确定为主,选择适宜的种植方式。玉米种植方式是指玉米种植时植株在田间布局的形式,主要涉及行距宽窄、株距大小以及植株在田间布局的均匀程度等。总的来讲有 3 种方式,即穴播、等行距种植、大小行种植。

(一)穴播

穴播也就是过去所讲的"一埯多株",目前多用于那些不适宜机械化作业甚至不能使用牲畜作业的地块或水土容易流失的坡岗地。在这些地块上通过挖坑穴播,可以获得相对较高的产量。地势平坦、便于机械化作业的高产地块一般采用等行距种植或大小行种植。穴播的优点在于行距大,播种和管理方便。但也有比较突出的缺点:一是株距过小,单株营养面积小,植株间争水、争肥、争光问题突出,不利于个体均衡发育;二是行距过大,植株冠层截获的光少,光能利用率低,同时由于透至地面的光较多,地面杂草容易茂盛生长;三是同穴植株要求棵间发育整齐一致,否则会"大苗欺小苗",导致空棵与小穗增加。在生产中,农民一穴留双株时,若两株大小不均,较小的植株不能很好发育就是这个道理。

(二)等行距种植

等行距种植指的是玉米种植的行距相等,一般为 60~70 cm,株距随密度而定。

(三)大小行种植

大小行种植也称大小垄种植、宽窄行种植,指的是玉米种植时行距一宽一窄,宽行 80~90 cm,窄行 40~50 cm。

玉米的种植方式中,等行距种植和大小行种植这两种种植方式是与现代农业及简化栽培相适应的种植方式。两者相比,孰优孰劣,一直存在争议。1990 年以前,由于种植的多是平展型玉米品种以及抗大小斑病能力较差的玉米品种,普遍认为大小行种植有利于改善田间通风透光条件,可减轻病害发生。有些是因种植方式决定了适合大小行种植,如地膜覆盖栽培。目前,大小行种植方式多见于种植株型高大、平展型玉米品种的玉米春播区和一些超高产攻关田。超高产攻关田采用大小行种植的目的主要是为了提高土地利用率,便于中耕培土及灌溉,其小行一般只有 30~35 cm 宽,人工错位点播两行玉米,大行宽 70~80 cm。玉米拔节后,在大行上开沟,一是给两边的植株培土;二是作为逐行灌溉的灌水沟。整片地除了地头有横向水渠外,地里无平时常见的专用水沟。近年来,随着郑单 958 等紧凑型、耐密、抗病(大小斑病)玉米品种的普及,夏玉米更多倾向于等行距种植。等行距种植玉米,植株在田间分布较为均匀,利于高产。

无论是等行距种植还是大小行种植,缩行增密已成为玉米栽培专家普遍认可的一项玉米高产栽培技术。因为在相同的种植密度下,缩小行距、增大株距,会使植株在田间分布的均匀度增加,利于提高光能、水肥利用率,缓解个体竞争,同时还可抑制田间杂草生长。据研究,夏玉米的平均行距不宜超过 60 cm,高密度种植以 50 cm 左右的等行距为宜,否则株距过小,不利于获得高产。

目前,我国玉米种植主要以等行距种植和宽窄行种植为主。

六、玉米播种质量的检查

(一)基本标准

玉米开沟、播种、覆土、镇压等需要一次性作业完成。播种粒距变异系数<40%;合格率<95%;双粒率(株距<5 cm为双粒)<10%;空穴率(株距>28 cm的为空穴)<5%。播种深度误差不超过1 cm。行距一致,往复结合线不超过5 cm,百米弯曲度不超过10 cm。

(二)高产技术的机械播种质量检查验收标准

(1)行距误差不得超过3 cm,六行播幅积累误差不大于5 cm,邻接行误差不大于7 cm,平均穴距误差不超过规定的1/10;

(2)播种量和施肥量经过转动地轮实查,误差不超过规定量的±5%。全部地块无漏播,地头起落整齐,并补好地头;

(3)播后种子全部播在湿土中(种子上面应有湿土覆盖),播种深度(按踩实后的土层计算)误差不超过规定的±1.5 cm,无露种现象;

(4)镇压不偏墒,种行压实均匀,压后地表有0.5~1 cm松土覆盖苗眼上,无龟裂现象;

(5)防风棱明显;

(6)保苗穴数及保苗率达到90%,出苗整齐、健壮。

项目三   玉米田间管理技术

一、中耕追肥

(一)玉米追肥技术

玉米是一种高产作物,需肥量较大,根据玉米的需肥规律,确定合理的施肥方法,明确适宜的用肥比例,才能实现玉米稳产高产。追肥是在玉米生长期满足其生长发育养分需要的补充,是实现玉米优质丰产的必要保证。

1.追肥方案

玉米形成一定产量,需要从土壤和肥料中吸收相应的养分,产量越高,需要的肥料越多,根据产量水平、地力条件选择相适应的追肥方案十分必要。现有3种追肥方案可供选择。

高产田,地力基础好,追肥数量多,最好采用轻追苗肥、重追穗肥和补追粒肥的追肥方法。苗肥用量占总追肥量的30%,穗肥约占50%,粒肥约占20%。

中产田,肥力基础较好,追肥数量较多,宜采用施足苗肥和重追穗肥的二攻施肥法。苗肥约占40%,穗肥约占60%。

低产田,地力基础差,追肥数量少,应采用重追苗肥和轻追穗肥的施肥方法。苗肥约占60%,穗肥约占40%。

2.追肥时间

依据玉米一生的需肥规律,在最佳的施肥时期进行追肥,能充分发挥肥效,起到增产增收的作用。

①苗肥。是指玉米从出苗至拔节前追施的肥料。这一时期处于雄穗生长锥未伸长期。没有施底肥或施肥不足的玉米地,定苗后要抓紧追肥。追施有机肥料,既发苗又稳长。对弱苗必须实行"单株管理",给三类苗追施促苗肥,可用"打肥水针"的办法,偏攻弱苗,使它们能迅速生长,赶上一般植株高度,才能保证大面积植株整齐健壮,平衡增产。

②拔节肥。是指玉米拔节至抽雄前追施的肥料。这一时期处于雄穗生长锥伸长期至雌穗生长锥伸长期前的茎叶迅速生长时期。拔节肥能促进中上部叶片的增大,增加光合叶面积,延长下部叶片光合作用的时期,为促根、壮秆、增穗打好基础。玉米进入拔节期以后,营养体生长加快,雄穗分化正在进行,雌穗分化将要开始,对营养物质要求日渐迫切,及时追施拔节肥,一般都能获得增产效果。拔节肥的施用量,要根据土壤、底肥和苗情等情况来决定。在地力肥,底肥足,植株生长健壮的条件下,要适当控制追肥数量,追肥的时间也应晚些;在土地瘠薄,底肥少,植株生长瘦弱的情况下,应当适当多施和早施。拔节肥以施速效氮肥为主,但在磷肥和钾肥施用有效的土壤上,可酌量追施一部分磷、钾肥。

③穗肥。是指拔节后 10 d 左右至抽雄穗期追施的肥料,此期为雌穗分化形成的主要时期。营养体生长速度最快,雌、雄穗分化形成处于盛期,需水需肥最多,是决定果穗大小、籽粒多少的关键时期。这时重施穗肥,肥水齐攻,既能满足穗分化的肥水需要,又能提高中上部叶片的光合生产率,使运入果穗的养分多,粒多而饱满,产量提高。各地很多玉米丰产经验和试验证明,只要苗期生长正常的情况下,重施穗肥都能获得显著的增产效果。特别在化肥不足的情况下,一次集中追施穗肥,增产效果显著。

如前期幼苗生长正常,追肥数量多,品种生育期长,分期追肥以重施穗肥的增产效果好,穗肥可占追肥总量的 60%～70%,拔节肥可占 20%～30%。

④粒肥。是指雌、雄穗处于开花受精到籽粒形成期,进行追肥以增加粒重。为防止春玉米后期脱肥,在抽雄后至开花授粉前,可结合浇水,追施攻粒肥;粒肥用量不宜过多,占追肥总量的 10%左右。攻粒肥要适期早施,因雌穗受精后籽粒中有机物质的积累,在前期速度较快,因而早施比晚施效果大。在前期施肥不多,玉米生长较弱时,施攻粒肥可防止叶片早衰,提高光合效率,促进粒多、粒重,获得高产。

另外,玉米生长后期叶面喷施磷肥,对促进养分向籽粒运输,增加千粒重有明显作用。一般用 0.4%～0.5% 磷酸二氢钾水溶液或用 3%～4% 的过磷酸钙澄清浸出液,每公顷用 1 125～1 500 kg 喷于茎叶上,效果显著。

3.追肥浓度和部位

合适的施肥浓度和部位,能充分发挥肥效,减少肥料的损失,起到经济有效的施肥作用。用氮素化肥做追肥,必须深施入土,才能充分发挥肥效,提高氮肥利用率。一般氮肥深施 10 cm 左右为宜。苗肥施在距植株 10～12 cm 处,穗肥施在距植株 15～20 cm 处,有利于植株吸收利用。

4.追肥方法

玉米生产中常用的追肥方法有 3 种,即垄台撒施,大犁蹚土覆盖;人工垄台刨坑深施,覆土,再蹚一犁覆盖;垄沟追肥。

玉米的这 3 种追肥方法效果最好的是人工垄台刨坑蹚土覆盖,这种方法不仅施肥深,而且覆盖严,比垄台撒施的增产 3%～12%。其次是垄沟追肥,这种方法优点是方便省事,不足之处是肥料距根系密集区稍远,影响吸收,在使用时一定要求犁后有较多的坐犁土,把肥料盖严。垄台撒施的有时封垄不严,肥料裸露在外面,损失严重。玉米追肥深度在距植株 7～10 cm 处最有利于玉米根系吸收利用,若超过 10 cm,肥料会流失,少于 5 cm,会造成烧苗。施肥后及时覆土以防损失。

5. 追肥数量

玉米追肥应根据土壤肥力、品种需肥特性、品种成熟期等适量追肥,以满足玉米生长发育所需。土壤地力较薄的地块应加大追肥量,反之可适当少些。高肥力地块,尿素用量为 250～300 kg/hm^2;中肥力地块,尿素用量为 275～350 kg/hm^2;低肥力地块,尿素用量为 300～400 kg/hm^2。对于喜肥玉米品种,如四密 25、通吉 100 等,应加大追肥量,满足品种对肥料的需要,充分发挥品种增产潜力,尿素用量 300～400 kg/hm^2;对于不喜肥玉米品种,如四密 21 和吉单 180 等,应适当减少追肥用量,尿素用量 225～300 kg/hm^2。早熟品种追肥量少于晚熟品种,每公顷追施尿素 200 kg 左右。因种植密度和栽培方式不同,追肥用量也不同。密度大应加大追肥量,如郑单 958、先玉 335 等;玉米大垄双行种植或保护性耕作方式更应提高施肥水平,每公顷地追施尿素 300～400 kg。

6. 叶面喷肥

玉米生育中后期,为延长叶片功能期,防止后期脱肥,加速灌浆,增加粒重,促进早熟,可进行叶面喷肥。

玉米叶面喷肥,是将矿质养分喷洒在叶片上,经过气孔和角质层进入叶片内部,供玉米吸收利用。其优点是用肥量少,见效快。据试验,在玉米扬花、灌浆期叶面喷施 0.2％～0.3％的磷酸二氢钾溶液 1～3 次,千粒重增加 2～12 g,每亩增产 3.5～50 kg;对表现缺氮的玉米喷 2％～4％的尿素 2～3 次,千粒重增加 2～40 g,每亩增产 6.5～75 kg;在玉米抽穗期喷 0.01％的钼酸铵溶液,玉米后期叶片不早衰,籽粒饱满,千粒重增加 10～20 g。

玉米地中的铁、锌、锰等化学元素,容易被土壤固定形成难溶解物质,很难被玉米根吸收,常导致作物发生缺铁、缺锌和缺锰症。叶片追肥,可以补充玉米生长所需要的上述元素。

为了提高玉米叶面喷肥的效果,在溶液中可加入少量的洗衣粉,使肥料溶液能更好地黏附在叶面上。根外喷肥的时间最好是在上午 10 时前和下午 4 时后,以避开中午的炎热阶段,使叶面保持较长时间的湿润状态,增加养分的吸收量。同时,做叶面喷肥时也可加入 10％的草木灰水,10％的鸡粪液,10％～20％的兔粪液或腐熟人尿液等,有较明显的增产效果。

(1)喷施磷酸二氢钾。此项措施是增加磷、钾肥的补救措施。一般浓度为 0.05％～0.30％,可在玉米拔节至抽丝期,于叶面喷施。

(2)喷施锌肥。播种时没有施锌肥,而玉米生育过程中又出现缺锌症时,可用浓度 0.2％～0.3％的硫酸锌溶液喷施,每公顷用量 375～480 kg,或 1％的氨基酸锌肥(锌宝),喷叶面肥时可同时加入增产菌,每公顷用量 0.15 kg。

(3)喷施叶面宝,其是一种新型广普叶面喷洒生长剂。其主要成分含 N≥1％,P$_2$O$_5$≥7％,K$_2$O≥2.5％,可在玉米开花前进行叶面喷施,每公顷用量 75 mL,加水 900 kg,此法能促进玉米提早成熟 7 d 左右,增产 13％。且有增强抗病能力与改善籽实品质的作用。

(4)喷施化肥。用磷酸二铵 1 kg,加 50 kg 水浸泡 12～14 h,(每小时搅拌 1 次),取上层清液加尿素 1 kg 充分溶解后喷施,每公顷喷肥液 450 kg。

7．其他事项

土壤干旱情况下,依据气象预报,在雨前追肥。还要根据玉米田间长势、苗情状况适量追肥,缺肥地块应及时补施,加大追肥量。在贪青晚熟地块,要增施磷、钾肥,促使玉米早成熟。特别是低温冷害年份应早施少施氮肥,并配施一定数量的磷、钾肥,以促早熟,提高玉米商品品质。玉米追肥常见误区有以下4种,应予以注意。

(1)基肥不足追肥补。基肥(以农家肥为主)的优点是增加土壤的有机质含量,增强土壤的团粒结构。在实际生产中往往忽略这一点,不重视基肥的施用。"基肥不足追肥(以化肥为主)补",只能使土壤越种越瘦,越种越板结,是一种掠夺式栽培方式,不可取。

(2)有肥就追,有水就浇。在玉米拔节前的苗期,如果不根据干旱程度、墒情好坏、苗情强弱等实际情况进行适时、适量的追肥、浇水,往往造成玉米地上部分幼苗徒长,而地下部分根系难以下扎,致使玉米失去蹲苗锻炼的机会,从而给玉米植株倒伏埋下隐患。在玉米灌浆期追肥浇水,既加大了玉米生产投资,又浪费了肥料,同时还会造成玉米贪青晚熟,甚至导致遭受霜冻等不良后果。

(3)重氮、磷、钾,轻视微肥。玉米在生长发育过程中,不光需要氮、磷、钾等"大量"肥料,还需要微量元素等微肥。微肥在玉米的生长发育过程中,虽然需求量小,但不是微不足道,就拿锌肥来说,有试验表明,玉米适量施用锌肥,穗粒数比对照增加 50～80 粒,千粒重增加 15～30 g,一般每公顷可增产玉米 12％～22.5％。

(4)抽穗后不追肥。玉米抽穗后,有一些地块由于基肥施用不足或基肥质量不高,肥效基本耗尽,土壤中的养分已经满足不了玉米后期生长发育的需要,要想获得玉米优质丰产,必须酌情增施一些速效性氮肥,以防止玉米早衰,促进玉米灌浆和籽粒饱满,提高千粒重。这次"攻粒肥"不但不可省,反而要早施、穴施、适量施。要彻底改变过去那种"立秋锄挂钩,潇洒自在游"的旧做法,立秋后不要清闲,要浅锄、勤锄,拔除大草,为翌年"清闲"生产奠定基础和保证。

(二)植物生长调节剂

植物生长调节剂可促进玉米加快发育和提高灌浆速度,缩短灌浆时间,促进早熟。使用生长调节剂的种类,可因地制宜,根据当地习惯及使用后效果和经济效益灵活应用。

1．玉米健壮素

玉米健壮素是一种植物生长调节剂的复配剂,它具有被植物叶片吸收,进入玉米植株体内调节生理功能,使叶形直立,且短而宽,叶片增厚叶色深,株形矮健节间短,根系发达,气生根多,发育加快,提早成熟,增产 16％～35％。喷药适期为植株叶龄指数 50～60(即玉米大喇叭口后,雄穗快抽出前这段时间),每公顷 15 支(每支 30 mL)兑水 225～300 kg,喷于玉米植株上部叶片。玉米健壮素不能与其他农药、化肥混合喷施,防止药剂失效。喷药 6 h 后,下小雨不需重喷,喷药后 4 h 内遇大雨,可重新喷施,药量减半。

2．乙烯利

用乙烯利处理后的玉米株高和穗位高度降低,生育后期叶色浓绿,延长叶片功能期可提高产量,增产 8.4％～18.5％。用药浓度为 800 mg/L,喷洒时期以叶龄指数 65 为宜。

(三)玉米中耕管理

1.玉米中耕的好处

玉米的中耕指在玉米生育期间对土壤进行的耕作活动的总称,主要在出苗之后封垄之前进行。这期间由于降雨,人、畜、机械等在田间操作,耕层结构由松变紧。玉米中耕采用手锄、中耕犁、齿耙和各种耕耘器等工具。中耕的时间和次数因作物种类、苗情、杂草和土壤状况而异。

有的田即使没有草,农民也照样进行中耕。因为中耕能促进作物生长。中耕后能促进土壤的气体交换,使一些有害的气体跑掉,有害的还原性物质氧化,使新鲜的空气补充进来,土壤微生物活动借此增强,养分也加快转化。至于旱作的中耕松土,对调节土壤的水分、空气和温度就更明显了。雨前中耕,能使耕作层多蓄水;雨后中耕,能切断表土毛细管,减少水分蒸发,改善土壤的通气状况,增加表土的吸热面积,提高土温,也能提高速效养分数量。有研究发现,对玉米地进行中耕松土,磷、钾的有效含量有明显增加,氮素的有效含量也略有提高。

研究证实中耕过于频繁,容易使有机质分解过快而损耗有效养分。因此,应在满足有效养分供应的前提下,减少频繁的耕作,进行适时适量的中耕松土。

结合中耕向植株基部拥土,或培高成垄的措施,称培土。多用于块根、块茎和高秆谷类作物。以增厚土层,提高地温,覆盖肥料和埋压杂草,有促进作物地下部分发达和防止高秆作物倒伏的作用。

玉米培土是栽培技术中一个环节。培土能增加表土受光面积,减轻草害,提高肥效,防风抗倒。培土不宜过早、过高,以免损伤基部的叶片。培土的时间,一般在孕穗至抽雄前分二次进行,第一次培土低些,第二次高培土。如果进行一次培土的,最好在大喇叭口期进行。

概括而言,玉米中耕的好处主要体现在以下几个方面。

(1)疏松土壤,流通空气,提高地温。春播玉米由于气温低,发苗慢,及时中耕松土能提高土壤温度,增加土壤的透气性,有利于玉米根系下扎,培育壮苗。同时还有利于土壤微生物的活动,促进有机物质的分解,增加土壤养分供应能力,改善营养条件。

(2)调节水分,防旱保墒,促进玉米生长。中耕松土能调节土壤水分,保墒防旱,促进玉米生长。中耕松土后能破除土壤板结,截断毛细管,防止土层以下水分的蒸发,达到蓄水保墒作用。当水分过多时,中耕又可以使土壤水分蒸发,使玉米生长发育良好。

(3)防除杂草。玉米行间较宽,易生杂草,结合中耕松土可清除杂草,利于作物生长。中耕的时间应根据土壤、气候等条件而定,一般雨后不久就要进行中耕。中耕的次数,以保墒、除草为原则,土质黏重、干旱、多草的应勤中耕。

(4)中耕对玉米增产效果明显。产量是不同耕作方式对作物本身及作物微环境各种影响的综合反映,是进行不同耕作方式评价的最终指标。有研究显示,不同中耕次数玉米之间的经济产量差异显著,中耕一次产量约为 12 432 kg/hm^2,免中耕的为 11 865.9 kg/hm^2。不同耕作方式下玉米百粒重差异不显著,但穗粒数差异显著,中耕一次穗粒数最大可达 681.3 粒/穗,每公顷穗数差异不显著。

2.玉米中耕应把握的原则

玉米是中耕作物,需要勤中耕。中耕松土是促使幼苗早发、培育壮苗的重要措施。正如农谚说的那样"锄头之上有三宝,发苗、防旱又防涝"。

中耕周期以草情为信号。要求实效,掌握的原则是:"头遍深、二遍碰、三遍四遍培高垄。"坚持抢二挣四,抢二是指第二遍中耕要尽早,抢时间,土碰头,争取能进行第四遍中耕。

定苗以前可进行第一次中耕,这次要浅耕,一般 3～5 cm。在用机械中耕时,要特别防止压苗和轧苗。第二次中耕可在拔节期前后进行,注意掌握苗旁宜浅,行间宜深。盐碱地土壤容易板结,玉米出苗或降雨以后要及时中耕松土,防止反碱,为害幼苗。

拔节至小喇叭口期可结合施肥进行第三次中耕,将肥料混入土内,随即浇水,以发挥肥效。中耕深度以 7 cm 左右为宜。适当深中耕会切断部分根系,但可促使玉米发生大量新根,扩大吸收面积。

中耕时适当向根旁拥土,以利于植株基部发生次生根和气生根,增强植株的抗倒伏能力。但不要拥土太多,防止压苗、伤叶,特别是在初次中耕时更应小心。

当人力、机械等因素影响不能及时进行苗前封闭除草的,也可在苗后抓住时机,及时灭草。

苗后草情比较严重时,可采用化学灭草与机械灭草相结合。也就是通过中耕消灭一部分杂草,同时喷洒化学除草剂。

二、玉米病虫草害防治

(一)玉米病害

1. 玉米大斑病

玉米大斑病也称作玉米条斑病、玉米霉纹病、玉米斑病、玉米枯叶病,是我国北方地区玉米主要病害之一。一般可造成减产 15％～20％,大发生年减产 50％以上。在整个玉米生育期均可感染大斑病。往往从植株下部叶片开始发病,逐渐向上扩展。苗期很少发病,抽雄后发病逐渐加重。

防治方法。

(1)以选用抗病品种为主。

(2)减少菌源。彻底清除病残株和病叶,远离田间进行焚烧,或深耕深翻,压埋病源;用玉米秸秆做堆肥时必须经高温发酵杀死病菌。

(3)加强田间管理。及时中耕,使植株健壮;注意排灌,降低田间湿度;实行轮作。

(4)施足基肥,增施腐熟磷、钾肥。

(5)药剂防治。心叶末期到抽雄期或发病初期喷洒 50％多菌灵可湿性粉剂 500 倍液、70％甲基硫菌灵(甲基托布津)可湿性粉剂 500～800 倍液、75％百菌清可湿性粉剂 800 倍液、25％苯菌灵乳油 800 倍液、50％退菌特可湿性粉剂 800 倍液、80％代森锰锌(大生)可湿性粉剂 500 倍液、农抗 120 水剂 200 倍液,隔 10 d 防治一次,连续防治 2～3 次,每公顷喷药液量为 1 500 L 左右。重点防治三叶及上部叶片。

2. 玉米瘤黑粉病

玉米瘤黑粉病又称疖黑粉病、普通黑粉病,为局部侵染病害。一般山区比平原、北方比南方发生普遍而且严重。产量损失程度与发病的时期、发病的部位及病瘤的大小有关,发生早、病瘤大,在果穗上及植株中部发病的对产量影响大,减产高达 15％以上,整个生育期均可发病。

防治方法。

(1)种植抗病品种。早熟、耐旱、果穗苞叶长而紧裹的品种较抗病,硬粒型玉米较抗病,马齿型次之,甜玉米易感病。

(2)实行轮作。大面积的轮作倒茬是防治该病的首要措施,重病区至少要实行 3~4 年的轮作倒茬。

(3)种子处理。可用 50%福美双可湿性粉剂,或 50%克菌丹可湿性粉剂,或 12.5%速保利可湿性粉剂,按种子重量的 0.2%拌种;或用 25%三唑酮可湿性粉剂按种子量的 0.3%药量拌种;也可以用 50%多菌灵按种子量的 0.7%药量拌种。

(4)加强田间管理。适期播种,合理密植;加强肥水管理,避免偏施氮肥,增施钾肥,使植株强壮;病瘤成熟之前及时摘除并深埋,收获玉米后要及时清除田间病残体,秋季深翻。

(5)药剂防治。在玉米未出土前,可以用 15%三唑酮可湿性粉剂 750~1 000 倍液,或用 50%克菌丹可湿性粉剂 200 倍液进行土表喷雾,减少初侵染菌源。高温高湿或干旱天气多时,可喷施 1∶1∶120 的波尔多液预防。

3.玉米丝黑穗病

玉米丝黑穗病俗称乌米、哑玉米。玉米丝黑穗病是玉米产区的重要病害,尤其以华北、西北、东北和南方冷凉山区的连作玉米地块发病较重,发病率 2%~8%,严重地块可达 60%~70%,造成严重减产。目前,丝黑穗病由次要病害上升为主要病害。苗期侵染,多在雌、雄穗抽出后表现症状,严重的在苗期表现症状。

防治方法。

(1)种子处理。该病防治以种子处理为主,三唑类杀菌剂拌种可有效防治玉米丝黑穗病。用 15%粉锈宁或羟锈宁可湿性粉剂,或 50%甲基托布津粉剂,按种子重量的 0.3%~0.5%拌种。或用 96%恶霉灵每千克种子用 1~1.5 kg 进行拌种。12.5%腈菌唑乳油 100 mL 加水 8 L 混合均匀后拌种子 100 kg,稍加风干后即可播种。12.5%速保利可湿性粉剂按种子重量的 0.3%拌种,风干后播种。2%立克秀粉剂 2 g 加水 1 L 混合均匀后拌种子 10 kg,风干后播种。在使用药剂拌种时不得任意加大药量,以免造成药害。

(2)选用抗病品种。

(3)加强田间管理。避免不适宜的早播,播种时气温稳定在 12℃ 以上。提高播种质量,覆土厚薄适宜,合理施肥,培育壮苗。发现病株,及早彻底拔除,带出田外深埋。

(4)实行轮作,重病区实行 3 年以上轮作。土壤要深翻、耙压连续作业,贮水保墒提高地温。

(5)药剂防治。苗期用 96%恶霉灵水剂 6 000 倍液喷施玉米苗基部 1~2 次。

(二)玉米虫害

1.玉米蚜

玉米蚜以成虫、若蚜在玉米苗期至成熟期均可发生为害。成虫、若蚜多群集于幼嫩的心叶区,也可密集在叶鞘上,刺吸植物组织汁液,为害叶片时分泌蜜露,产生黑色霉状物,引致叶片变黄或发红,轻者影响生长发育,严重时植株枯死。玉米蚜多群集在心叶。紧凑型玉米主要为害其雄花和上层 1~5 叶,叶片变黄枯死,雄穗不能开花散粉,影响结实,降低粒重,并传播病毒(特别是矮花叶病毒)造成减产。

防治方法。

(1)农业防治。清除田边、沟边的禾本科杂草,消灭蚜虫繁殖基地;拔除中心芽株的雄穗,减少虫量。

（2）种子处理。用玉米种子重量 0.1％的 10％吡虫啉可湿性粉剂浸种、拌种。

（3）生物防治。玉米蚜的天敌有食蚜蝇、瓢虫、草蛉、蚜茧蜂、蜘蛛等。但尤以瓢虫食蚜量最大。

（4）药剂防治。在玉米心叶期，蚜虫盛发前，可用 40％乐果乳油、40％氧化乐果乳油或80％敌敌畏乳油 1 500～2 000 倍液，或 25％亚胺硫磷乳油 500～1 000 倍液，或 2.5％溴氰菊酯乳油 3 000～3 500 倍液，1 800～1 950 kg/hm^2 喷雾或灌心。用 30％克百威颗粒剂拌细土150～225 kg/hm^2，掌握玉米蚜初发阶段，在植株根区周围开沟埋施。玉米蚜发生始盛期(7 月底到 8 月上旬)，有蚜株率达 50％，百株蚜量达 2 000 头以上时，可用 40％氧化乐果乳油 50～100 倍液，涂于玉米茎的中部节间，每株涂 30～40 cm^2。

2.玉米螟

玉米螟又称玉米钻心虫。玉米螟主要以幼虫蛀茎危害，破坏茎秆组织，影响养分输送，使植株受损，严重时茎秆遇风折断。初孵幼虫先取食嫩叶的叶肉，保留下表皮，3～4 龄后取食其他坚硬组织，心叶期则集中在心叶内为害。被害叶长出喇叭口后，呈现出不规则的半透明薄膜窗孔、孔洞或排孔，统称花叶；被害严重的叶片支离破碎不能展开，雄穗不能正常抽出。在孕穗时，心叶中的幼虫都集中到上部，为害幼嫩穗苞内未抽出的玉米雄穗。当玉米雄穗抽出后，大部分幼虫开始蛀入雄穗柄和雌穗以上的茎秆，造成雄穗及上部茎秆折断。到雌穗逐渐膨大或开始抽丝时，初孵幼虫喜欢集中在花丝内为害，其中部分大龄幼虫则向下转移蛀入雌穗着生节及其附近茎节，破坏营养物质的运输，严重影响雌穗的发育和籽粒的灌浆。这是蛀茎盛期，也是影响玉米产量最严重的时期。

防治方法。

（1）选用抗虫品种。玉米品种间在抗玉米螟方面有差异，选择高抗虫害玉米品种能科学有效地防治玉米螟的发生和发展。

（2）消灭越冬虫源。在春季蛹化羽之前(3 月底以前)将上年的秸秆完全处理干净。把玉米秸秆及穗轴当燃料烧掉、秸秆粉碎还田或锄碎后沤制高温堆肥，穗轴也可用于生产糖醛，这些措施可以消灭虫源。

（3）科学的种植方式。合理的间、混、套种能显著减少玉米的被害株数，天敌明显增多。如玉米与花生和红花苜蓿间作，玉米套种甘薯、间作大豆、间作花生等。

（4）人工去雄。在玉米螟为害严重的地区，在玉米抽雄初期，玉米螟多集中在即将抽出的雄穗上为害。人工去除 2/3 的雄穗，带出田外烧毁或深埋，可消灭一部分幼虫。

（5）物理防治。

①利用螟蛾的趋光性除虫。在成虫发生期，利用螟蛾的趋光性，高压汞灯对玉米螟成虫具有强烈的诱导作用。在田外村庄每隔 150 m 装一盏高压汞灯，灯下修建直径为 1.2 m 的圆形水池，诱杀玉米螟成虫，将大量成虫消灭在田外村庄内，减少田间落卵量，减轻下代玉米螟危害，又不杀伤天敌。

②性信息素防治。利用玉米螟雌蛾对雄蛾释放的性信息素具有明显趋性的原理，采用人工合成的性信息素放于田间，诱杀雄虫或干扰雄虫寻觅雌虫交配的正常行为，使雌虫不育，减少下代玉米螟的数量，达到控制玉米螟的目的。当越冬代玉米螟化蛹率 50％，羽化率 10％左右时开始，直到当代成虫发生末期的 1 个月时间内，在长势好的玉米行间，每公顷安放 15 个诱

盆,使盆比作物高 10~20 cm,把性诱芯挂在盆中间,盆中加水至 2/3 处,可以诱杀成虫,减轻下代玉米螟的危害。

(6)生物防治。

①释放赤眼蜂。赤眼蜂是一种卵寄生性昆虫天敌,能寄生在多种农、林、果、菜害虫的卵和幼虫中。用于防治玉米螟,安全、无毒、无公害、方法简单、效果好。在玉米螟产卵期释放赤眼蜂,选择晴天大面积连片放蜂。放蜂量和次数根据螟蛾卵量确定。一般每公顷释放 15 万~30 万头,分两次释放,每公顷设 45 个释放点,在点上选择健壮玉米植株,在其中部的一个叶面上,沿主脉撕成两半,取其中一半放上蜂卡,沿茎秆方向轻轻卷成筒状,叶片不要卷得太紧,将蜂卡用线、钉等固定好。应掌握在赤眼蜂的蜂蛹后期,个别出蜂时释放,把蜂卡挂到田间 1 d 后即可大量出蜂。

②利用白僵菌。白僵菌可寄生在玉米螟幼虫和蛹上。在早春越冬幼虫开始复苏化蛹前,对残存的秸秆,逐垛喷洒白僵菌粉封垛,可防治玉米螟。方法是每立方米秸秆垛,用每克含100 亿孢子的菌粉 100 g,喷一个点,即将喷粉管插入垛内,摇动把子,当垛面有菌粉飞出即可;白僵菌丢心,一般在玉米心叶中期,用 500 g 含孢子量为 50 亿~100 亿的白僵菌粉,兑煤渣颗粒 5 kg,每株施入 2 g,可有效防治玉米螟的危害。

③Bt 可湿性粉剂。在玉米螟卵孵化期,田间喷施每毫升 100 亿个孢子的 Bt 乳剂、Bt 可湿性粉剂 200 倍液,可以有效控制虫害。

(7)药剂防治。敌敌畏与甲基异柳磷混合液熏蒸一代螟虫成虫,能有效控制玉米螟成虫产卵,减低幼虫数量;防治幼虫可在玉米心叶期,使用 1.5% 辛硫磷颗粒剂,以 1:15 的比例与细煤渣拌匀,使用点施器施药,沿垄边走边点施,每株点施一下,将药剂点施于喇叭口内;在玉米抽穗期,用 90% 敌百虫 800~1 000 倍液,每株 5~10 mL,施于雌穗花柱基部,灌注露雄的玉米雄穗。也可将上述药液施在雌穗顶端花柱基部,药液可渗入花柱,熏杀在雌穗的幼虫。

3.地下害虫

地下害虫是指主要为害作物种子、地下根、茎等的一类害虫,也称土壤害虫,是农业害虫中的一个特殊生态类群。我国已知地下害虫 320 余种,分属于昆虫纲的 8 目 32 科。包括蛴螬、金针虫、蝼蛄、地老虎、拟地甲、根蛆、根蝽、根蚜、根象甲、根叶甲、根天牛、根粉蚧、白蚁、蟋蟀和弹尾虫等 10 多类。其中玉米苗期以蛴螬、金针虫、蝼蛄、地老虎 4 类发生面积广,危害程度高,是地下害虫中经常发生,造成灾害的类群。

防治方法:地下害虫是国内外公认的较难防治的一类害虫。地下害虫的防治应贯彻"预防为主,综合防治"的植保方针。根据虫情,因地因时制宜,将各项措施协调运用,做到地下害虫地上治,成虫、幼虫结合治,田内田外选择治,控制地下害虫的为害在经济允许水平以下。地下害虫的防治指标因种类、地区不同,各地报道差异较大。综合各地防治措施,提出地下害虫的防治指标是蝼蛄 1 200 头/hm²;蛴螬 30 000 头/hm²;金针虫 45 000 头/hm²。在自然条件下,蝼蛄、蛴螬、金针虫等地下害虫混合发生时,防治指标以 22 500~3 0000 头/hm² 为宜。

(1)农业防治。搞好农田基建,消灭虫源滋生地。平整土地,深翻改土,消灭沟坎荒坡,植树种草,消灭地下害虫的滋生地,创造不利于地下害虫发生的环境。合理轮作倒茬:地下害虫最喜食禾谷类和块茎、块根类大田作物,对棉花、芝麻、油菜、麻类等直根系作物不喜取食。因此,合理轮作可以明显地减轻地下害虫为害。深耕翻地:播种前翻耕土壤和夏闲地伏耕,通过机械杀伤、暴晒、鸟雀啄食等一般可消灭 50%～70%的蛴螬、金针虫。合理施肥:有机肥料腐熟后方可施用,否则易招引金龟甲、蝼蛄等产卵。化学肥料深施既能提高肥效,又能因腐蚀、熏蒸作用起到一定杀伤地下害虫的作用。适时灌水:春季和夏季作物生长期间适时灌水,迫使上升土表的地下害虫下潜或死亡,可以减轻危害。

(2)生物防治。早在 20 世纪 70 年代,国外就已研制出了蛴螬乳状杆菌的商品制剂。我国于 20 世纪 70 年代从国外引进的同时,也进行了大量的调查研究工作,在豫、晋、鲁、冀、苏、陕、辽、黑、闽等地都发现了蛴螬乳状菌的自然分布。山东省助迁大黑臀钩土蜂防治大黑鳃金龟也取得了显著的成效。

(3)物理机械防治。蝼蛄、多种金龟甲、沟叩头甲雄虫等具有较强的趋光性,利用黑光灯进行诱杀,效果显著。试验表明,黑绿单管双光灯(一半绿光、一半黑光)诱光效果更为理想。挖窝毁卵,消灭蝼蛄,蝼蛄产卵盛期结合夏锄,发现蝼蛄卵窝,深挖毁掉。堆草诱杀细胸叩头甲,田间堆小草堆每公顷 300～750 个,诱集细胸叩头甲的成虫、若虫,早晨进行捕杀。人工捕捉,金龟甲晚上取食树叶时,振动树干,将假死坠地的成虫拣拾杀死。对蛴螬等也可采取犁后拾虫的方法消灭。对地老虎,每日清晨在被害苗根际周围扒土捕捉幼虫。也可用新鲜泡桐树叶,于傍晚均匀地分布在田间,第二天清晨在泡桐树叶下捕杀。

(4)药剂防治。

种子处理:种子处理方法简便,用药量低,对环境安全,是保护种子和幼苗免遭地下害虫为害的理想方法。种子处理常用药剂有 50%辛硫磷乳油等。用药量为种子重量的 0.1%～0.2%。播种时先用种子重量 5%～10%的水将药剂稀释,用喷雾器均匀喷拌于种子上,堆闷6～12 h,使药液充分渗透到种子内即可播种。

土壤处理:结合播前整地,用药剂处理土壤。常用方法有:将药剂拌成毒土均匀撒施或喷施于地面,然后浅锄或犁入土中;撒施颗粒剂;将药剂与肥料混合施入,即使用肥料农药复合剂;沟施或穴施等。常用药剂有 50%辛硫磷乳油等每公顷 3 750～4 500 mL;4.5%甲敌粉每公顷 22.5～37.5 kg;5%辛硫磷颗粒剂、3%呋喃丹颗粒剂等每公顷 37.5 kg;10%二嗪磷颗粒剂(杀地虎)每公顷用杀地虎 6 000～7 500 g 拌 150 kg 毒土;撒施,或在播种时每公顷用药量3%护地净(毒·唑磷)颗粒剂为 45～60 kg 进行穴施、沟施。乳油和粉剂农药除可喷雾或喷粉外,还可按每公顷用药量拌 300～450 kg 细土制成毒土撒施;颗粒剂可拌和 300～375 kg 细沙或煤渣撒施。近年来,许多地方推广 48%毒死蜱(乐斯本)乳油每公顷 6 000～7 500 mL 土壤处理或随水流大水漫灌,或每公顷 2 250～3 000 mL 兑水顺根定向浇灌。

毒饵诱杀,毒饵诱杀是防治蝼蛄和蟋蟀的理想方法之一。利用 90%晶体敌百虫等,用药量为饵料重量的 1%。先用适量水将药剂稀释,然后拌入炒香的谷子、麦麸、豆饼、米糠、玉米碎粒等饵料中,每公顷施用 22.5～37.5 kg。配制敌百虫毒饵时,应先用少量温水将敌百虫溶解,再加冷水至所需量。

其他施药方法,许多金龟甲有取食补充营养的习性,在成虫发生季节药剂防治,不仅可以减轻为害,还可减少田间蛴螬发生量。喷粉:选用 2.5%敌百虫粉剂、4%敌百虫粉剂等,每公顷 15～30 kg,喷雾:2.5%溴氰菊酯(敌杀死)乳油 3 000 倍液、20%甲氰菊酯(灭扫利)乳油 2 000 倍液等喷洒在寄主植物上,对多种食叶金龟甲均有较好的防治效果。对地老虎在其幼虫入土前,发现为害症状时,应及时喷药防治。可用 40%氧化乐果 1 000 倍喷雾防治;内吸剂涂树干:在寄主树干离地面 1.5 m 左右处,将树干环剥去粗皮约 10 cm,涂上内吸杀虫剂,使金龟甲食叶后中毒而死。

(三)玉米田杂草的防除

1.玉米田化学除草技术

玉米田大面积化学除草的方法有两种,一种是播后苗前土壤处理法,另一种是苗后茎叶处理法。目前玉米生产中化学除草大面积使用的是播后苗前土壤处理法,苗后茎叶处理为辅助措施。

(1)土壤处理法。土壤处理方法具有成本低、操作方便、不易使作物产生药害等特点。但土壤处理法受环境、气候等因素影响较大。如土壤有机质、整地的平整度、土壤的含水量等条件,对土壤处理均有不同程度的影响。播后苗前施药应在播后早期完成,播种与施药间隔时间越长,药效和作物安全性越差。为了提高土壤处理的防治效果,在施药过程中可提高单位面积喷液量,也可采用稠蒙头土等办法。

目前播后苗前土壤处理可使用的除草剂有都尔、普乐宝、乙草胺(禾耐斯)、噻磺隆(宝收)、阿特拉津、唑嘧磺草胺(阔草清)、赛克(甲草嗪)、2,4-D丁酯等;混配制剂有乙莠合剂(乙草胺+阿特拉津)、玉丰(异丙草胺+阿特拉津)、安威(嗪草酮+乙草胺)等。

阿特拉津(莠去津)属长残效除草剂,它受土壤有机质影响很大,不但用量大、成本高,而且每公顷有效成分用量超过 2 kg 时,第二年不能种水稻、大豆、小麦、甜菜、蔬菜等作物,有机质含量在3%以上的土壤使用阿特拉津有效成分超过 2 kg 对下茬作物均可造成药害。玉米苗前施药常受干旱影响,药效不佳,因此不推荐单用阿特拉津做土壤处理。嗪草酮(赛克)和安威(嗪草酮+乙草胺)在有机质含量低于 2%的土壤中不宜使用。

①覆膜玉米的化学除草。随着覆膜玉米栽培面积的不断扩大,覆膜玉米田的化学除草得到了迅速发展。覆膜玉米田应用的除草剂品种有都尔、普乐宝、宝收等,这些除草剂对覆膜玉米安全,而且药效好。

②播后苗前土壤处理。可选用 72%异丙甲草胺乳油(都尔,用法用量与覆膜玉米相同);72%异丙草胺(普乐宝)乳油,普乐宝的杀草谱与使用方法与都尔相同,使用方法和用量可参照都尔。还可选用 50%乙草胺(禾耐斯)乳油;40%玉丰(异丙草胺+阿特拉津)悬浮剂;40%乙莠悬乳剂(乙草胺+阿特拉津);40%阿特拉津(莠去津)胶悬剂;50%安威(嗪草酮+乙草胺)乳油;72% 2,4-D 丁酯乳油等。

(2)茎叶处理。可选用 4%烟嘧磺隆(玉农乐)悬浮剂或 48%麦草畏(百草敌)水剂。

2.玉米田杂草综合治理措施

(1)农业防除。农业防除措施包括轮作、选种、施用腐熟的有机肥料、清除田边、沟边、路边杂草、合理密植、淹水灭草等。

①轮作灭草。由于不同作物与其所伴生的杂草所要求的生境相似,如用轮作倒茬的方法,改变其生境,便可明显减轻杂草的危害。

②精选种子。杂草种子传播的途径之一是随作物种子传播,为了减少杂草种子的传播,播种前对作物种子进行精选,清除混杂在作物种子中的杂草种子是一种经济有效的方法。

③施用腐熟的厩肥。厩肥是农家的主要有机肥料。这些肥料有牲畜过腹的圈粪肥,有杂草、秸秆沤制的堆肥,也有饲料残渣、粮油加工的下脚料等,其中,不同程度的带有一些杂草种子。如果这些肥料不经过腐熟而施入田间,所带的杂草种子也会在田间萌发生长,继续造成危害。

④清除农田周边杂草。

⑤合理密植,以密控草。农田杂草以其旺盛的长势与作物争水、争肥、争光。因此,合理密植能加速作物的封行进程,利用作物自身的群体优势抑制杂草的生长,即以密控草,可以收到较好的防除效果。

⑥水层淹稗或淹灌灭草。

⑦休闲灭草。在地多人少,草多肥少的地块休闲灭草是特别有效的措施。凡是休闲的地块,当年不耕翻,暴露在地上的杂草草籽被鸟食,牲口吃能够消灭一部分,第二年多次耕翻促使大量杂草种子发芽出苗,有条件的地方可以种植绿肥或牧草,将绿肥进行耕翻或牧草收获后耕翻,这样不但消灭了大量杂草还改良了土壤物理性状,提高了土壤肥力。

(2)综合防除。农业生产上采用了多种方式方法防除杂草,主要有以下几种。

①深翻。深翻是防除多年生杂草如问荆、苣荬菜、田旋花、芦苇、小叶樟等杂草的有效措施之一。对防除一年生杂草效果更快更好。

②耙茬。从生产实践出发,耙茬可使杂草种子留在地表浅土层中,增加杂草种子出苗的机会,但在杂草大部分出土后,通过耕作或化学除草集中防除,则收效更大。进行少耕,必须使耕作和化学除草密切配合,否则会造成严重的草害。播前耙地或播后苗前耙地,苗期中耕是疏松土壤、提高地温、防止土壤水分蒸发、促进作物生长发育和消灭杂草的重要方法之一。

③生物除草。包括以菌灭草、以虫灭草,利用动物灭草、植物治草。

④植物检疫。植物检疫是防止国内外危险性杂草传播的主要手段,通过农产品检疫防止国外危险性杂草进入我国,同时也要防止省与省之间、地区与地区之间危险性杂草的传播。因此,加强危险性杂草的检疫工作是防除杂草的重要措施。

⑤物理灭草。覆盖可以阻止杂草的生长,通过遮光使杂草难以生存而致死,覆盖不仅可以除草而且可以免耕,有利于雨水下渗,对于保墒、增温、提高土壤肥力都有好处,用于除草的覆盖物一般为秸秆或地膜。

⑥药剂除草。使用化学药剂进行灭草,化学除草有以下特点。第一,灭草及时、见效快、效果好。只要使用方法正确,对作物安全,除草效果一般在 90% 以上,比人工除草彻底而且及时。第二,有利于增产,只要掌握除草剂正确使用技术,一般可以避免对作物的药害,即使有些轻微药害,由于消灭了草害,改善了作物生长条件,增产十分显著。第三,化学除草可以节省劳动力,因它本身是一项先进技术,配合先进的施药机具,一人一天可以施药几公顷,与人工除草相比,可以节省大量劳动力,提高劳动生产率,从而有利于农村发展多种经营,使农、林、牧、副、渔全面发展。

(四)玉米病虫害综合防治技术

1.农业防治法

根据栽培管理的需要,结合农事操作,有目的地创造有利于作物生长发育而不利于病虫害发生的农田生态环境,以达到抑制和消灭病虫的目的的方法称农业防治法。优点是不伤害天敌,能控制多种病虫,作用时间长,经济、安全、有效。它是综合防治的基础。农业防治的主要措施有以下几个方面。

(1)选育、推广抗病虫品种。这是一项最为经济有效的病虫防治措施。特别是针对病害,选用抗病品种往往是防治措施中最根本的途径。目前,利用生物技术培育的抗虫棉(Bt 棉)已进入应用阶段。

(2)改进耕作制度。农田长期种植一种作物,为病虫提供稳定的环境和丰富的食料,容易引起病虫的猖獗发生。合理的轮作换茬,不仅使作物健壮生长,抗性提高,而且还可以恶化某些病虫的生活环境和食物条件,达到抑制病虫的目的。如水旱轮作等。

(3)运用合理的栽培技术。深耕改土、改进播种、合理密植、科学施肥与灌溉、适时中耕除草、改进收获方式等都可使作物生长健壮,增强抗病虫能力,同时又能阻止病虫发生。

2.物理防治法

利用各种物理因素和机械设备防治病虫害的方法称物理防治法。此法简单易行,经济安全。物理防治的主要措施有5个方面。

(1)捕杀法。人工直接捕杀或利用器材消灭害虫的方法。如人工捕杀地老虎幼虫。

(2)诱杀法。利用害虫的趋光性和趋化性、趋色性等诱杀多种害虫。

(3)淘汰选法。利用风选、筛选和泥水、盐水浮选等方法,淘汰掉病虫种子、菌核、虫瘿等。

(4)温度处理。夏季利用室外日光晒种,能杀死潜伏其中的害虫,烘干机也可以取得同样效果。利用作物种子耐热温度略高于病原物致死高温的特点进行温汤浸种,以消灭潜伏在种子内外的病原物。在北方地区,可在冬季对种子进行低温冷冻或打开粮仓的门窗,消灭其中的害虫。

(5)新技术应用。近年来,国内外用红宝石、铵、二氧化碳激光器的光束杀死多种害虫。高频电流、超声波等防治储粮害虫也有很好的效果。

3.生物防治法

利用有益生物或有益生物的代谢产物来防治病虫害的方法称生物防治法。生物防治法的优点是对人畜安全,不污染环境,控制病虫作用比较持久,一般情况下,病虫不会产生抗性。因此,生物防治是病虫防治的发展方向。生物防治的主要措施有以下几种方式。

(1)以虫治虫。利用天敌昆虫来防治害虫。天敌昆虫有捕食性和寄生性两大类。利用天敌昆虫防治害虫,其主要途径有3个方面:第一是保护、利用自然界的天敌昆虫;第二是人工繁殖和释放天敌昆虫;第三是从国外或外地引进天敌昆虫。

目前,我国在试验应用赤眼蜂、金小蜂、肉食性瓢虫、草蛉等防治松毛虫、玉米螟、棉红铃虫、棉蚜等害虫,已取得了一定成效。

(2)以菌治虫。利用微生物或其代谢产物控制害虫数量。我国生产的细菌杀虫剂主要是苏云金杆菌类的杀螟杆菌、青虫菌、红铃虫杆菌等。真菌杀虫剂主要是白僵菌、绿僵菌等。病毒杀虫剂主要是核型多角体病毒、颗粒体病毒。

(3)以菌治病。利用微生物分泌的某种特殊物质,抑制、溶化或杀伤微生物,这种特殊物质称抗生素,能产生抗生素的菌类称为抗生菌。抗生菌主要是放线菌和真菌中的一些种类。目前推广应用的抗生素有井冈霉素、春雷霉素、多抗霉素、公主岭霉素、抗霉菌素120、农用链霉素、新植霉素等。一些抗生素如齐螨素、浏阳霉素都具有杀虫、杀螨作用。

4.化学防治法

利用化学药剂防治病虫害的方法称为化学防治法。化学防治在综合防治中占有非常重要的位置,在保证农业增产增收上一直起着重要作用。主要优点有以下几个方面。

(1)防治效果显著,收效快,既可在病虫发生之前作为预防性措施,又可在病虫发生之后作为急救措施,迅速消除病虫为害,收到立竿见影的效果。

(2)使用方便,受地区和季节性限制小。

(3)可以大面积使用,便于机械化操作。

(4)防治对象广,几乎所有作物病虫均可用化学药剂防治。

(5)可以工业化生产、远距离运输和长期保存。

但化学防治法有其局限性,由于长期、连续、大量使用化学农药,相继出现了一些新问题,主要表现在以下几个方面。

一是病、虫、草产生抗药性。

二是化学防治成本上升。

三是破坏生态平衡。

四是污染环境。

当害虫大发生时,化学防治可能是唯一的有效方法。今后,在相当长时期内化学防治仍然占有重要地位。化学防治的缺点可通过发展选择性强、高效、低毒、低残留的农药以及通过改变施药方式、减少用药次数和浓度、轮换用药等措施逐步加以解决,同时还要与其他防治方法有机结合,相互协调,配合使用,趋利避害,扬长避短,充分发挥其优越性,减少其副作用。

三、抗旱防涝

(一)玉米需水特点

1. 苗期

玉米苗期植株矮小,生长缓慢,叶面积小,蒸腾量不大,耗水量较少。春玉米幼苗生育天数占全生育期的30%,需水量占总耗水量的19%。这一阶段降水量与需水量基本持平,加上底墒完全可以满足幼苗对水分的要求。因此,苗期控制土壤墒情进行"蹲苗"抗旱锻炼,可以促进根系向纵深发展,扩大肥水的吸收范围,不但能使幼苗生长健壮,而且增强玉米生育中、后期植株的抗旱、抗倒伏能力。所以,苗期除了底墒不足而需要及时浇水外,在一般情况下,土壤水分以保持田间持水量的60%左右为宜。

2. 拔节孕穗期

玉米植株开始拔节以后,生长进入旺盛阶段。这个时期茎和叶的增长量很大,雌穗、雄穗不断分化和形成,干物质积累增加。这一阶段是玉米由营养生长进入营养生长与生殖生长并进时期,植株各方面的生理活动机能逐渐加强;同时,这一时期气温不断升高,叶面蒸腾强烈。因此,玉米对水分的要求比较高,占总需水量的23.4%~29.6%。特别是抽雄前半个月左右,雄穗已经形成,雌穗正加速小穗、小花分化,对水分条件的要求更高。这时如果水分供应不足,就会引起小穗、小花数目减少,因而也就减少了果穗上籽粒的数量。同时还会造成"卡脖旱",延迟抽雄授粉,降低结实率而影响产量。据试验,抽雄期因干旱而造成的减产可高达20%以上,尤其是干旱造成植株较长时间萎蔫后,即使再浇水,也不能弥补产量的损失。因为水是光合作用重要原料之一,水分不足,不但会影响有机物质的合成,而且干旱高温条件,能使植株体温升高,呼吸作用增强,反而消耗了已积累的养分。所以,浇水除了溶解肥料便于根部吸收保证养分运转外,还能加强植株的蒸腾作用,使体内热量随叶面蒸腾而散失,起到调节植株体温的作用。这一阶段土壤水分保持在田间持水量的70%~80%为宜。

3.抽穗开花期

玉米抽穗开花期,对土壤水分十分敏感,如水分不足,气温升高,空气干燥,抽出的雄穗在2~3 d内就会"晒花",甚至有的雄穗不能抽出,或抽出的时间延长,造成严重的减产,甚至颗粒无收。这一时期,玉米植株的新陈代谢最为旺盛,对水分的要求达到它一生的最高峰,称为玉米需水的"临界期"。这时需水量因抽穗到开花的时间短,所占总需水量的比率比较低,为2.8%~13.8%;但从每日每亩需水量的绝对值来说,却很高,达到每亩地3.32~3.69 m^3。因此,这一阶段土壤水分以保持田间持水量的80%左右为最好。

4.灌浆成熟期

玉米进入灌浆和蜡熟的生育后期时,仍需要相当多的水分,才能满足生长发育的需要。这时需水量占总需水量的19.2%~31.5%,这期间是产量形成的主要阶段,需要有充足的水分作为溶媒,才能保证把茎、叶中所积累的营养物质顺利地运转到籽粒中去。所以,这时土壤水分状况比起生育前期具有更重要的生理意义。玉米灌浆以后即进入成熟阶段,籽粒基本定型,植株细胞分裂和生理活动逐渐减弱,这时主要是进入干燥脱水过程,但仍需要一定的水分,占总需水量的4%~10%来维持植株的生命,保证籽粒最终成熟。

(二)玉米灌溉方式

随着科学技术的发展,20世纪90年代以来各地大力推广节水灌溉技术,以取代长期以来沿用的耗水较多的淹灌法和漫灌法。节水灌溉方法主要有畦灌、沟灌、管灌、喷灌和滴灌等。

1.畦灌

畦灌是高产玉米采用最多的一种灌溉方法。它是利用渠、沟将灌溉水引入田间,水分借重力和毛细管作用浸润土壤,渗入耕层,供玉米根系吸收利用。在自流灌溉区畦长为30~100 m,宽要与农机具作业相适应,多为2~3 m。畦灌区适宜地面坡降为0.001%~0.003%。据试验,畦灌比漫灌(淹灌)节水30%左右;采用小畦灌溉比大畦灌溉又节约用水10%左右。

2.沟灌

沟灌是在玉米行间开沟引水,通过毛细管作用浸润沟边,渗至沟底土壤。沟灌适宜地面坡度为0.003%~0.008%。沟宽60~70 cm,灌水沟长度30~50 m,最多不超过100 m。与畦灌相比,可以保持土壤结构,不形成土壤板结,减少田间蒸发,避免深层渗漏。

3.节水灌溉

玉米传统的灌溉方法是沟灌和畦灌,这种灌溉方法用水量较大,不利于节约用水。因此,我国很多地区已开始实行节水灌溉,目前节水灌溉的方法主要有喷灌、滴灌和地下浸润灌溉。

(1)喷灌。喷灌是用一定的压力将水经过田间的管道和喷头喷向空中,使水经拨打后散成细小的水珠,像降雨一样均匀地喷洒在植株和地面上的灌溉方法。它是一种比较先进的灌溉技术,其优点主要体现在:首先是节约用水,喷灌基本上不产生深层渗漏和地面径流,而且灌水比较均匀。一般可节水30%~50%。在透水性强、保水力差的沙质土壤地区,可节水70%~80%。其次,喷灌可以改善玉米生长发育的条件。喷灌每次灌水量较小,不易破坏土壤结构,使玉米根系生长有一个良好的土壤环境。喷灌可增加空气湿度,降低气温,有效防止"晒花"现象的发生。再次在水温低于气温时,喷灌还可将水在空气中加温,从而增加地温。有利于玉米的生长发育。每次喷水量30~40 mm为宜,低产田喷的次数可少些,高产田可多些。喷灌的不足之处是设备投资高,风速大于3级时会影响灌溉质量。

（2）滴灌。滴灌是利用一种低压管道系统，将灌溉水经过分布在田间地面上的每一个滴头，以点滴状态缓慢地、经常不断地浸润玉米根部的灌溉过程。它的主要优点是能湿润玉米根部耕层土壤，避免因渗漏、棵间蒸发、地面径流等损失，比一般喷灌节水 30％以上。滴灌的水滴对土壤的冲击力小，不易破坏土壤结构，能使根系一直处在比较适宜的环境中，有利于生长发育。滴灌也存在投资大、管道和滴头易堵塞等缺点。滴灌技术的优点主要有以下几点。

①节水。与传统灌溉技术相比，灌水效率可提高 40％～50％，可节水 40％～50％。原因是：滴头出水流量小，一般在 1～8 L/h，不易产生深层渗漏及地面径流；滴灌为局部灌溉，只湿润作物根区，不易产生无效灌溉；采用滴灌技术容易实施频繁灌溉，容易控制过量灌溉；容易实施灌溉自动化，实施智能灌溉、精准灌溉；与喷灌比，不受风的影响，无漂移损失，蒸发损失小。

②节肥。通过滴灌系统施肥，称作灌溉施肥。滴灌施肥的肥料必须是全溶性肥。滴灌水的利用率高，施肥的利用率也高。氮肥利用率可高达 70％，比传统施肥方法高 30％～70％。

③节能。滴头工作压力在 1 kg 左右即可，而喷灌的工作压力常常在 2 kg 以上。因此，同样灌溉面积下，滴灌系统的首部工作压力常常比喷灌系统低；滴灌用水量小，总用水量比喷灌小。

④节工。同样灌溉面积下，滴灌系统需要的灌溉管理人员比传统灌溉系统需要的人少得多。

⑤省力。手动阀门或自动阀门控制，操作省力，简单。

⑥节地。通过管道输水，管道常常埋在地下，不占用耕地。

⑦节约劳务成本。管理人员少，大大减少劳务成本。

⑧容易控制杂草生长。局部面积湿润，干燥区域，杂草生长少。

⑨环保。不易产生深层渗漏，化肥对地下水的污染少；采用滴灌后，土壤湿度小，保护地栽培时棚内湿度低，病虫害滋生少，农药用量少。

（三）防涝排水

玉米是需水量比较大但不耐涝的作物。在土壤湿度超过田间持水量的 80％时，对玉米生长发育产生不良影响。我国大部分玉米产区，玉米生长期间都处在雨季，易形成田间积水而遭受涝害。播种后淹水 2～4 d，出苗率降低 50％～70％；三叶期受涝，营养生长受到抑制，生育期延迟；拔节期受涝，穗行数和粒数明显减少；小花分化期、乳熟期受涝，粒重降低。

我国因受季风气候的影响，玉米产区的降水量多集中在 6—8 月份。北方春玉米区，在低温多雨年份，玉米拔节至抽雄后易受涝害，特别在低洼和排水不良地块更为严重。因此，采取有效措施排水防涝对玉米增产有重要作用。我国玉米产区采取的排水方法主要有以下几种。

1. 畦作排水

南方雨水较多，地下水位高，畦作便于排水。要求畦平沟直，腰沟深于畦沟，围沟深于腰沟，主沟深于围沟。达到"沟沟相通，雨到随流，雨停水泄，田无积水"。

2. 高垄种植

东北地区春季地温低，秋季雨水集中，采取垄作既可以提高地温，保墒保苗，又利于秋季排涝。特别在地下水位高、气候寒冷的北部，是保证玉米丰收的一项重要措施。垄底宽 50～60 cm，高 12～16 cm，垄沟宽 10～12 cm。

3.台田栽培

台田栽培是我国北方部分低洼和盐碱地区为了排水防涝,排水洗碱,抗御灾害的良好栽培措施。在田块四周开排水沟,沟土翻叠堆铺于中部,修筑高畦,将玉米以带状方式种于畦面,减轻碱害和涝害,并改善通风透光条件。台田一般高出地面12~16 cm,四周沟深50~60 cm,沟宽1 m。

4.修筑堰下沟

丘陵地区土壤底部有岩石,土层薄,蓄水少,即使雨量不多,也会造成重力水的滞蓄,农民称为"渗山水"。堰下沟就是在受半边涝的梯田里堰,挖一条沟深低于活土层16~32 cm、宽60~80 cm的明沟,承受和排泄上层梯田下渗的水流,同时排除同层梯田地表径流,其是解决山区梯田涝害的有效措施。

四、其他管理措施

(一)查田补苗

玉米在播种出苗过程中,常由于种子发芽率低,施种肥不当"烧苗",或因漏播、种子芽干或落干,坷垃压苗,以及地下害虫为害等原因,造成玉米缺苗。所以,玉米出苗后要立即进行查苗补苗,补栽事先准备好的预备苗。补栽的苗,苗龄2~3叶为宜,补栽时最好是在下午或阴天带土移栽,以利缓苗,提高成活率。移栽时,必须带土团,若土壤含水量低于20%时应坐水移栽。

玉米缺苗不很严重时,可采用借苗法,在缺苗四邻进行双株留苗。

(二)间苗、定苗

玉米进行苗期管理,要先间苗后定苗,以保证玉米种植的密度。间苗在玉米3~4片叶进行为宜;在晴天下午进行。在春旱严重、虫害较重的地区,间苗可适当晚些。

玉米幼苗期丰产长相是叶片宽大,根深、叶色浓绿,茎基发扁,生长敦实。

(三)去除分蘖

玉米拔节前,茎秆基部可以长出分蘖,但分蘖量少,既与品种特性有关,也和环境条件有密切的关系。一般当土壤肥沃,水肥充足,稀植早播时,其分蘖多,生长也快。由于分蘖比主茎形成晚,不结穗或结穗小,且晚熟,并且与主茎争夺养分和水分,应及时除掉,否则影响主茎的生长与发育。因此,必须随时检查,发现分蘖立即除掉。

饲用玉米多具有分蘖结实特性,保留分蘖,以提高饲料产量和籽粒产量。

(四)隔行去雄

玉米去雄可减少雄穗养分消耗,满足雌穗生长发育对养分需要,从而增产。去雄后可以改善生育后期通风透光条件,有利于籽粒形成,还可以减轻玉米螟的危害。

(1)时间。在雄穗刚抽出1/3,尚未散粉时进行。过早,容易拔掉顶叶;过晚,如已开花散粉,失去作用。

(2)注意事项。①去雄株数不要超过总数一半。边行2~3垄和小比例间作时不宜去雄,以免花粉不够影响授粉;②高温、干旱或阴雨天较长时,不宜去雄;③植株生育不整齐或缺株严重地块,不宜去雄,以免影响授粉。④去雄时严防损伤功能叶片、折断茎叶。

(五)人工辅助授粉

玉米雌穗吐丝往往比雄穗散粉晚 2~3 d,干旱年份相差更大,故吐丝较晚的果穗往往得不到足够的花粉。另外,在干旱、高温或阴雨等不良条件影响下,雄穗产生的花粉生活力低,寿命短,或雌雄开花间隔时间太长,影响授粉受精、结实。在植株生长不整齐时,发育较晚的植株雌穗吐丝时,花粉量不足,也会影响结实。因此,人工辅助授粉可保证受精良好,减少秃尖、缺粒。

人工辅助授粉一般在田间大部分植株吐丝时,选择晴朗微风的天气,在 8~11 时露水干后进行。每隔 2~3 d 进行 1 次,连续进行 2~3 次即可。可采用摇株法或拉绳法授粉,也可用授粉器授粉。

(六)站秆扒皮晾晒

玉米的站秆扒皮晾晒,可以加速果穗和籽粒水分散失,是一项促进早熟的有效措施。站秆扒皮宜在玉米蜡熟中期,籽粒有硬壳,用手掐不冒浆时进行。过早影响灌浆,过晚籽粒脱水,效果不良。方法是将苞叶扒开,使果穗籽粒全部露出。注意不要将果穗柄折断。

(七)玉米空秆、倒伏的原因及防止途径

空秆和倒伏是影响玉米产量的两个重要因素。空秆是指玉米植株未形成雌穗,或有雌穗不结籽粒。倒伏是指玉米茎秆节间折断或倾斜。空秆各地都有发生,一般在 2% 以上,严重的达 20%~30%。倒伏也相当普遍,尤其在生长季节多暴风雨地区,更易引起倒伏。必须因地制宜地针对玉米空秆、倒伏发生的原因,采取预防措施。

1. 空秆、倒伏的原因

玉米空秆的发生,除遗传原因外,与果穗发育时期、玉米体内缺乏碳糖等有机营养有关。因为形成雌穗所需的养分,大部是通过光合作用合成的,当光照强度减弱,光合作用受到影响,合成的有机养分少,雌穗发育迟缓或停止发育,空秆增多。据各地调查,空秆的发生,是由于水肥不足、弱晚苗、病虫害、密度过大等造成的。这些情况直接或间接影响玉米体内营养物质的积累转化和分配而形成空秆。

玉米倒伏有茎倒、根倒及茎折断 3 种。茎倒是茎秆节间长细,植株过高及暴风雨造成,茎秆基部机械组织强度差,造成茎秆倾斜。根倒是根系发育不良,灌水及雨水过多,遇风引起倾斜度较大的倒伏。茎折断主要是抽雄前生长较快,茎秆组织嫩弱及病虫危害遇风而折断。

2. 空秆、倒伏的防止途径

空秆、倒伏具有普遍原因,又有不同年份不同情况的特殊原因,因此要因地制宜地预防。根据其发生原因,采取相应措施,防止空秆、倒伏的发生。

(1)合理密植。玉米合理密植可充分利用光能和地力,群体内通风透光良好,是减少玉米空秆、倒状的主要措施。采取大小垄种植,对改善群体内光照条件有一定作用,不仅空秆率降低,还可减少因光照不足,造成单株根系少、分布浅,节间过长而引起的倒伏。

(2)合理供应肥水。适时适量地供应肥水,使雌穗的分化和发育获得充足的营养条件,并注意施足氮肥,配合磷、钾肥。从拔节到开花是雌穗分化形成和授粉受精的关键,肥水供应及时,促进雌穗的分化和正常结实,土壤肥力低的田块,应增施肥料,着重前期重施追肥,土壤肥

力高的田块,应分期追、中后期重追,对防止空秆和倒伏有积极作用。苗期要注意蹲苗,促使根系下扎,基部茎节缩短;雨水过多的地区,注意排涝通气。玉米抽雄前后各半月期间需水较多,适时灌水,不仅可促进雌穗发育形成,而且缩短雌雄花的出现间隔,利于授粉结实,减少空秆。

(3)因地制宜,选用良种。选用适合当地自然条件和栽培条件的杂交种和优良品种。土质肥沃及栽培水平较高的土地,选用丰产性能较高的马齿型品种。土质瘠薄及栽培水平较低的土地,选用适应性强的硬粒型或半马齿品种。多风地区,选用矮秆、基部节间短粗、根系强大等抗倒伏能力强的良种。

此外,加强田间管理,控大苗促小苗,使苗整齐健壮。防治病虫害,进行人工授粉,也有降低空秆和防止倒伏的作用。

3. 倒伏后的挽救措施

玉米在生育期间,遇到难以控制的暴风袭击,引起倒伏,为了减轻损失必须进行挽救。在抽雄前后倒伏,植株互相压盖,难以自然恢复直立,应在倒伏后及时扶起,以减少损失。但扶起必须及时,并要边扶边培土边追肥。如在拔节后倒伏,自身有恢复直立能力,不必用人工扶起。

项目四　玉米收获与贮藏技术

一、玉米成熟期鉴定

(一)乳熟期

玉米的籽粒灌浆速度很快,是干物重的直线增长期,胚乳由浑浊变为乳浆状,最后成为糨糊状。此期持续 20~25 d。其特点主要有以下几点。

(1)胚已具备正常发芽能力(因此,从育种早收角度种子考虑,可以在此时收获)。

(2)粒重迅速增长,并基本建成(70%~80%),日增强度 3%~4%,是一生中干物质积累最快的时期。初显品种形状,胚乳含水量由 80% 降到 50%,胚乳由乳浆状变为糨糊状。

(3)果穗长,粗定型。

(4)是决定粒重的关键时期。

(二)蜡熟期

此期的主要特点是随着淀粉的沉积和含水量的降低,胚乳由糨糊状变为软蜡状,最后变为硬蜡状,但籽粒中下部仍有乳浆。籽粒处于缩水阶段,所以穗粗略有减少。此期持续时间一般为 10~15 d。其特点是以下几点。

(1)籽粒干重积累速度减慢,日增粒重 2% 左右,总干重接近最大值。

(2)籽粒形状,接近品种形状,胚乳含水由 50% 降至 40%,由糊状变为蜡状。

(3)果穗苞叶开始发黄。

(4)是粒重基本定局的时期。

(三)完熟期

此期籽粒继续脱水变硬,表面用指甲不易划破,灌浆完全停止。籽粒横切面出现粉状,籽

粒干物质重达到最大值,苞叶干枯、松散。此期持续5～10 d。其特点是:

(1)干物质积累停止。

(2)籽粒迅速脱水,由40％降至20％(机械收获要求胚乳含水量降至20％以下),籽粒变硬,表面呈现鲜明光泽,籽粒基部出现黑层,乳线消失。

(3)苞叶(完全干)枯黄。

(4)粒重达最大值,是收获的适宜时期。

关于籽粒停止灌浆的标志,可以用籽粒基部尖冠处出现黑层为标准。在胚乳基部维管束间有几层细胞,在玉米接近成熟时皱缩变黑,形成黑层。黑层形成后,胚乳基部的输导细胞被破坏,运输机能终止,籽粒灌浆停止。

二、玉米机械化收获

(一)玉米收获时期的确定

适期收获对作物产量、品质和收获效率具有良好作用,若收获不及时,往往由于气候条件不适、如干旱、阴雨、低温、风雹、霜雪等引起发芽、霉变、落粒、工艺品质降低等损失,并影响后作的播栽;过早收获,由于未达到成熟期,产量和品质都达不到最高水平,也不能丰收。

玉米在籽粒蜡熟末期,当果穗苞叶变黄,种皮光滑,籽粒变硬,呈现本品种固有的特征特性,出现黑层,说明已经成熟,可及时收获。籽粒成熟后,适时、及早收获,对玉米产量和品质都有良好的作用。收获过早,玉米籽粒成熟度差,瘦瘪粒多,产量低,品质差,不耐贮藏;收获过迟,呼吸作用消耗物质多,往往还由于气候条件不适,如阴雨、干旱、低温等引起玉米籽粒发芽、霉变、落粒、发芽率下降等现象发生,降低玉米籽粒产量、品质和耐贮藏性。因此,玉米籽粒必须在霜前适时早收。这样,可使玉米籽粒有充足时间进行及时晾晒、脱粒,保证在结冻前玉米籽粒含水量降至安全贮藏的要求。

(二)玉米收获方法

1.人工收获

玉米采用站秆人工掰穗,也可以把茎秆割倒、放铺,然后按铺掰穗。东北地区玉米生产的关键是降低籽粒水分,保证籽粒安全越冬,因此,在收获时采用站秆扒皮技术和高茬晾晒方法降水效果较好。站秆扒皮在玉米籽粒蜡熟初期进行,将玉米苞叶扒开,使穗暴露在空气中,尤其适合于生育期偏长,秸秆成熟和籽粒脱水慢的组合。籽粒成熟后及时收获,去除杂穗和成熟度差的果穗,然后将果穗装栈子风干。高茬晾晒是在收获果穗的同时,每隔4～6母本行留2行,将玉米茎秆割掉,留茬高50 cm左右,然后把果穗外部的苞叶剥掉,留下里面的3～4片苞叶,将每6～8个果穗捆成1把,挂在茬上,随扒随绑随挂,2～3 d转动1次。

2.机械收获

玉米收获机大致有摘穗、剥皮、脱粒、秸秆放铺、秸秆粉碎回收、还田等功能。玉米收获机工艺流程应能满足先进的栽培制工和农艺要求,机器的作业质量指标应能达到部颁标准。即摘收玉米果穗时应尽量减少损失和损伤,其落地果穗不大于3％;落粒损失不大于2％,籽粒破碎率小于1％;机器带有剥苞叶装置时,苞叶的剥净率应大于70％;机器的使用可靠性大于90％。

(1)分段收获法。分段收获有两种不同的作业程序。

①用割晒机将玉米割倒、放铺，经几天晾晒后，籽粒湿度降到 $20\%\sim22\%$ ，用机械或人工摘穗和剥皮，然后运至场上用脱粒机脱粒。

②用摘穗机在玉米生长状态下进行摘穗(称为站秆摘穗)，然后将其运送到场上，用剥皮机进行剥皮后脱粒，或将果穗直接脱粒。再用机器将玉米秸秆切碎或用圆盘耙耙碎还田。

(2)联合收获法。联合收获法有几种不同的收获工艺。

①用玉米联合收获机，一次完成摘穗、剥皮(或脱粒，此时籽粒湿度应为 $25\%\sim29\%$)、秸秆放倒。

②用谷物联合收获机换装玉米割台，一次完成摘穗、脱粒、分离和清选等项作业。在地里的茎秆用其他机械切碎还田。有的玉米割台装有切割器，先将玉米割倒，并整株喂入联合收获机的脱粒装置进行脱粒、分离和清选。

③用割晒机(或人工)将玉米割倒，并放成"人"字形条铺，经几天晾晒后，用装有指示器的谷物联合收获机脱粒。

三、玉米种子贮藏

(一)种子贮藏原理

种子贮藏是指种子在母株成熟开始到播种为止的全过程，任务就是采用合理的贮藏设备和先进科学的贮藏技术，人为地控制贮藏条件，使种子劣变降低到最低限度，最有效地保持较高的种子发芽力和活力，从而确保种子的播种价值。种子贮藏是种子生产的最后环节，也是最主要的环节之一，种子是活的有机体，在贮藏期间每时每刻都在进行着呼吸作用，种子内部将发生一系列生理生化变化，变化的速度取决于收获、加工和贮藏条件。

1. 种子呼吸与种子贮藏

种子呼吸是种子贮藏期间生命活动的集中和具体表现，呼吸作用对种子贮藏有两方面的影响。有利方面是呼吸可以促进种子的后熟作用，利用呼吸自然缺氧，可以达到驱虫的目的。不利方面主要有以下几个方面。

(1)旺盛的种子呼吸消耗了大量贮藏干物质，会影响种子的重量和种子活力。

(2)种子呼吸作用释放出大量的热量和水分，这些水分和热量不能散发出去会使种子堆湿度增大，种温增高，会造成种子发热霉变，完全丧失生活力。

(3)缺氧呼吸会产生有毒物质，积累后会毒害种胚，降低或使种子丧失生活力。

(4)种子呼吸释放的水和热量，使仓虫和微生物活动加强，加剧对种子的取食和为害。

2. 种子后熟与种子贮藏

新入库的农作物种子由于后熟作用仍在进行中，细胞内部的代谢作用比较旺盛，结果使种子水分逐渐增多，一部分蒸发成为水汽，充满种子堆的间隙，一旦达到过饱和状态，水汽就凝结成微小水滴，附在种子颗粒表面，这就形成种子的"出汗"现象。当种子收获后，未经充分干燥就进仓，同时通风条件较差，这种现象就更容易发生。其会引起种子回潮发热，同时也为微生物造成有利的发育条件，严重时种子就可能霉变结块甚至腐烂。因此，贮藏刚收获的种子，在含水量较高而且未完成后熟的情况下，必须采取有效措施如摊晾、暴晒、通风等以控制种子细胞内部的生理生化变化，防止积聚过多的水分而发生上述各种不正常现象。在生产实践中，为防止后熟期不良现象的发生,必须适时收获,避免提早收获使后熟期延长;充分干燥,促进后熟的完成;入库后勤管理,入库后 1 个月内勤检查,适时通风,降温散湿。

3.影响种子生命活动的因素

(1)种子含水量。种子含水量高,种子内酶的活性增强,呼吸作用增强,种子的寿命短。

(2)温度。温度对种子呼吸有明显的区段性影响,0℃ 以下时,呼吸受抑制,0～50℃,随温度上升呼吸强度增强,超过 50℃ 时呼吸强度下降。

(3)气体条件。氧气充足时,有氧呼吸为主,呼吸强度高。氧气下降到 5%～8% 时,呼吸强度减弱,下降至 1% 时,呼吸很低,以无氧呼吸为主。二氧化碳浓度增加对种子呼吸强度有明显的抑制作用,太高会使种子因窒息而丧失生活力。

(4)种子的特性。一般来说,小粒、瘦瘪、损坏、病虫感染、受冻的种子、新收获的种子及成熟度差的种子呼吸强度强。

(5)其他因素。许多杀虫剂、杀菌剂都能抑制种子中酶的活性,对种子呼吸有一定抑制作用。

(二)玉米种子安全贮藏技术措施

1.玉米种子的贮藏特性

(1)种胚大,呼吸旺盛,容易引起种子堆发热。

(2)种胚脂肪含量高,吸湿性较强,易酸败。

(3)种胚中水分含量高,可溶性物质多,营养丰富,易遭虫霉危害。

(4)种子容易遭受低温冻害。

(5)玉米穗轴心具有较强的吸湿性,果穗在贮藏间,种子和穗轴水分变化与空气湿度有密切关系,随着相对湿度的升降而增减。

2.玉米种子贮藏方法

(1)粒藏法。玉米脱粒后入仓贮藏,用此方法仓容利用率高,如仓库密闭性能好,种子处在低温干燥的条件下,可以较长期贮藏而不影响种子的生活力。粒藏法的要点如下。

①降低种子水分。种子含水量不能超过 13%,入库后严防种子吸湿回潮。

②低温密闭。含水量降至安全标准以内的玉米种子,选择冷天入仓或冷天通风降温等办法,降温后堆面盖席或麻袋,再覆盖干净无虫的大豆秆、麦糠、干沙、棉毯等压盖密闭贮藏,可使种子长期处于低温状态,减少病虫的危害。

③通风贮藏。北方地区由于冬季干旱,雨水少,有的地方采用围囤露天散装贮藏,仍然利用通风降低种子水分,降水后再入仓贮藏,但要注意防止种子冻害。

(2)穗藏法。一般相对湿度低于 80% 的地区以穗藏为宜,其优点是新收获的玉米果穗,穗轴内的营养物质可以继续运送到籽粒内,使种子达到充分成熟;穗与穗间孔隙度大,便于空气流通,堆内湿气较易散发;籽粒在穗轴上着粒紧密,有坚韧果皮,能起到一定的保护作用,除果穗两端的少量籽粒可发霉或被虫蛀蚀外,中间部分种子生活力不受影响。

3.仓库及有关用具的准备、清理和消毒

玉米种子入库前要对仓库全面检查,做到牢固、安全、干净,环境保持清洁,仓用工具进行清理和消毒,彻底清除仓用工具内嵌着的残留种子和藏匿的害虫,空仓消毒可用敌敌畏、敌百虫或磷化铝等药剂喷洒或熏蒸。

(1)仓地选择。仓地的选择要遵循以下几个原则。

①仓基选择坐北朝南、地势高燥的地段,以防止仓库地面渗水。

②建仓地段的土质必须坚实稳固,一般粮食仓库要求土壤坚实度,每平方米面积上能承受10 t以上的压力,如果不能达到这个要求,则应加大仓库四角的基础和砖墩的基础,否则会发生房基下沉或地面断裂而造成不必要的损失。

③建仓地点应尽量接近种子繁育和生产基地,以减少种子和产品运输过程中的费用,也要尽可能靠近铁路、公路或水路运输线,以便利粮食的运输。

④建仓以不占用耕地或尽可能少用耕地为原则。

(2)建仓标准。建仓应遵循以下几个标准。

①仓房应牢固。能承受种子对地面和仓壁的压力,以及风力和不良气候的影响。建筑材料从仓顶、房身到墙基和地坪,都应采用隔热防湿材料,以利于贮藏安全。

②具有密闭与通风性能。密闭的目的是隔绝潮湿或高温等不良气候对种子的影响,并使药剂熏蒸杀虫达到预期的效果。通风的目的是散去仓内的水分和热量,以防种子长期处在高温高湿条件下影响其生活力。

③具有防虫、防杂、防鼠、防雀的性能。仓内房顶应设天花板、内壁四周需平整,并用石灰刷白,便于查清虫迹,仓内不留缝隙,即可杜绝害虫的栖息场所,又便于清理种子,防止混杂。

④仓库附近应设晒场、保管室和检验室等建筑物。

(3)仓库的类型。仓库依建仓地址、建仓材料、建仓目的和环境条件而异。

①房式仓。外形如一般住房。因取材不同可分为木材结构、砖木结构或钢筋水泥结构等多种。木材结构由于取材不易,密闭性能及防鼠、防火等性能较差,现已逐渐拆除改建。目前建造的大部分是钢筋水泥结构的房式仓,这类仓库较牢固,密闭性能好,能达到防鼠、防雀、防火的要求,仓内无柱子,仓顶均设天花板,内壁四周及地坪都铺设沥青层,以防潮湿。

②机械化圆筒仓。这类仓库的仓体呈圆筒形,因筒体比较高大,一般都配有遥测温湿仪、进出仓输送装置及自动过磅、自动清理等机械设备。这类仓库充分利用空间,仓容量大,占地面积小,一般要比房式仓省地6~8倍,但造价较高,存放的种子要求较严格。

③低温库。这类仓库是根据种子及粮食安全贮藏的低温、干燥、密闭等基本要求建造的。其库房的形状、结构大体与房式仓相同,但构造相当严密,其内壁四周与地坪除涂有防潮层外,墙壁及天花板都有较厚的隔热层。库房内备有降温和除湿机械设备,能使粮温控制在15℃以下,相对湿度在65%以下,是目前较为理想的种子贮藏库。

④土圆仓。用黄泥、三合土或草泥建成,仓体呈圆筒形。这类仓库结构简单,造价低廉,适用于广大农村专业户,尤其适宜气候干燥的北方。

⑤简易仓。利用民房改造而成,将原民房结构保留,检修堵塞仓内外各处破漏洞,并用纸筋灰把梁柱、墙壁抹平刷白,地面将土夯实,铺上15~20 cm厚的干河沙,压平后,铺一层沥青纸,沥青纸上再铺一层土坯,并将它抹平即可。

4. 玉米种子贮藏技术要点

玉米入库种子要达到纯、净、饱、壮、健、干的标准。严格禁止高水分种子入库,以避免和抑制病虫危害,延长种子寿命,降低损耗。对不合格的种子要进行精选、风干和加工,品质合格后方可入库。

北方玉米成熟后期气温较低,收获时种子水分较高,又难晒干,易受低温冻害,因此如何安全越冬是种子贮藏管理的重点。我们可以利用北方秋季凉爽干燥的气候条件,在低温来临之前将水分降至受冻害的临界水分以下,使其安全越冬。玉米种子具体措施如下。

(1)入库前晾晒。玉米种子入库前,必须经过清理与干燥,使水分降低到14%以下方可入库。主要经过以下几个环节。

①站秆扒皮。在种子乳熟末期至蜡熟期之间,将玉米果穗的苞叶扒开,使穗暴露在空气当中,可收到明显的降水效果。站秆扒皮的最适宜时机是种子蜡熟初期,过早会影响产量,太晚则降水效果不明显,得不偿失。站秆扒皮尤其适用于那些生育期偏长,活秆成熟和籽粒脱水较慢的玉米品种。

②垫秆晾晒。在收获玉米时,把玉米果穗扒光(即扒光所有苞叶),下面垫一层玉米秸秆,既防潮,又降水。

③玉米果穗通风贮藏。玉米穗贮藏时由于孔隙度较大,便于通风干燥,可利用秋冬季节继续降低种子水分,同时穗轴对种胚有一定的保护作用,可以减轻霉菌和仓虫的感染,如果当年不用于播种,最好脱粒后进行密闭贮藏。方法是在早春(3—4月份)脱粒,然后趁自然低温过风做囤密闭贮藏,以保持种子干燥低温的贮藏状态。密闭可采用压盖、囤套囤等方式,隔热材料以膨胀珍珠岩效果较好,稻壳等容重较低的代用材料也有一定效果。隔离层厚度以20～40 cm较适宜,并注意密闭隔热层的完整性。

④籽粒晾晒。脱粒的玉米种子,在场院或晾晒场地上,铺开摊平,越薄越好,经常翻动,加快脱水。

⑤搭挂晾晒。玉米收获后,用棍、铁丝、绳子等材料,搭成架子,把几个带叶的果穗拴在一起,搭在架子上,架子与地面保持一定高度,一般1.5～2.0 m高,好处是可以防潮湿,防鼠害,有利通风降水。

(2)入库后管理。玉米种子入库后的管理非常重要,具体措施如下。

①合理堆码,严防混杂。种子堆放原则是种子堆放应本着有利于安全贮藏,充分利用库容,防杂保纯,便于检查、通风、搬运为原则。不同品种、不同级别、不同含水量、受过潮的与未受过潮的、陈种与新种、带病虫的与不带病虫的种子要分别存放。堆垛上要设有标牌,袋装种子内外应有标签,标明作物、品种名称、产地、生产年月、入库纯度、净度、水分、发芽率、等级、袋数或数量等。

种子堆放方法。种子堆放有散装与包装两种形式。散装适于仓库密闭性能好、种子含水量低、品质一致和质量高的种子,堆高2～3 m。包装堆放适用于多品种种子,并能防止品种间的混杂。垛形可采用"工"字形、"井"字形、"非"字形或半"非"字形等。为便于管理和检查,堆垛时应距离墙壁0.5 m,垛与垛之间相距0.6 m作为操作道。垛高和垛宽根据种子干燥程度和种子状况而增减。含水量较高的种子垛宽越小越好,便于通风,散去种子内的潮气和热量;干燥种子垛宽可以大些。一般垛高不超过8袋。垛向应与库房的门窗平行,这样打开门窗时有利于空气流通。

②温湿度控制。种子贮藏效果的好坏,很大部分取决于种子含水量。低温是种子贮藏的有利条件,但在北方寒冷的天气到来之前,种子只有充分晒干,才能防止冻害。种子在贮藏期

间,含水量要始终保持在14%以下,种子方可安全越冬。如果玉米种子含水量过高,种子内部各种酶类进行新陈代谢,呼吸能力加强,严寒条件下,种子就会发生冻害,降低或丧失发芽能力。种子严禁直接放在地面堆放,因为地面潮湿度大,不易通风。应垫高50 cm以上,使种子下面能顺利通风。而且在贮藏期间要定期检查种子含水量。如发现水分超过安全贮藏标准,应及时通风透气,调节温湿度,以免种子受冻或霉变。另外,还应定期进行种子发芽试验,检验种子是否受害。若发芽率降低,应查明原因,及时采取补救措施。

③水分、发芽率检测。每月应该检查一次种子的水分和发芽率,尤其在春季种子出库前后,气温变化较大时,应做到每半月检查一次种子发芽率,对有异常表现的种子要增加检测次数,发现问题及时处理解决。

④防霉、防虫、灭鼠、防雀。种子因受潮、结露和自然吸湿而超过安全水分标准时,必须翻堆、晾晒、通风、烘干至安全水分含量,以防种子霉烂。种子入库前应严把质量关,玉米种子含杂质多,就可能带入大量病菌和虫卵,所以不成熟、破损、感病、虫蚀的种子不能入库。种子入库前应将仓库内的杂质、垃圾等全部清除,同时要进行修补墙面,嵌缝粉刷,剔刮虫窝等工作,对场所内要应用杀菌灭虫药剂进行喷洒、熏蒸等消毒处理,这是防止病菌及害虫进入的有效技术措施,一旦发现虫蛀、鼠咬,应采取有效措施,立即解决,减少损失。害虫的主要防治方法有:清仓消毒、物理和化学防治。物理防治有低温杀虫,即将室温降至−5℃,一般适用于北方;高温杀虫即温度在40～45℃。化学杀虫可用磷化铝或高效马拉硫磷等防治,防治时要严格遵守操作规程,并做好安全防护工作。为害贮藏种子的微生物主要是真菌中的曲霉和青霉。一般将仓库内温度降低到8℃、相对湿度控制在65%以下、种子水分低于13.5%时,霉菌会受到抑制。仓门设置防鼠板和防雀网。灭鼠采用机械、物理、化学、生物和人工捕打相结合等方法,做到无鼠、无雀、无鼠洞、无雀巢。

⑤防腐蚀。种子不能与化肥、农药放在一起,也不能用装过化肥或农药的袋子装种子,农药化肥在贮存期间能散发出一定量的有毒有害气体,玉米种子吸收后可能产生毒害作用。尤其是尿素等氮素化肥挥发性特强,挥发出来的氨气有很强的腐蚀作用。氨浓度较高时,会杀死种胚,使种子丧失生命力,降低发芽率,影响全苗。

⑥防不透气。少量种子可用麻袋装,但不能用塑料袋或装大米的袋子装种子。因种子是具有生命的有机体,每时每刻都在进行呼吸作用,呼吸过程需吸收氧气。用塑料袋装种子,塑料袋不透气,会使种子与空气隔绝,妨碍种子正常呼吸,影响种子生命力。另外,种子本身的水分和呼吸作用所产生的热量散发不出去,容易造成种子发热霉变,因此,必须合理通风。

⑦其他方面。要防止新、旧种子同贮,如同贮互受影响,降低活力;防止混杂;防止烟熏等。

⑧加强种子贮藏期间的检查。种子贮藏期较长,要根据不同时期对贮藏场所的温湿度进行调控,对种子要重点检查3个方面:一是检查种子是否受潮霉变;二是检查种子是否被虫蛀鼠咬;三是定期检查种子的发芽率和发芽势。

检查时散装种子一般在种子堆100 m² 面积范围内,分成上、中、下3层,每层设5个检查点,共15处。经过包装的种子采用波浪形设点方法,最好每天都能测一次,测定时间以9～10时为宜。种子水分也是重要的检查项目,根据种子水分的变化规律,散装种子以25 cm² 为一个小区,也是分3层5点,共15个检查点。检查时可先用感官法,即通过色泽、潮湿与否、有无霉味、是否松脆等,确定是否需要进行仪器检查,一般一年中一、四季度每季度检查1次,二、三季度每月检查1次。种子贮藏期间要经常检查种子温度、水分、发芽率、虫、雀、鼠、霉烂等,根据检查情况确定具体管理措施。

(三)玉米产后管理标准化

1.普通玉米

(1)脱粒。我国玉米主产区在北方,玉米收获时气温已比较低,致使刚收获的玉米籽粒含水量较大,一般在20%~35%。加之同一果穗顶部和基部授粉时间不同,导致玉米籽粒的成熟度不同,脱粒时很容易产生破碎籽粒,故脱粒前要先将玉米果穗晾晒或风干,使籽粒含水量降低到20%以下。当前,一些农户采用通风穗藏的方法,经过冬天的自然风干,来年春天玉米含水量降至14%以下时再脱粒,这样能够提高脱粒和贮藏的质量。

目前,农村脱粒机械仍以小型脱粒机为主,手工脱粒的也不少。大型农场或规模化经营单位多以大型脱粒机为主。小型玉米脱粒机有手摇、脚踏等多种机型,其结构简单、成本低、使用方便,但效率较低,每小时脱粒250~300 kg,大型脱粒机功率大、效率高,每小时脱粒2 500~3 500 kg,脱下的籽粒经过风选,可清除杂质,纯净籽粒。

用谷物脱粒机时,脱粒机必须内外清洁,籽粒脱净,未脱净谷物率应在1%以下。籽粒破损要少,尤其作为种子的籽粒不得有破碎和压扁等损伤,破碎率不得超过2%,脱出籽粒后的穗轴应干净,脱出的籽粒按等级分别堆积和装袋。

(2)籽粒晾晒。收获后要迅速降低籽粒含水量,防止发热、霉烂。当前生产上主要利用太阳能晾晒籽粒,晾晒场地应坚硬平坦、阳光充足、通风良好,如水泥场地、平房顶等。籽粒摊放厚度以3~5 cm为宜。要注意翻动粒籽加速干燥,籽粒含水量达到安全水分限度时,用扬场机或以人工扬场法清除籽粒中的杂质,操作过程中严防籽粒机械混杂。

(3)贮藏。玉米籽粒贮藏的要求是保持应有的颜色、气味和其他性质,不得有虫蛀、鼠咬、发霉、腐烂等情况发生。

贮藏的条件是贮藏库应经常保持干净、干燥,且应有通风设备,种子入库前用药剂消毒,要经过筛选,去掉夹杂物质,含水量要低于14%,种子入库时按等级分别贮藏,不得混堆混放,贮藏过程中经常进行检查,定期测定种子含水量和温度变化,并根据天气情况,调节库内温度、湿度,一经发现过热或发霉现象应立即晾晒或倒垛;要有防火、防腐、防鼠设施。

2.甜玉米

甜玉米主要用于鲜食品加工,要求当天采收、当天上市或加工,采收后存放过夜会使甜度下降,商品价值降低。上市时要分级,做到优质优价。

甜玉米的秸秆是上好的青饲料,其粗蛋白质含量高,秸秆中含有丰富的微量元素铜、铁、锌、锰、钙和维生素E以及适量的粗纤维,具有很高的饲用价值,正适合牛、猪、鱼等对青饲料的需求。为了进一步提高秸秆的养分(尤其是糖分)含量,采完青穗后,可让植株在田间继续生长5~7 d,再收秸秆。收割的青秸秆可直接用作饲料,也可进行青贮加工,长期贮存,分期饲用。

3.高赖氨酸玉米

高赖氨酸玉米成熟时含水量较高,成熟后的籽粒脱水速度也慢,所以一定要使籽粒含水量降到 15％～16％时再脱粒,脱粒后晒干至籽粒含水量 14％时方可入库贮藏。

在同样的贮藏条件下,高赖氨酸玉米比普通玉米更易吸湿回潮,籽粒含水量增加,易导致呼吸消耗增强和仓储病虫增加,造成霉变和虫蛀危害。影响种子的发芽率和商品品质。所以,贮藏籽粒.既要防热防湿,又要防鼠、防雀、防虫。籽粒入仓前应将仓库及贮藏用具清扫干净、熏蒸消毒,籽粒进仓时堆存高度要控制在 2～2.5 m。

4.高油玉米

高油玉米由于其胚大而重,占全粒重量的 20％～40％,而且胚的脂肪含量约为 85％,因此,高油玉米的胚呼吸旺盛,容易酸败,胚部的营养丰富,寄附的微生物多,容易霉变,易受害虫的危害。高油玉米在贮藏过程中最易发热而导致霉变。霉变早期若处理及时,对品质影响不大;霉变后期出现黄色或黑色菌落,腐烂结块后,就会完全失去使用价值。因此,高油玉米在收获后要注意以下几个问题。

(1)干燥防潮。刚收获的高油玉米,成熟度不均,一般水分含量在 20％～30％,应将水分降至 14％以下,温度低于 28℃,并搞好防潮,就能做到安全贮存,为了降低玉米水分,提高贮藏的稳定性,玉米成熟后要抓紧时机收获,最好带穗干燥后再脱粒,以减少破损粒.

(2)认真清杂。机械脱粒的玉米,杂质含量较多,杂质多易发热霉变和招致虫害,因此,入仓前应通风过筛,尽量减少杂质。

(3)防霉防虫。高油玉米在贮藏保管过程中,要勤检查,及早处理发热霉变现象,在玉米霉变前期,即有甜味时就要及时翻仓晒干再进行密闭贮藏。已经感染害虫的玉米,可用 6 目筛子筛理,除虫效果可达 90％以上,如果对玉米进行冬季冷冻和春晒过筛处理相结合,除虫效果更好。

二维码 2-3　玉米的收获、储存与加工;玉米秸秆的利用

(4)带穗贮藏。用高粱秆做成一个圆形或方圆形围囤,底部垫高 0.5 m,围囤直径 3～5 m,高 3～4 m。然后分层把高油玉米果穗装入圆囤中,每装一层果穗,另装一层横的或竖的通风笼。圆囤外圈用草绳或麻绳捆住,以防崩裂。带穗贮藏的优点是果穗堆内孔隙大,利于透风降温降湿,籽粒的胚部藏于果穗内,不易受到害虫危害,带穗贮藏也应注意在春暖雨季到来前,及时出囤脱粒。此外,要注意防治鼠类危害。

模块小结

本模块简要介绍了玉米的用途、玉米的植物学特征、玉米的生育期、生育时期;阐述了玉米品种选择的依据、种子处理及玉米合理施肥等内容;重点介绍了玉米播种技术、种植模式;明确了玉米各生长阶段的田间管理技术和病虫草害的防治措施;简要介绍了玉米收获及贮藏技术。

模块巩固

1.目前,世界上最大的玉米生产国是哪个国家?

2.我国的玉米生产居于世界第几位?

3.食用玉米有哪些好处?

4. 玉米有哪些类型？

5. 根据当地情况应该怎样选用优良品种？

6. 玉米施肥中有哪些技巧？

7. 玉米播种中有哪些注意事项？

8. 玉米追肥中有哪些注意事项？

9. 玉米中耕管理有哪些注意事项？

10. 玉米有哪些常见病虫草害？如何防治？

11. 如何判断玉米的收获适期？

12. 影响玉米种子安全贮藏的因素有哪些？

大豆生产与管理

项目一 大豆栽培基础

一、大豆的生产意义和生产概况

(一)大豆生产的重要意义

大豆籽粒蛋白质含量为 40%左右,含油量约 20%,含有人体所必需的 8 种氨基酸以及亚油酸、维生素 A、维生素 D 等,营养价值高,是唯一能替代动物性食品的植物产品。豆油是我国主要食用油之一,不含对人体有害的芥酸,有预防血管硬化的功效,是品质较好的植物油。大豆饼粕及秸秆是畜禽的蛋白质饲料来源。同时,大豆根瘤菌具有固定空气中氮素的作用,是良好的用地养地作物。所以,大豆在国民经济和人民生活中占有重要地位。

(二)大豆的生产概况

1. 我国大豆生产概况

大豆起源于中国,至今已有 5 000 多年的栽培历史。大豆的生产最早可以追溯到公元前 11 世纪。从那时起,中国就已经种植大豆,直到 20 世纪 40 年代,中国一直是世界上大豆产量最高的国家,约占世界大豆产量的 90%。一些邻近的亚洲国家(韩国、日本、印度尼西亚、菲律宾、越南、泰国、缅甸、尼泊尔和印度)也少量种植大豆。在欧洲,大约是 18 世纪上半叶有了大豆的种植;在美国,1765 年大豆首次被当作"中国的野豌豆"介绍到北美殖民地,直到 20 世

40 年代,大豆种植业才在美国开始起飞,美国在接下来的 50 年中主导了世界大豆生产。

1961 年,美国生产的大豆已占世界总量的 68.7%;而居第二的中国,大豆产量只占世界总量的 23.3%。不过,那时其他国家生产的大豆加在一起占世界总量的 8%。从 20 世纪 60 年代后期到 70 年代,大豆种植在拉丁美洲飞速发展起来。1974 年巴西的大豆产量超过了中国,1998 年阿根廷的大豆产量也超过了中国,2002 年巴西和阿根廷的大豆总产量又超过了美国。到 2011 年,中国大豆产量占世界总产量的比重只有 5.55%,而美国的占比是 31.88%,巴西的占比是 28.67%,阿根廷的占比是 18.73%,其他国家和地区占比合计是 15.16%,其中印度的产量达到 1 228.2 万 t,比 2004 年几乎翻了一番,相当于中国产量的 85%。

随着人们生活水平的提高,中国的大豆消费量却在逐年攀升。1964 年消费量不到 800 万 t,到 2010 年已经跃升到 7 000 万 t。这个数字还在继续上升。与消费量迅猛增长形成鲜明对比的是中国大豆的生产量,1964—2010 年基本没有太大的变化,巅峰时期也不到 1 700 多万 t,比 1964 年只翻了 1 倍。1964 年中国大豆基本不需要进口,这种情况一直持续到 20 世纪 90 年代中期。以 1995 年为例,中国大豆产量为 1 400 万 t,消费量也为 1 400 万 t,基本上可以自给自足。而到 2011 年中国大豆产量仍为 1 400 万 t,消费量却为 7 000 万 t,5 600 万 t 大豆需求缺口必须通过进口获得。

20 世纪 90 年代中期以后,中国大豆进口数量迅速增长,到 2011 年,中国进口大豆数量占消费数量的比重已经高达 80% 以上。2012 年,中国进口了 5 838 万 t 的大豆,比上年增加 1.53%,其中绝大部分都是转基因大豆,主要来自美国、巴西和阿根廷。从全球大豆交易来看,一直到 90 年代中期,中国市场还微不足道;到 20 世纪最后两年,中国市场的占比才超过 10%。然而,从那时以后,在短短十几年时间里,中国市场的占比呈跨越性增长。现在,世界大豆出口总量的 60% 都涌向中国市场,中国已经成为世界上最大的大豆进口国。曾经占据世界产量 90% 的大豆王国,在进入 20 世纪之后,相继被美国和巴西、阿根廷等国家超越,并在过去 15 年里变成了一个严重依赖进口的国家。

2.黑龙江省大豆生产概况

我国大豆种植历史悠久,大豆的主要生产省份有黑龙江、吉林、山东、河南和河北等。其中黑龙江、吉林两省气候适宜,大豆的生产基础好,是我国大豆的主要供给省。然而作为中国大豆主产区,黑龙江省大豆播种面积和产量却逐年缩减;2010 年 6 470 万亩、2011 年 5 193 万亩、2012 年不足 4 000 万亩。与之相应的是颇具价格优势的进口大豆数量飙升。大量进口大豆的涌入,抢占了国产大豆的市场份额。

除去进口大豆的冲击因素,玉米、大豆种植效益的比价结构的不合理也是导致黑龙江省大豆播种面积大幅度缩减的一个原因。近年来,受玉米工业消费影响和刺激,玉米、大豆比价均值差距越来越大,玉米的种植效益远高于大豆,导致许多农民选择种植玉米,弃种大豆。

黑龙江省大豆的今日还与省内大豆加工企业的竞争乏力有关,因为作为加工原料,大豆的种植效益理应由加工企业来保障,但遗憾的是,省内大豆加工企业却自身难保。

二维码 3-1　我国大豆产业存在的主要问题

东北地区作为非转基因大豆的主要原产地资源,至今保持着世界非转基因大豆的纯净性,应充分利用其绿色、天然、营养、健康的优势,加强对非转基因大豆品种的保护,促进非转基因大豆产业的健康发展。

二、大豆的生长发育

(一)植物学特征

大豆为豆科大豆属,一年生草本植物。大豆的主要器官有以下几个方面。

1. 根和根瘤

(1)根。大豆根属于直根系,由主根、侧根和根毛组成(图 3-1)。初生根由胚根发育而成,侧根在发芽后 3~7 d 出现,一次侧根可再分生二、三次侧根。根毛是幼根表皮细胞外壁向外突出而形成的,根毛寿命短暂,大约几天更新一次。根的生长一直延续到地上部分不再增长为止。

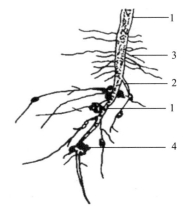

1.主根 2.侧根 3.不定根 4.根瘤
图 3-1 大豆的根系

(2)根瘤。大豆根瘤菌在适宜条件下,侵入大豆根毛后形成的瘤状物称根瘤。初形成的根瘤呈淡绿色,不具固氮作用。健全根瘤呈粉红色,衰老的根瘤变褐色。出苗后 2~3 周,根瘤开始固氮,但固氮量很低,此时根瘤与大豆是寄生关系。开花期以后,固氮量增加,到籽粒形成初期是根瘤固氮高峰期,根瘤与大豆由寄生关系转为共生关系。以后由于籽粒发育,消耗了大量光合产物,根瘤获得养分受限,逐渐衰败,固氮作用迅速下降。一般地说,根瘤所固定的氮可供大豆一生需氮量的 1/2~3/4。这说明,共生固氮是大豆的重要氮源,然而单靠根瘤固氮是不能满足其需要的。根瘤菌是嗜碱好气性微生物,在氧气充足、矿质营养丰富的土壤中固氮力强。大量施用氮肥,会抑制根瘤形成;施用磷肥和钾肥能促进根瘤形成,提高固氮能力。

2. 茎

大豆的茎,近圆柱形略带棱角,包括主茎和分枝,一般主茎高度在 30~150 cm。

大豆幼茎有绿色与紫色两种,绿茎的大豆开白花,紫茎的大豆开紫花。大豆茎上生茸毛,呈灰白或棕色,茸毛多少和长短因品种而异。

按主茎生长形态,大豆可分为蔓生型、半直立型和直立型。栽培品种均属于直立型。

大豆主茎基部节的腋芽常分化为分枝,多者可达 10 个以上,少者 1~2 个分枝或不分枝。分枝与主茎所成角度的大小、分枝的多少及强弱决定着大豆栽培品种的株型。按分枝与主茎所成角度大小,可分为张开、半张开和收敛 3 种类型;按分枝的多少、强弱,又可将株型分为主茎型、中间型以及分枝型 3 种。

3. 叶

大豆属于双子叶植物,叶有子叶、真叶和复叶 3 种(图 3-2)。

大豆叶片的形状、大小因品种而异。叶形可分为椭圆形、卵圆形、披针形和心脏形等。有的品种的叶片形状、大小不一,属变叶型。

大豆叶片寿命 30~70 d 不等。下部叶变黄脱落较早,寿命最短。上部叶寿命也比较短,因出现晚却又随植株成熟而枯死。中部叶寿命最长。

4. 花和花序

大豆的花序着生在叶腋间或茎顶端,为总状花序。一个花序上的花朵通常是簇生的,俗称花簇。花的颜色分白色和紫色两种。

大豆是自花授粉作物,花朵开放前即已完成授粉,天然杂交率不到 1%。

5. 荚和种子

大豆荚由子房发育而成。豆荚的表皮有茸毛,个别品种无茸毛。豆荚色有草黄、灰褐、褐、深褐以及黑色等。豆荚形状分直形、弯镰形和弯曲程度不同的中间形。有的品种在成熟时沿荚果的背腹缝自行开裂(炸裂)。

栽培品种每荚多含 2～3 粒种子。荚粒数与叶形有一定的相关性,披形叶大豆,4 粒荚的比例很大,也有少数 5 粒荚,卵圆形叶、长卵圆形叶品种以 2～3 粒荚为多。种子形状可分为圆形、卵圆形、长卵圆形以及扁圆形等。种子大小通常以百粒重表示,百粒重 14 g 以下为小粒种,14～20 g 为中粒种,20 g以上为大粒种。种皮颜色可分为黄色、青色、褐色、黑色和双色5 种,以黄色居多。胚由两片子叶、胚芽和胚轴组成。

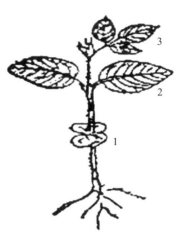

1. 子叶　2. 真叶　3. 复叶

图 3-2　大豆的叶

成熟的豆荚中常有发育不全的籽粒,或者只有一个小薄片,通称秕粒。秕粒率常在 15%～40%。秕粒发生的原因是,受精后,结合子未得到足够的营养。一般先受精的先发育,粒饱满;后受精的后发育,常成秕粒。在同一个荚内,先豆由于先受精,养分供应好于中豆、基豆,故先豆饱满,而基豆则常常瘦秕。开花结荚期间,阴雨连绵,天气干旱均会造成秕粒。鼓粒期间改善水分、养分和光照条件有助于克服秕粒。

(二)生育期

大豆从出苗到成熟所经历的天数称生育期。

我国大豆按原产区生产条件下的生育期分为极早熟、早熟、中熟、晚熟和极晚熟 5 类。

北方春作大豆区,极早熟品种生育期在 100 d 以内;早熟品种为 101～110 d;中早熟品种为 110～120 d,中熟品种为 121～130 d;晚熟品种为 130～140 d;极晚熟品种为 141 d 以上。

黄淮海流域夏大豆区,春作大豆极早熟品种生育期在 100 d 以内;早熟品种为 101～110 d;中熟品种为 110～120 d;晚熟品种为 121～130 d;极晚熟品种为 131 d 以上。夏作大豆极早熟品种生育期在 90 d 以内;早熟品种为 91～100 d;中熟品种为 101～110 d;晚熟品种为 111～120 d;极晚熟品种在 121 d 以上。

南方大豆区,长江流域春作大豆极早熟品种生育期在 95 d 以内;早熟品种为 96～105 d;中熟品种为 106～115 d;晚熟品种为 116～125 d;极晚熟品种为 126 d 以上。夏作大豆极早熟品种生育期在 120 d 以内;早熟品种为 121～130 d;中熟品种为 131～140 d;晚熟品种为 141～150 d;极晚熟品种在 150 d 以上。南方春作大豆区极早熟品种生育期在 90 d 以内;早熟品种为 91～100 d;中熟品种为 101～110 d;晚熟品种为 111～120 d;极晚熟品种为 121 d 以上。南方秋作大豆区早熟品种生育期在 95 d 以内;中熟品种为 96～105 d;晚熟品种为 106～115 d;极晚熟品种为 116 d 以上。

(三)生育时期

其是在大豆的一生中根据外部形态和内部发育所划分的若干阶段,称为生育时期。

1.幼苗期

大豆播种后种子在适宜的温度、水分和空气条件下吸水膨胀,当吸水量达到萌发吸水量一半时,种子内的有机物质开始转化,呼吸作用逐渐增强。随着吸水量进一步增加,酶的活性提高,种子内物质代谢活跃,营养物质由不溶态转化为可溶态,运输到胚的各部细胞中,使细胞分裂、伸长。胚根首先从种孔中伸出,当胚根与种子等长时为发芽;同时,胚轴也迅速伸长,将子叶顶出地面,当子叶出土展开时即为出苗。

大豆从出苗到分枝出现为幼苗期,即出苗期到田间10%的植株两片复叶刚展开时称幼苗期。大豆在第一对真叶期开始形成根瘤,第一复叶期根瘤开始固氮,但此时固氮量能力很低。幼苗期是大豆的营养生长时期,地下部生长快于地上部。

2.分枝期

大豆的第一分枝出现到第一朵花出现为分枝期。大豆在第二复叶刚展开时开始发生分枝,田间10%的植株分枝,即为分枝期。每个叶腋中都有两个潜伏的腋芽,一个是枝芽,可以发育成分枝;另一个是花芽,可以发育成花序。一般植株上部的腋芽形成花序,下部的形成分枝。

大豆分枝期是以营养生长为主的营养生长和生殖生长并进期,叶的光合产物具有同侧就近供应的特点,中部叶的光合产物向上供应生长点和新生茎、叶,向下供应不能独立进行光合作用的同侧弱小分枝。下部叶的光合产物则供给根和根瘤的发育。分枝期根瘤具有一定固氮能力。

大豆从种子萌发到始花为营养生长阶段,又称生育前期,约占大豆全生育期的1/5。

3.开花结荚期

大豆从始花到终花为开花结荚期。田间有10%植株开花称始花期;50%植株开花称开花期;80%植株开花称终花期。开花和结荚是两个并进的生育时期,始花到终花,占大豆全生育期的3/5,又称生育中期。开花后形成软而小的绿色豆荚,当荚长达2cm时称结荚,田间50%植株结荚称结荚期。开花结荚期是营养生长与生殖生长并进阶段,是植株生长最旺盛的时期。茎、叶大量生长,株高日平均增长1.4~1.9 cm,叶面积指数达到最大值,根瘤菌的固氮能力达到高峰。开花结荚期光合产物由主要供应营养生长逐渐转向以供应生殖生长为主,叶的功能分工更加明显。荚成为有机物的分配中心,光合产物主要供给自身叶腋中的豆荚,少量供给邻近豆荚,也具有同侧就近供应的特点。

(1)大豆的结荚习性。大豆的结荚习性一般可分为无限、有限和亚有限3种类型。

①无限结荚习性。茎秆尖削,始花期早,开花期长。主茎中、下部的腋芽首先分化开花,然后向上依次陆续分化开花。始花后,茎继续伸长,叶继续产生。如环境条件适宜,茎可生长很高。主茎与分枝顶部叶小,着荚分散,基部荚不多,顶端只有1~2个小荚,多数荚在植株的中部、中下部,每节一般着生2~5个荚。

②有限结荚习性。一般始花期较晚,当主茎生长高度接近成株高度前不久,才在茎的中上部开始开花,然后向上、向下逐节开花,花期集中。当主茎顶端出现一簇花后,茎的生长终结。茎秆不那么尖削,顶部叶大。

③亚有限结荚习性。这种结荚习性介于以上两种习性之间而偏于无限习性。主茎较发达。开花顺序由下而上,主茎结荚较多,顶端有几个荚。

大豆的结荚习性是重要的生态状,在地理分布上有着明显的规律性和区域性。从全国范围看,一般南方雨水多,生长季长,有限性品种多。北方雨水少,生长季短,无限性品种多。从一个地区看,一般雨量充沛、土壤肥沃,宜种有限性品种;干旱少雨、土质瘠薄,宜种无限性品种。雨量较多,肥力中等,可选用亚有限性品种。

(2)大豆的落花落荚。大豆的落花落荚是影响大豆产量的主要原因,其呈现明显的规律性。不同结荚习性的大豆品种,落花落荚的部位和顺序不同。有限结荚习性大豆,靠近主茎顶端的花先落,然后向上、向下扩展,植株下部落花落荚多,中部次之,上部较少。无限结荚习性的大豆,主茎基部花荚脱落早,但上部脱落较多,中部次之,下部较少。在同一栽培条件下,花荚脱落盛期,早熟品种比中晚熟品种早;熟期相近的品种,单株开花数多的花荚脱落率高。在同一植株上,分枝比主茎花荚脱落率高;在同一花序上,花序顶端脱落率高。花荚脱落率高峰期,多出现在末花期至结荚期之间。

落花落荚的原因主要有:一是由于群体过大,群体过大(如密度过大)、生育过旺,导致群体内通风透光不良,光合产物减少。同时群体内温度低,湿度大,大豆蒸腾作用降低,有机养分尤其是糖的供应不足;二是养分供应失调,土质瘠薄或施肥量少的地块,较肥沃或施肥多的地块,花荚脱落率高。徒长植株较健壮植株,花荚脱落率高;三是水分供应失调,进入生殖生长期,大豆对水分反应敏感,如旱灾,叶片失水,其吸水力大于子房,于是水分倒流引起花荚脱落。另外,植株受病虫为害或机具、风等外力作用,也会提高落花落荚率。

减少落花落荚的措施包括:一是选用多花多荚的高产品种;二是精细整地,适时播种,加强田间管理,培育壮苗;三是增施有机肥作为基肥,按需肥规律施肥,防止后期脱肥;四是开花结荚期及时灌水排涝;五是合理密植,实行间作、穴播,改善群体内小气候;六是应用生长调节剂防徒长;七是及时防治病虫害,建造农田防护林,增强抵御自然灾害的能力。

4.鼓粒成熟期

大豆结荚后,叶片、叶柄、茎和荚皮中的养分不断向豆粒中运输,豆粒日益膨大,当豆荚平放,豆粒明显鼓起并充满荚腔时,称为鼓粒。田间50%植株鼓粒称为鼓粒期。

在一个荚中,顶部的豆粒首先快速发育,其次是基部的豆粒膨大,最后是中部的豆粒发育,当外界条件不良时其易形成空秕粒。鼓粒完成时,种子含水量为90%左右,随着种子成熟很快降到70%,以后含水量缓慢下降。当种子达最大干重时,含水量迅速降低,在7~14 d内由65%降到15%左右。这时豆粒变硬,与荚皮分离,呈现本品种固有的形状和色泽。种子在开花后40~50 d成熟。终花到成熟期占全生育期的1/5,又称生育后期。

大豆的成熟过程分为黄熟、完熟和枯熟3个阶段。黄熟期植株下部叶片大部分变黄脱落,豆荚由绿变黄,种子逐渐呈现其固有色泽,体积缩小、变硬,此时是人工收获或分段收获的适宜时期,也是大豆含油量最高的时期。进入完熟期叶片全部脱落,荚壳干缩,豆粒含水量降到15%,豆粒与荚皮分离,用手摇动会发出响声,此时为直接收获的适宜时期。到枯熟期时植株茎秆发脆,出现"炸荚"现象,种子色泽变暗。

(四)大豆生长发育的环境条件

1. 光照

大豆是喜光作物。大豆的光饱和点随着通风状况而变化,通风状况好,光饱和点提高。大豆的光补偿点也受通气量影响,在低通气量下,光补偿点相对偏高;而在高通气量下,则相对偏低。在田间条件下,大豆群体冠层所接受的光照度是极不均匀的。大豆群体中、下层的光照是不足的,这里的叶片主要靠散射光进行光合作用。

大豆是短日照作物。大豆对日照长度反应极其敏感,即使极微弱的月光对大豆开花也有些影响。大豆开花结实要求较长的黑夜和较短的白天。每个大豆品种都有其对生长发育适宜的日照长度,只要日照长度比适宜的日照长度长,大豆植株即延迟开花;反之,则提早开花。但是,大豆对短日照的要求是有限度的,并非越短越好。一般品种每日 12 h 的光照即可起到促进开花抑制生长的作用,9 h 光照对部分品种仍有促进开花的作用。当每日光照缩短为 6 h,则营养生长和生殖生长均受到抑制。大豆结实器官的发育和形成要求短日照条件,不过早熟品种的短日性弱,晚熟品种的短日性强。

了解大豆的光周期特性,可以在引种上加以利用。同纬度地区间引种容易成功,低纬度地区大豆向高纬度地区引种,生育期延迟,一般霜前不能成熟。反之,高纬度地区大豆品种向低纬度地区引种,生育期缩短,产量下降。

2. 温度

大豆是喜温作物。不同品种在全生育期内所需要的大于或等于 10℃ 的活动积温相差很大,黑龙江省的中晚熟品种要求 2 700℃ 以上,而超早熟品种则要求 1 900℃ 左右。

大豆种子萌发的最低温度是 7℃,正常萌发出苗温度为 10～12℃,最适温度为 25～32℃。幼苗期生长的最低温度为 8℃,正常生长温度为 15～18℃,最适温度为 20～22℃,苗期可忍受 −3℃ 短时间的低温,当气温降到 −5℃ 时幼苗就会被冻死。分枝期要求的适宜温度为 21～23℃。开花结荚期要求的最低温度为 16℃,最适温度为 22～25℃,低于 16℃ 或高于 25℃,花荚脱落增多。鼓粒期要求的最低温度为 13℃,成熟期为 8～9℃。一般 18～19℃ 有利于鼓粒,14～16℃ 有利于成熟。鼓粒成熟期昼夜温差大,有利于降低呼吸作用,促进同化产物的积累。

大豆不耐高温,当气温超过 40℃ 时,结荚率减少 57%～71%。大豆植株的不同器官,对温度反映的敏感性不同。茎对温度较敏感,叶次之,根不敏感。在较低温度条件下,叶重与茎重的比值有增高趋势,茎、叶重与根重的比值则有减少的趋势。

3. 水分

大豆是需水较多的作物。每形成 1 kg 籽粒,耗水 2 000 kg 左右。大豆不同生育时期对水分的需求不同:

大豆从播种到出苗期间,需水量占总需水量的 5%。种子萌发需水较多,为种子重的 1～1.5 倍。土壤相对含水量在 70% 时,出苗率可达 94%;相对含水量增至 80% 时,出苗率降至 77.5%,且出现烂根现象。这说明水分过多,透气性差,土温较低,影响出苗。种子萌发出苗适宜的土壤相对含水量为 70%。

幼苗期需水较少,占总需水量的 13%,此时抗旱能力强,抗涝能力弱。幼苗期根系生长快,茎、叶生长较慢,土壤水分蒸发量大,适宜的土壤相对含水量为 60%～70%。幼苗期适当干旱,有利于扎根,形成壮苗。

分枝期是大豆花芽分化的关键时期,需水量占总需水量的17%,如果干旱,会影响花芽分化,适宜的土壤相对含水量为70%～80%。

开花结荚期是大豆营养生长与生殖生长并进期,对水分反应敏感,是大豆一生中需水最多的时期,占总需水量的45%,也是需水临界期。开花结荚期适宜的土壤相对含水量为80%。

大豆鼓粒成熟期营养生长停止,生殖生长旺盛进行,仍是需水较多的时期,需水量占总需水量的20%,适宜的土壤相对含水量为70%。

项目二　大豆播种前准备

一、选地选茬

(一)选地

大豆对土壤要求不很严格,在沙质土、壤土、黏土上均可种植。大豆是深根系作物,并有根瘤菌共生,因此高产田要求选择耕层深厚、通气良好、有机质丰富、速效养分含量高、保水保肥性能良好的土壤种植。

(二)选茬

大豆对前茬要求不严。而大豆本身是油茬、软茬、热茬,速效性养分含量高,是多数作物的良好前作。一般的作物种在大豆茬上都表现为增产趋势。特别是一些耗地作物收获后土壤中速效性养分含量较低,下一茬如能种植大豆则会起到较好地恢复地力的作用。生产实践证明,豆茬小麦比重茬小麦增产20%以上,豆茬玉米比谷茬玉米增产13%,豆茬谷子比玉米茬谷子增产9%。

大豆忌重迎茬,也不宜种在其他豆科作物之后。大豆重迎茬时,由于孢囊线虫、蛴螬、根潜蝇,灰斑病、菌核病等病虫为害严重,造成植株矮小,叶色黄绿,生长迟缓,重迎茬还使大豆的百粒重下降,病粒率、虫食率增加,商品质量显著降低,严重影响大豆的产量和品质。而且大豆重茬还不利于土壤养分平衡,造成土壤养分单一消耗,满足不了大豆生育期间对养分的需求。另外根际微生物的分泌物对大豆根本身有毒害作用,易导致根腐病,影响大豆生长。重茬年限多的可能导致绝产。因此,在大豆生产上要尽量避免重迎茬,最好与其他非豆科作物实行3年以上轮作。

重迎茬大豆较正茬大豆的减产幅度随重茬年限的增加而增加。据黑龙江省农业科学院等科研单位与多个市(县)的农业科技推广部门在黑龙江省东部低湿区、西部风沙干旱区、中西部盐碱土区、北部高寒区、中南部黑土区5个生

二维码 3-2　提高重、迎茬大豆产量和品质的途径

态区设定的9个试验区研究表明,各试验点正茬大豆平均产量为 1 984.5 kg/hm²,迎茬减产6.1%,重茬一年减产9.9%,重茬两年减产13.8%,重茬三年减产19.0%。不同生态区之间比较,西部风沙干旱区、中西部盐碱土区减产幅度较大,东部低湿区、中南部黑土区及北部高寒区减产幅度较小。过去,黑龙江省由于是我国大豆主产区并且从前种植大豆经济效益较好,曾导致大豆重迎面积过大,给大豆的产量和品质造成过较大影响。近年来,由于黑龙江省大豆种

植面积锐减,重迎茬现象已大大改观。

大豆除与玉米或甘薯等作物轮作外,还常与玉米、高粱等高秆作物间作。

二、整地及基肥、种肥施用

(一)耕整地

大豆田的土壤耕作,一是要为根系生长和根瘤菌的繁殖创造良好的环境;二是为种子发芽出苗提供良好的苗床;三是为提高播种、管理和收获质量奠定良好的基础。大豆是深根系作物,并有根瘤菌共生,根瘤菌是好气性微生物,为促进根瘤菌发育良好,要求耕层深厚、通气良好、有机质丰富、速效养分含量高、保水保肥性能良好。

1.平翻耕法整地

(1)秸秆处理及灭茬。翻地前灭茬能提高翻地质量。具体做法是在翻地前用缺口耙或重型圆盘耙耙地,将茬子耙碎。准备进行秸秆还田的地块,可将秸秆粉碎,均匀抛撒在田面。玉米秸处理方法,可在人工摘穗后,用秸秆粉碎机粉碎,或者用缺口耙耙1～2次;也可用玉米收获机摘穗后将秸秆粉碎。

(2)深翻。翻地深度应达到18～22 cm,要求耕地深度一致,扣垡严密,不重耕,不漏耕,耕垡直,地头齐,开闭垄少。麦茬伏翻应在小麦收获后及时进行,伏翻能积蓄降水,延长土壤熟化时间,提高灭草效果。玉米茬及其他茬口的秋翻应在收获后及早进行,因为黑龙江省秋收作物收获较晚,结冻前的宜耕期只有不到1个月的时间,如果不能及时深翻,翻地及整地质量都难以保证。

(3)表土土壤耕作。深翻后必须进行耙地、耢地、镇压等表土耕作,才能创造出良好的耕层构造。一般在土壤水分适宜时,深翻后应立即耙地和耢地,以平整田面,减少土壤水分蒸发。在较黏重的地块上,可待土壤稍干后再耙、耢。降雨后地表出现板结层时,应通过耙地及时破除。

2.深松耕法整地

根据黑龙江省的生产经验,因前茬不同,深松耕法的整地方式也有差异。

(1)玉米茬整地。前茬玉米收获后,土壤结冻前,在垄沟中施有机肥,深松垄沟,然后破垄台合成新垄、镇压,第二年垄上精量点播大豆。或者进行垄体深松,深松深度在30 cm,同时进行垄上除茬,然后扶垄整形、镇压,下年垄上卡种。谷子、高粱等杂粮作物可以采用与玉米茬相同的深松整地方法。

(2)小麦茬整地。准备垄作大豆的麦茬地块,收获后对麦田进行对角耙灭茬,然后破茬起垄。根据土壤墒情确定深松深度。墒情较好时应进行垄底深松,深松深度30 cm;墒情较差时进行垄沟深松,深松深度25～30 cm。平作大豆时,可进行耙茬深松,深松深度25 cm,用重耙和轻耙耙透,耢平,达到平整、细碎、上虚下实,以减少土壤水分蒸发。

(二)基肥、种肥施用

1.大豆的需肥规律

大豆所需氮素营养的一部分是由根瘤菌固氮作用提供的,占总需氮量的25％～60％,其余的氮素为出苗后从土壤中吸收。第一复叶期大豆的根瘤固氮能力弱,根吸收氮量少,处于

"氮素饥饿期",叶色转淡。幼苗期以后吸氮量不断增加,到结荚期达到高峰期,以后吸氮量逐渐减少。大豆一生的氮素吸收具有前少后多单峰曲线的特点。

大豆是"喜磷作物",幼苗期到分枝期是磷的敏感期,缺磷大豆器官发育受抑制,足磷对保证大豆产量作用重大。大豆出苗后吸磷量迅速增加,到分枝期出现第一个吸收高峰,以后又渐渐下降;开花期以后吸磷量再次增加,到结荚期出现第二个高峰,以后又缓慢下降。大豆对磷的吸收具有前多后少双峰曲线的特征。

大豆具有喜钾特性。从出苗到开花期吸收钾的量占钾总吸收量的 32.2%,开花期到鼓粒期钾吸收量约占钾吸收总量的 61.9%,鼓粒期到成熟期钾的吸收量占钾吸收总量的 5.9%。大豆一生需钙较多,又称钙性植物。

2. 基肥施用

大豆的基肥应以有机肥为主,也可配合一定数量的化肥,根据土壤肥力确定施肥量,瘠薄土壤或以前施肥较少的地块,应多施有机肥。一般每亩施入有机肥 1～2 t,每 3 年轮施 1 次。有机肥的施用方法因整地方法而不同,可结合翻地或破垄夹肥施入 15～20 cm 土层中。也可以用化肥做基肥,减少种肥施用量或不施种肥,结合秋整地起垄深施在 15 cm 以下耕层中。化肥秋深施,经过秋末至初春的漫长转化,可以缓慢供给大豆生长。钙能促进根瘤菌的固氮活性,故应重视石灰的施用,尤其是在酸性土壤上。

3. 种肥施用

大豆的种肥以磷肥为主,配合氮肥和钾肥。施氮量不宜过多,否则会抑制根瘤形成,引起幼苗徒长。根据土壤有机质、速效养分含量、品种特性、施肥经验及肥料性质,确定具体的施肥量。一般肥力土壤上,每公顷用磷酸氢二铵 100～150 kg,硫酸钾 30～50 kg。

三、种子处理

(一)种子精选及发芽试验

1. 种子精选

大豆播种前要精选种子,了解种子发芽率,有利于确定播种量,保证出苗率。自繁自用的种子需要精选,如果购买加工包装好的种子,则可直接播种,无须再精选种子。精选时采用风选、筛选、粒选、机精选或人工挑选等方法,去除破瓣、秕粒、霉粒、病粒、杂粒和虫食粒,留下饱满、整齐、光泽好、具有本品种特征的籽粒做种子。种子经精选后,要求纯度达到 98% 以上,净度不低于 98%,发芽率在 90% 以上。

2. 发芽试验

在净种子中每次随机选取 100 粒种子,4 次重复。将种子置于纸床或沙床中,在发芽皿底盘的外侧贴上标签,写明样品号码、置床日期、品种名称、重复次数,盖好发芽皿以便能保持湿度。将发芽箱调至 25℃,然后将置床的发芽皿放入发芽箱内支架上。为保持箱内湿度,也可在发芽箱底部放一盘水。每天检查一次,定时定量补水。如有表面生有霉菌的种子应取出洗涤后放回,必要时更换发芽床,腐烂的种子及时取出并记载。初期、中间记载时,将符合标准的正常幼苗,腐烂种子取出并记载;未达到标准的小苗、畸形苗、未发芽种子要继续发芽。末次记载时,正常幼苗、硬实、新鲜不发芽的种子、不正常幼苗、腐烂霉变等死种子都如数记载。最后,取正常幼苗的平均发芽率即为试验的发芽百分率。

(二)根瘤菌接种

进行根瘤菌接种,可以增加根瘤数量,提高根瘤菌的固氮能力。具体方法是采用根瘤菌菌粉,每 35 g 菌粉加清水 700 g 拌成浆喷洒在 10 kg 种子上,拌匀稍干后即可播种。拌种时在阴凉的地方操作,避免阳光直射杀死根瘤菌。播种后马上覆土。在无根瘤菌菌粉的情况下,可用种过大豆的碎土均匀撒入被接种的地里,也能起到一定的效果。

需要注意的是如果采用了种衣剂包种,则不宜再用根瘤菌菌粉拌种。第一次种大豆的地块,应进行根瘤菌接种;已种过大豆的地块,可不用接种根瘤菌。

(三)微肥拌种

大豆常用的拌种微肥有钼酸铵、硫酸锌、硼砂、硫酸锰等。用钼酸铵拌种时,每千克种子用 0.5 g 钼酸铵,溶于种子重 1% 的水中,均匀地喷在种子上,阴干后播种;用硫酸锌拌种时,每千克种子用 4～6 g 硫酸锌,溶于种子重 1% 的水中,喷在种子上拌匀,阴干后播种;用硼砂拌种时,每千克种子用硼砂 0.4 g,溶于 16 mL 热水中,溶解后稀释拌种;用硫酸锰拌种时,每千克种子用硫酸锰 10 g,溶于种子重 1% 的水中,均匀地喷在种子上,阴干后播种;两种以上微肥拌种时,总用水量不宜超过种子重的 1%,防止种皮皱缩、脱皮,影响播种质量。

(四)种衣剂拌种

种衣剂是农药、微肥、生物激素的复合制剂,能促进幼苗生长,对地下害虫、大豆孢囊线虫、大豆根腐病、大豆根潜蝇等都有较好的防效。精选后的种子可以用种衣剂进行包衣处理。大豆常用种衣剂有 ND 大豆专用种衣剂、30% 多克福大豆种衣剂、25% 呋多种衣剂等。用量为种子重量的 1%～1.5%。种子量较大时进行机械包衣,按药、种子比例调节好计量装置,按操作要求进行作业。种子量小时可人工包衣,按比例分别称好药和种子,先把种子放到容器内,然后边加药边搅拌,使药剂均匀地包在种子表面。包好的种子放在阴凉处风干贮存。

项目三　大豆播种技术

一、播种期、播种深度及种植密度

(一)播种期的确定

黑龙江省大豆播种期以 5 cm 耕层土温稳定通过 8℃ 时开始播种为宜。正常年份中部和南部地区的适宜播种期为 4 月 25 日至 5 月 10 日,最晚不迟于 5 月 20 日;东部和北部地区的适宜播种期为 5 月 1 日至 5 月 15 日,最晚不迟于 5 月末。

在春播大豆区,播种过早,由于土壤温度低,发芽慢,易受镰刀菌感染而烂种。播种过晚,虽出苗快,但由于气温高,幼苗地上部生长快,细弱不壮,如果墒情不好,还会造成出苗不齐,而且浪费积温,生育期延迟,降低大豆的产量和质量。

在适宜播种期内,要因品种类型、土壤墒情等条件确定具体播期。中晚熟品种应适当早播,以保证在霜前成熟;早熟品种应适当晚播,以利发苗壮棵,提高产量。土壤干旱播期可适当提前,土壤水分过多可适当延后。

(二)合理密植及播种深度

确定种植密度主要考虑品种、肥水条件、种植方式及气候条件等因素。需要遵循以下原则。

早熟品种宜密,晚熟品种宜稀;植株矮小欠繁茂宜密,植株高大繁茂宜稀;瘦地宜密,肥地宜稀;窄行密植宜密,精密播种、穴播宜稀;无霜期短宜密,无霜期长宜稀;晚播宜密,早播宜稀。

黑龙江省种植大豆,一般情况下植株高大,分枝型品种宜稀,一般保苗 20 万～35 万株/hm^2;植株矮小,独秆型品种宜密,一般保苗 30 万～45 万株/hm^2;穴播一般保苗 18 万～21 万株/hm^2。

二维码 3-3　大豆品种选择的依据

大豆播种深浅应根据种粒大小、土质和墒情而定。小粒种子,墒情不太好,土质疏松宜深些;反之宜浅。一般以 3～5 cm 为宜。播后要及时镇压,以利于保墒,出苗整齐。

二、大豆等距穴播法

(一)技术

行距 65～70 cm,穴距 18～20 cm,每穴 3～4 株。保苗 18 万～21 万株/hm^2。

(二)优点

(1)合理布局群体结构,创造良好的通风透光条件,可以延迟封垄,对植株后期生长有利,延长中下部叶片工作时间,减少底叶枯黄。

(2)每穴内种子集中,拱土能力强,出苗齐而全。

(3)穴间距大,锄地时易消灭苗眼草,便于管理。

(三)适宜品种

大豆等距穴播法以植株高大、繁茂、分枝性弱的中晚熟品种为宜。

三、大豆垄三栽培法

(一)垄三栽培法的产生

大豆垄三栽培(又称三垄栽培)技术是黑龙江省八一农垦大学针对黑龙江省东部三江平原低湿地区大豆生产存在的问题,采取的一种以深松为主体的综合性技术措施。

所谓三垄就是在垄作基础上采用三项技术措施:一是垄体、垄沟分期间隔深松;二是在垄体深松的同时施用底肥;三是垄上双条精量点播,同时施用种肥,后期看苗追肥。它成功地吸取了近期农业科学研究领域大豆方面的单项成果,集合组装成一套栽培技术体系,并由一台定型专用耕播机具同时完成上述几项作业,达到了农机与农艺完美的结合。此项技术优点是采用垄作深松与分层深施肥相结合的做法,增强了大豆的抗旱、抗涝、抗病、抗倒伏、抗低温的能力,并提高了土壤的供肥、供水、供氧、供热和贮肥、贮水、贮氧的能力。采用垄上双条精量点播与耕种结合、耕管结合、耕防结合等复式作业,协调了土壤中水、肥、气、热的关系,因而提高了大豆的光合生产效率、土壤水分利用率、肥料利用率和有效积温的利用率,曾是黑龙江垦区及广大农村主要采用的栽培模式。

(二)技术措施

1.深松技术

深松深度以打破犁底层为准,垄体深松达到犁底层下 8～12 cm,垄沟深松达到犁底层下 8～15 cm。根据深松部位不同,可分为垄体深松、垄沟深松和全方位深松。

垄体深松有两种方法:一种是整地深松也叫深松起垄。这种方法是结合整地进行深松起垄,如除麦茬深松和在耕翻或耙茬的基础上深松起垄;另一种是深松播种,使用大型"垄三"耕播机,在垄体深松的同时进行深施肥和精量播种,这种方法是 3 种技术 1 次作业完成。垄沟深松是用深松铲对垄沟进行深松,根据生育期的不同,可分为播后出苗前垄沟深松和苗期垄沟深松等,也可利用小型"垄三"耕种机在播种同时进行垄沟深松。全方位深松是指利用全方位深松机对整个耕层进行深松,可以做到土层不乱,加深耕作层,深松深度可达 50 cm 以上。

2.化肥深施技术

化肥做种肥,施肥深度要在种下 5 cm 处为宜。化肥做底肥,施肥深度要达到 15～20 cm,即施在种下 10～15 cm 处为宜。目前生产上应用的小型精量播种机都能做到化肥深施;黑龙江省依兰、海伦生产的大型"三垄"耕播机不仅能做到深施肥,还可以做到种肥和底肥同时施入,即分层施肥。

3.精量播种技术

大豆精量播种一般保苗 28 万～33 万株/hm²,垄上双条播,播种时大行距 70 cm,小行距 10～12 cm。品种选择上以分枝性弱的品种为宜。

精量播种是实现大豆植株分布均匀、克服缺苗断垄、合理密植、提高产量的重要技术措施。目前除在劳动力充足的地方,农民还采用人工扎眼、人工撒种等人工精量播种方法外,绝大多数地方都已采用机械精量播种。机械精量播种能做到开沟、下种、施肥、覆土、镇压连续作业,不但加快了播种进度,缩短了播期,还能保证播种质量。

垄三栽培的适宜品种为主茎型品种。

大豆"垄三"栽培技术,不仅是三项技术的简单组合,同时必须与其他栽培技术措施相互配合,如选择适宜优良品种,严格进行种子精选;实行伏秋精细整地;适时播种,保证播种质量;合理施肥,增施有机肥;加强病虫害防治、田间管理等,才能最大限度地发挥其增产潜力。

(三)垄三栽培法的优点

(1)深松形成虚实并存的土壤结构,提高了土壤的通透性,打破了犁底层,加深了耕层,改善了土壤结构,有利于大豆根系的发育和根瘤的形成。

(2)垄体分层施肥,提高了化肥的利用率,延长了供肥时间,防止生育后期脱肥。目前生产上应用的小型精量播种机都能做到化肥深施;还可以做到种肥和底肥同时施入。

(3)垄上双条精量点播减少了用种量,克服了缺苗断垄现象,使群体分布更加合理。

四、大豆窄行密植播种法

黑龙江省传统的大豆栽培是采用宽行垄作栽培,垄距为 65～70 cm。20 世纪 80 年代初开始推广大豆"早、晚、密"栽培技术,即采用早熟品种,适当晚播,并加大种植密度,在当时较低的生产水平下,大豆产量得到了提高。大豆"早、晚、密"栽培技术为现在的窄行密植技术的推广积累了经验。大豆窄行密植栽培的增产机理主要表现为增加密度可以提高光合效率;缩小行距,使株距、行距尽量相等,保证植株分布均匀;选用秆强的半矮秆品种防止倒伏。大豆窄行密植栽培法的相关技术措施有 5 个方面。

(一)选择适宜的品种

大豆"窄行密植"栽培技术要求品种不产生倒伏,否则就要减产。因此,应选择秆强抗倒、增产潜力大的矮秆或半矮秆品种。另外选择比当地成熟期稍早的品种对增产有利,但成熟期不能过早,否则浪费积温,影响产量。

(二)精细整地

窄行密植栽培技术对耕层要求严格。平作窄行密植栽培在生育期间不进行中耕,增温、防旱、抗涝、抗倒伏能力减弱,因此要求有良好的耕层构造。其要求达到耕层深厚、地表平整、土壤细碎。大垄窄行密植由于垄上增加了行数,给机械播种增加了难度,因此对整地要求比常规垄作更高,要求耕层深厚,垄上土壤无根茬、平整、细碎、疏松。

根据前茬土壤情况采用深翻、深松耙茬或耙茬的整地方法,使平播地块秋整地后达到待播状态。大垄窄行密植和小垄窄行密植的地块在秋整地的基础上进行秋起垄。大垄窄行密植做成 90～140 cm 的大垄,垄高 15～18 cm,垄体压实后垄沟到垄台的高度应达到 18 cm。小垄窄行密植目前多采用 45～50 cm 的小垄,镇压后达到待播状态。

(三)增加肥料投入

大豆窄行密植栽培要实现高产,必须增加肥料的投入,做到合理施肥。首先是增施有机肥,中等肥力地块的施用量应达到 22 500 kg/hm² 以上。其次是化肥要氮、磷、钾配合,施用量比常规垄作增加 15% 以上。有机肥和化肥都要做到深施或分层施。需要注意的是,由于窄行密植栽培法垄型较小,行距小于 30 cm 以下的不能起垄,因此植株抗倒伏能力较弱,需要加大钾肥的施入量。

(四)保证播种质量

运用窄行密植栽培法,黑龙江省中、南部地区保苗 33 万～38 万株/hm²,东部和北部地区保苗 36 万～46 万株/hm²。

平作窄行密植采用 24 行播种机,隔一个播种口堵一个,也可采用大型联合耕播机播种。30 cm 行距的除采用上述机械外,也可使用小四轮驱动的 1.4 m 精量点播机播种。

大垄窄行密植,进行机械垄上精量播种,三垄变两垄的垄距为 90～105 cm,采用垄上 4 行播种机播种;两垄变一垄的垄距为 120～140 cm,采用桦丰 2BKM-IB 型大垄窄行专用播种机垄上播种 6 行。45～50 cm 的小垄可在原机具上进行适当调整,垄上播 2 行。播后及时镇压。

黑龙江省大豆适宜播种期中南部地区为 4 月 25 日至 5 月 10 日,东部和北部地区为 5 月 1—15 日。

(五)加强管理

在大豆初花期至盛花期,如果生长过旺,可施用多效唑、三碘苯甲酸、大豆丰收宝等化控剂,以保花、保荚,防止倒伏。有条件的地区可采用飞机作业,降低生产成本。

五、大豆行间覆膜播种法

(一)增产原理

大豆行间覆膜技术是应用大豆行间覆膜机进行的播种、施肥、覆膜、镇压等作业环节一次完成的大豆平播垄管技术。覆膜后可以减少土壤水分蒸发,达到蓄水保墒的目的。天上降水留在膜带内不流失,其是春旱多发地区实现全苗的重要技术措施。化肥施于膜下,可减少化肥的挥发和淋溶,从而提高化肥的利用率。采用该项技术可使土壤温度提高 $3\sim5℃$,增加有效积温 $300℃$ 左右,肥料利用率提高 10% 以上,大豆产量提高 30% 左右。

(二)技术要点

1.地块选择

该技术适宜用在经常受干旱影响,地势平坦、耕性良好、有一定底墒、排水良好的平岗地。春季土壤墒情好、无春旱发生的地区不宜采用该项技术。洼地、易内涝的地块不适合采用该技术。茬口宜选择麦茬、玉米茬和杂粮茬的地块,不宜选择向日葵茬、甜菜茬,杜绝重迎茬。

2.整地

伏整地和秋整地,严禁湿整地。对没有深松基础的地块采取深松,深松深度 35 cm 以上。有深松基础的地块采取耙茬或旋耕,耙茬深度 $15\sim18$ cm,旋耕深度 $14\sim16$ cm。秋整地可起 110 cm 的大垄,垄面宽 80 cm,并镇压。无论采取何种耕作方法,在整地前必须要将地块清理干净,以保证覆膜质量。

3.播种与覆膜

大豆播种和覆膜时机要随土壤墒情而定。在墒情好的情况下,随铺膜随播种;在土壤过于干旱时,则要等雨抢墒随铺随种;如果土壤湿度过大,则应晾晒,待土壤松散时再铺膜播种。覆膜总的原则是:严、紧、平、宽。采取机械覆膜质量好,效率高还节省地膜,地膜两边要用土压实,每隔 $2\sim3$ m 压上一土带。

黑龙江省的大豆播种时间在 $5\sim10$ cm 的土层地温稳定通过 $7\sim8℃$ 时开始播种。选择审定推广的优质、高产、抗逆性强,在当地能正常成熟的品种。一般播量为 $45\sim60$ kg/hm^2,保苗数 $25\sim33$ 株/m^2。一般每公顷用地膜量 60 kg 左右。为了减少白色污染,大豆行间覆膜栽培技术要求采用厚度 $0.008\sim0.01$ mm 的薄膜覆膜以便于田间揭膜。行距为 110 cm,中间覆 70 cm 宽的地膜,在地膜两外侧距膜边距 2.5 cm 处进行播种,播种的苗带间距为 35 cm(即每相隔 40 cm 铺一行 70 cm 宽地膜,在距膜两外侧 2.5 cm 处播种)。

4.施肥方法

施肥方式为侧深施肥,肥料施在膜内,距种子 10 cm,分为两层,第一层为种下 7 cm,第二层为种下 14 cm。便于大豆根系在不同时期都可以有效地吸收到养分,因肥料在膜内,所以减少了肥料挥发损失,同时也提高了土壤微生物的活性,比直播提高了肥料的利用率。

5.化学除草

除草方式以土壤处理为主,茎叶处理为辅。土壤处理和茎叶处理应根据杂草的种类和当时的土壤条件选择施药品种和施药量。茎叶处理可采用苗带喷雾器,进行苗带施药,药量要减 1/3。

6.生长调控

大豆行间覆膜有提墒、增墒、增温,提高肥料利用率的作用,使大豆植株生长旺盛,因此,应视植株生长状况,在初花期选用多效唑、三碘苯甲酸等生长调节剂进行调控,控制大豆徒长,防止后期倒伏。

7.残膜回收

在大豆封垄前将膜全部清除并回收,防止白色污染。起膜后在覆膜的行间进行中耕。其余栽培技术与大田相同。

(三)注意事项

首先,不能选择过于晚熟品种,要选择在本地能正常成熟的品种。其次,大豆行间覆膜技术应选择适应的区域应用,在干旱地区或干旱年份应用,有极大的增产潜力;而在水分充足的地块应用此项技术反而会影响根系发育造成不良后果。最后,要选用拉力强度大的膜,以利于膜的回收,不污染环境。

项目四　大豆田间管理技术

一、出苗率调查

大豆出苗后应及时进行出苗情况调查,如果出苗率低于 95%,则需要进行补种或补栽。

(1)根据大豆田块的大小确定选点数量,选取的样点应具有代表性。常见的有"五点取样法""棋盘式取样法"和"蛇形取样法"(图 3-3)。

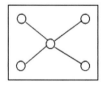　　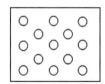　　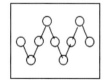

　　1.五点取样法　　　　　2.棋盘式取样法　　　　3.蛇形取样法

图 3-3　取样方法

(2)在每样点上分别测量行距、株距,各个样点的行距和株距取平均值,即为所调查田块的行距和株距。按调查所得的行距和株距值,计算每公顷面积上的苗数。

(3)根据每公顷面积上的实际苗数计算出苗率。

$$公顷苗数 = 10\,000(m^2)/平均行距(m) \times 平均株距(m)$$

$$出苗率 = (公顷实际出苗数/公顷计划保苗数) \times 100\%$$

二、追肥

(一)根际追肥

在底肥、种肥用量充足,植株生长健壮的情况下,可不进行追肥。在土壤肥力较低,大豆苗期生长弱,封垄有困难时,可在大豆分枝期或初花期追肥。

施用方法:在垄侧,距离植株 5～10 cm 远开 5～10 cm 深的沟,施肥于沟内,覆土。

一般追施尿素 30～50 kg/hm²,或磷酸氢二铵 40～75 kg/hm²

(二)根外追肥

大豆初花期叶面喷施磷酸二氢钾、硼、钼等微肥。

施用方法:每次每亩用磷酸二氢钾 100 g,钼酸铵 25 g,硼砂 100 g,温热水溶解,后加入 50～100 kg 水喷施,连喷两次,间隔 10 d。

三、灌水

根据大豆需水规律,苗期除非遇到严重干旱,一般不灌水,以利于大豆扎根壮苗。

大豆在分枝期干旱会影响花芽分化数量,干旱时可酌情灌水。一般在下午 3～4 时植株叶片出现萎蔫时灌溉。灌溉以喷灌最好,其次为沟灌和畦灌。切忌用大水漫灌。大豆不耐淹涝,如土壤水分饱和或遇雨田间积水,应及时排水晾田。

大豆开花结荚期对水分反应敏感,是大豆的水分临界期。如果水分不足,就会导致大量落花落荚。因此,如遇干旱,必须及时灌水,以满足开花结荚对水分的需要。大豆既需要水又怕水,花荚期渍水也易引起落花落荚。因此,在搞好灌溉的同时,也要注意排涝。

鼓粒期豆粒体积迅速增大,需水量较多。鼓粒期缺水,若适当少灌,能显著提高粒重和产量,改进大豆品质。鼓粒后期减少土壤水分可促进早熟。在鼓粒初期及中期遇旱,应及时灌水保墒,鼓粒后期则要彻底排水防渍促进豆荚成熟,防止贪青晚熟,或黄叶烂根,影响产量和品质。

四、中耕除草

中耕是指在大豆生育期间在株行间进行铲蹚的作业。目的在于消除田间杂草,疏松表土层,提高土壤通透性,增加孔隙度,蓄水增温,促进微生物活动和养分分解,有利于根系良好生长。中耕要结合培土,培土是结合中耕把土拥到作物根部四周的作业。目的是增加茎秆基部的支持力量,同时还具有促进根系发展,防止倒伏,便于排水,覆盖肥料等作用。

大豆中耕一般进行 3 次,第一次在幼苗 2 片真叶展开后进行,此时根系分布浅,中耕深度不宜超过 4 cm,以免伤根。大豆播后如遇大雨造成表土板结、出苗困难,可提早进行中耕松土,以帮助大豆顺利出苗。苗高 10～14 cm 时进行第二次中耕除草,深度 5～6 cm。培土高度要接近或超过子叶节,促进茎部多生不定根,以加强吸收力和抗倒伏能力。第三次中耕一般在苗高 20 cm 左右,开花前进行,此时根系发达,宜浅耕,并结合培土,以增强植株抗倒伏能力。

五、植物生长调节剂的使用

大豆在生长发育过程中,有时会出现营养生长与生殖生长不协调的现象,如植株生长过度繁茂造成徒长,开花延迟等。在大豆即将出现生长失调时,除了可采用摘心、打叶等应急措施外,还可应用生长调节剂。如果应用得当,能调节生长矛盾,提高产量和品质。大豆常用的调节剂有两类:一类是延缓抑制剂,可改善株型结构,防止徒长倒伏,减少郁蔽和花荚脱落;另一类是营养促进剂,可改善植株光合性能,调节体内营养分配,促进产量提高。

(一)大豆上常用的植物生长调节剂

1.三碘苯甲酸

2,3,5-三碘苯甲酸是一种多性能的植物生长调节剂,能抑制细胞分裂,消除顶端优势,增强抗倒能力,减轻花荚脱落。在植株高大,生长势强、易倒伏的中晚熟品种上应用,可增产 $10\%\sim20\%$ 。

施用三碘苯甲酸以土质肥沃,生长高大、繁茂的豆田或高密度栽培地块为宜。在初花期叶面喷洒,喷施浓度 $100\sim200$ mg/kg,喷液量 $375\sim450$ kg/hm^2 。也可在盛花期施用,浓度为 200 mg/kg,喷液量 $600\sim750$ kg/hm^2 。在肥水不足,植株生长量小,不存在倒伏可能的地块上不能使用。

2.增产灵

增产灵化学名称为 4-碘苯氯乙酸,其能防止花荚脱落、增荚、增粒、增重。一般增产 $3\%\sim5\%$ 。增产灵在盛花期和结荚期喷施。喷施 2 次,每隔 $7\sim10$ d 喷 1 次。喷施浓度为每 100 kg 水加药 $1\sim3$ g,药液用量 $50\sim70$ kg/hm^2 。

3.多效唑

多效唑是一种三唑类植物生长调节剂,具有抑制徒长,促进根系发育,增加根瘤数量,增强抗逆性的作用。大豆喷施后表现为植株矮化,茎秆变粗,抗倒伏能力增强,复叶小而厚,光合效率提高,叶片功能期延长,增加生物产量并显著增产。在高肥水条件及使用无限结荚习性品种时,增产幅度可达 $6.2\%\sim18.3\%$ 。

大豆应用多效唑叶面喷洒可重点用于高产田控制旺长、防倒伏。在大豆初花期,用 15% 多效唑可湿性粉剂 750 g/hm^2 ,兑水 750 kg,在晴天下午均匀喷洒。应注意不重喷,不漏喷,浓度误差不超过 10%。若喷后 6 h 内降雨,要降低一半药量重喷。

多效唑必须在高肥水地块上施用,适当增加密度。在玉米与大豆间作时施用效果好。在有限结荚习性大豆品种上施用,浓度应适当降低。多效唑在土壤中易残留,不能连年使用。若浓度过高,大豆受药害时可喷洒赤霉素,追施氮肥,灌水缓解。

4.烯效唑

烯效唑也是一种三唑类植物生长调节剂,具有矮化植株,增强抗倒能力,提高作物抗逆性和杀菌等功能。其活性高于多效唑,不易发生药害,高效、低残留,对大豆安全。试验结果表明,烯效唑在 $50\sim300$ mg/kg 浓度范围内对大豆均有一定的增产效果,以 150 mg/kg 的增产幅度最高,可达 21.6%。

烯效唑宜在肥力水平高,生长过旺的地块使用,以大豆初花期至盛花期叶面喷洒为宜,浓度为 $100\sim150$ mg/kg。施用烯效唑注意事项与多效唑相同。

5.矮壮素

矮壮素可以使大豆植株矮壮、根系发达、叶片增厚、叶色加深、光合作用增强,从而促进生殖生长,提高结荚率,改善品质,提高产量和抗旱、抗寒、抗盐碱能力。一般在大豆有 4 片复叶时,每亩用 0.1%的矮壮素溶液喷施,到初花期再用 0.5%的矮壮素溶液喷 1 次,每次每亩喷药液 50 kg。

6.亚硫酸氢钠

亚硫酸氢钠是一种光呼吸抑制剂,能降低大豆的光呼吸强度,提高净光合强度,提高产量。长势较弱的地块在初花期使用,一般地块在盛花期使用。喷施浓度为 50～80 mg/kg,喷液量为 450～900 kg/hm²。在第一次喷施后 7～10 d 再喷一次,能提高增产效果。喷雾应在晴天上午进行,遇雨应重喷。施用亚硫酸氢钠的浓度不应高于 100 mg/kg,否则会降低细胞壁和光合膜的透性。

(二)使用植物生长调节剂应注意的问题

1.根据需要选择适宜的调节剂

不同大豆品种、土壤肥力、环境条件和大豆的不同生育状况,需要调节的目的和要求也不同。土壤肥水条件差,大豆长势弱,发育不良的地块,要选用促进型的调节剂。土壤肥水条件好,大豆密度高,长势旺的地块,为了控制徒长,防止倒伏,要选用抑制型的调节剂。

2.严格掌握施用浓度和方法

根据调节剂的种类、使用时期、施用方法和气象条件,确定适宜的浓度。在施用方法上,首先要选择适宜的时期,如防倒伏以大豆初花期为宜;不同性质的调节剂不能混用。

3.注意环境因素的影响

用调节剂拌种或浸种时应避免阳光直射,叶面喷洒也应避开烈日照射时间,以下午 4 时后为宜。叶面喷洒应避开风雨天,喷后 6 h 遇雨要重喷。

4.加强田间管理

大豆使用多效唑等延缓抑制剂,必须同适时早播,适当增加密度,增加肥水投入,加强中耕除草和病虫害防治相结合,否则会使产量降低。

5.防止发生药害

严格控制调节剂使用浓度和剂量,把握准使用时期和方法。如果发生药害,要根据药害产生的原因和受害程度采取相应的补救措施。如果用错了调节剂,可立即喷大量清水淋洗作物,或用与该调节剂性质相反的调节剂来挽救。如已发生药害,在受害较轻时可补施速效性氮肥、灌水;受害较重时应抓紧改种其他作物。造成土壤残留的,要用大水冲洗,以免影响下茬作物。

六、大豆病虫草害防治

(一)大豆主要病害的防治

1.大豆孢囊线虫病

大豆孢囊线虫病俗称"火龙秧子",是我国大豆生产中普遍发生、危害严重的病害之一。主要分布于东北、华北地区、山东、江苏、河南、安徽等省,尤其在东北三省的干旱、盐碱地区发生严重。一般减产 10%～20%,重者可达 30%～50%,严重时甚至绝产。

胞囊线虫病在大豆整个生育期均可发生,田间常呈点、片发黄状。大豆开花前后,病株明显矮化、瘦弱,叶片褪绿变黄,似缺水、缺氮状。病株根瘤少,根发育不良,须根增多,根上有大量 0.5 mm 大小的白色至黄白色的球状孢囊(线虫的雌成虫)。病株结荚少或不结荚,籽粒小而瘪。防治措施主要有以下 4 个方面。

（1）农业防治。大豆胞囊线虫主要以胞囊在土壤中或混杂在种子中越冬，其侵染力可达 8 年。生产中实行水旱轮作或与禾本科作物 3 年以上轮作是有效的防治措施，轮作年限越长效果越好。

（2）选用抗病品种。选用抗线 6、7、8 号，晋遗 30 号，中黄 19，黑河 38，辽豆 13 等抗病、耐病品种，可减轻当年受害程度。

（3）加强栽培管理。加强检疫，严防大豆胞囊线虫传入无病区。不在沙壤土、沙土或干旱瘠薄的土壤及碱性土壤种植大豆。增施有机肥或喷施叶面肥，促进植株生长。高温干旱年份适当浇水。

（4）药剂防治。可选用 3％米乐尔颗粒剂 60～90 kg/hm²、3％克线磷颗粒剂 4.995 kg/hm²、10％涕灭威颗粒剂 33.75～75 kg/hm²、5％甲拌磷颗粒剂 120 kg/hm² 播种时撒在沟内。也可用含有呋喃丹的种衣剂包衣，对线虫有 10～15 d 的驱避作用。

2. 大豆疫霉根腐病

此病在大豆各生育时期均可发病。出苗前染病引起种子腐烂或死苗。出苗后染病引起根腐或茎腐，造成幼苗萎蔫或死亡。成株染病，茎基部变褐腐烂，病部环绕茎蔓延至第 10 节，下部叶片叶脉间黄化，上部叶片褪绿，造成植株萎蔫，凋萎叶片悬挂在植株上。病根变成褐色，侧根、支根腐烂。病菌以卵孢子在土壤中存活越冬成为该病初侵染源。带有病菌的土粒被风雨吹或溅到大豆上能引致初侵染。土壤中或病残体上卵孢子可存活多年。湿度高或多雨天气、土壤黏重，易发病。重茬地发病重。其防治措施如下。

（1）农业防治。加强田间管理，及时中耕培土。雨后及时排除积水防止湿气滞留。

（2）种子处理。播种前用种子重量 0.3％的 35％甲霜灵粉剂拌种。播种时沟施甲霜灵（瑞毒霉、瑞毒霜）颗粒剂，使大豆根吸收可防止根部侵染。

（3）药剂防治。必要时喷洒或浇灌 25％甲霜灵可湿性粉剂 800 倍液或 58％甲霜灵·锰锌可湿性粉剂 600 倍液、64％杀毒矾 M8 可湿性粉剂 900 倍液。必要时喷洒植物动力 2003 或多得稀土营养剂。

3. 大豆灰斑病

大豆灰斑病又称蛙眼病，世界各大豆产区均有发生，此病不仅影响产量，病粒还影响豆粒外观，品质变劣，商品大豆降等降价。主要为害叶片，也可侵染茎、荚和种子。叶片和种子上产生边缘褐色、中央灰白色或灰褐色、直径 1～5 mm 的蛙眼状病斑，潮湿时叶背病斑中央密生灰色霉层。灰斑病病菌主要以菌丝体在种子或病残体上越冬，病残体为主要初侵染源，条件适宜时易大流行。一般连作、田间湿度大发病重。防治措施如下。

（1）选用抗（耐）病品种。种植晋遗 31 号、吉育 47 号、蒙豆 14 号、合丰 50 等抗病品种是防止病害流行的有效措施。但抗病品种的抗病性不稳定，持续时间短。

（2）加强栽培管理。合理轮作，避免重迎茬，合理密植，收获后及时清除病残体及翻耕等措施可减轻发病。

（3）药剂防治。在发病初期或结荚盛期及时喷药防治。常用药剂有 50％多菌灵可湿性粉剂 1 000 倍液、50％苯菌灵可湿性粉剂 1 500 倍液、65％甲霉灵可湿性粉剂 1 000 倍液等。隔 7～10 d 喷药 1 次，连续用药 1～2 次。

4. 大豆褐斑病

大豆褐斑病(褐纹病、褐叶病、斑枯病)在全国各大豆产区均有发生。东北地区发生普遍,苗期病株率可达100%。大豆褐纹病从苗期到成株期均可发生,主要为害叶片,病株单叶甚至下部复叶长满病斑,造成层层脱落,对大豆产量影响很大。叶上产生多角形1~5 mm褐色或赤褐色略隆起病斑,中部色淡,稍有轮纹,上生小黑点,病斑周围组织黄化,多数病斑可汇合成黑色斑块,导致叶片由下向上提早枯黄脱落。一般种子带菌率高,种子带菌导致幼苗子叶发病。连作、温暖多雨、结露持续时间长发病重。防治措施如下。

(1)选用抗病品种。选用抗病品种和进行种子处理。选用抗病品种可减少产量损失。播前用种重0.3%的50%福美双可湿性粉剂或50%多菌灵可湿性粉剂拌种,或用大豆种衣剂包衣处理。

(2)农业防治。合理轮作,消灭菌源。与禾本科作物3年以上轮作,收获后及时清除病残体并深翻,豆秸若留作烧柴,应在雨季之前烧光。

(3)合理施肥。施足基肥及种肥,及时追肥。生育后期最好喷施多元复合叶面肥,增强抗病性。

(4)药剂防治。发病初期选用25%阿米西达900~1 200 mL/hm²、50%多菌灵可湿性粉剂1.125~1.5 kg/hm²兑水喷雾,隔7~10 d喷1次,连用2~3次。也可用47%春雷霉素可湿性粉剂800倍液、30%碱式硫酸铜悬浮剂300倍液等喷雾,隔10 d左右喷1次,连续用药1~2次。

5. 大豆菌核病

大豆菌核病又称白腐病,我国各大豆产区均有发生,是一种毁灭性的茎部病害,苗期至成株期均可发病,在黑龙江、内蒙古大豆产区为害较重。该病主要为害地上部分,花期、结荚后受害重,可产生苗枯、叶腐、茎腐、荚腐等症状。病部初为深绿色湿腐状,潮湿时产生白色棉絮状菌丝体,使病部逐渐变白,最后在受害部内外产生黑色鼠粪状菌核。成株期病株茎秆腐烂,苍白色,易折断,髓部中空,内有黑色鼠粪状菌核。防治措施如下。

(1)农业防治。减少越冬菌源。病菌主要以菌核在土壤中、病残体内或混杂在种子中越冬,以初侵染为主,再侵染机会少。病菌不侵染禾本科植物,因此与禾本科作物3年以上轮作是防病的有效措施。清除混杂在种子中的菌核;避免在豆田周围或邻近种植向日葵、油菜等;大豆出苗后及时中耕培土,秋季深翻将菌核埋入3 cm以下土壤使其不能萌发。

(2)选种抗病、良种。选用株型紧凑、尖叶或叶片上举、通风透光性能好的耐病品种。

(3)药剂防治。发病前10~15 d或发病初期可选用40%菌核净可湿性粉剂800~1 200倍液、50%速克灵(腐霉利)可湿性粉剂2 000倍液、50%扑海因(异菌脲)可湿性粉剂1 000~1 500倍液,隔7~10 d喷1次,连用2~3次。喷药重点是近地面的花、幼荚等部位。

6. 大豆霜霉病

大豆霜霉病在我国各地大豆产区普遍发生,东北、华北等冷凉多雨地区发病较重,造成早期落叶、百粒重降低,籽粒含油率和发芽率降低。大豆各生育期均可发生,主要为害叶片和籽粒。带菌种子长出的幼苗,真叶和复叶从叶基部开始沿叶脉出现褪绿大斑块,后全叶变褐枯死。叶片上再侵染可引起边缘不明显、散生的褪绿小点,后扩大成多角形、黄褐色病斑。潮湿时叶背均产生灰白色霉层。病荚内有大量杏黄色粉状物,病籽粒色白、无光泽,表面有一层黄白色粉末。大豆生长季节冷凉(10~24℃)、高湿有利于病害发生流行。防治措施如下。

（1）选用抗病品种。推广吉育 47 号、蒙豆 14 号等抗病品种。

（2）种子处理。选用无病种子,进行种子处理。带菌种子是最主要的初侵染源,应选无病田留种并精选种子。播种前用种子重量 0.3％的 35％甲霜灵（瑞毒霉）可湿性粉剂,或用种子重量 0.3％的 80％克霉灵可湿性粉剂拌种。

（3）农业防治。合理轮作,铲除病苗。病菌以卵孢子在病残体上越冬,轮作或清除病残体可减轻发病。结合田间管理铲除病苗,减少再侵染。

（4）药剂防治。发病初期,可选用 25％甲霜灵（瑞毒霉）可湿性粉剂 800 倍液、58％甲霜灵锰锌可湿性粉剂 600 倍液、69％烯酰吗啉（安克锰锌）可湿性粉剂 900～1 000 倍液喷雾防治。隔 7～10 d 喷 1 次,连续防治 2～3 次。

7.大豆细菌性斑点病

该病为害幼苗、叶片、叶柄、茎及豆荚。幼苗染病子叶生半圆形或近圆形褐色斑。叶片染病初生褪绿不规则形小斑点,水渍状,扩大后呈多角形或不规则形,大小 3～4 mm,病斑中间深褐色至黑褐色,外围有一圈窄的褪绿晕环,病斑融合后成枯死斑块。茎部染病初呈暗褐色水渍状长条形,扩展后为不规则状,稍凹陷。荚和豆粒染病生暗褐色条斑。防治措施如下。

（1）农业防治。与禾本科作物进行 3 年以上轮作。施用充分腐熟的有机肥。

（2）选用抗病品种。目前我国已育出一批抗细菌性斑点病的大豆品种,如科黄 2 号、徐州 424、南 493-1、沛县大白角等。

（3）种子处理。播种前用种子重量 0.3％的 50％福美双拌种。

（4）药剂防治。发病初期喷洒 1∶1∶160 波尔多液或 30％绿得保悬浮液 400 倍液,视病情防治 1～2 次。

8.大豆病毒病

该病的症状因病毒株系、寄主品种、侵染时期和环境条件的不同差别很大。

轻花叶型:用肉眼能观察到叶片上有轻微淡黄色斑驳,此症状在后期感病植株或抗病品种上常见。

重花叶型:病叶呈黄绿相间的斑驳,叶肉突起,严重皱缩,暗绿色,叶缘向后卷曲,叶脉坏死,感病或发病早的植株矮化。

皱缩花叶型:叶脉疱状突起,叶片歪扭、皱缩、植株矮化,结荚少。

黄斑型:皱缩花叶和轻花叶混合发生。

芽枯型:病株顶芽萎缩卷曲,发脆易断,呈黑褐色枯死,植株矮化,开花期花芽萎缩不结荚,或豆荚畸形,其上产生不规则或圆形褐色的斑块。

褐斑粒:是花叶病在种子上的表现,染病种子上常产生斑驳,斑纹为云纹状或放射状,病株种子受气候或品种的影响,有的无斑驳或很少有斑驳。防治措施如下。

（1）农业防治。选用抗病品种;用不带毒种子,建立无病留种田,提倡在无病田留种,播种前严格筛选种子,清除褐斑粒;在大豆生长期间彻底拔除病株;种子田应与生产田及其他作物田隔离 100 m 以上,防止病毒传播;避免晚播,大豆易感病期要避开蚜虫高峰期;采用大豆与高秆作物间作可减轻蚜虫为害从而减轻发病。

（2）加强检疫。在调运种子或进行品种资源交换时,会引进非本地病毒或株系,从而扩大病害流行的范围和流行的程度。因此,在引种时,对引进的种子要先隔离种植,从无病株上留取无病毒的种子繁殖。

(3)治蚜防病。大豆病毒病发生流行与蚜虫数量、蚜虫为害高峰期出现早晚关系密切,在蚜虫发生期可选用1.5%乐果粉剂22.5~30.0 kg/hm² 喷粉;或用40%乐果乳油1 000~1 500倍液喷雾。此外,用银灰薄膜放置田间驱蚜,防病效果达80%。

9. 大豆菟丝子

大豆菟丝子又称黄丝子、黄丝藤、金线草、黄豆丝、无根草和豆寄生等,为寄生性种子植物,在我国各大豆产区分布普遍,东北三省、山东等地为害严重。大豆菟丝子以丝状茎蔓缠绕大豆,并产生吸盘伸入大豆茎内吸取养分,被害植株矮小,茎叶变黄,结荚少,籽粒不饱满,严重时全株萎黄甚至枯死。菟丝子与大豆同时或稍早成熟,种子成熟后大部分落入土中,少部分混入大豆种子或粪肥中。菟丝子种子在土壤内可保持发芽力5~7年,且抗逆性很强。低洼地及多雨潮湿天气,菟丝子危害重。防治措施如下。

(1)种子处理。严格种子检疫和精选种子。菟丝子为检疫对象,调种时应严格检查,防止传入新区。菟丝子种子小,千粒重仅1 g左右,通过筛选、风选等均能清除混杂在豆种中的菟丝子种子。

(2)合理轮作。菟丝子种子量大,未完全成熟的种子也能萌发。但菟丝子出土后长到5 cm内遇不到寄主即死亡,且菟丝子不能寄生在禾本科作物上,因此与禾本科作物3~5年轮作,可减轻危害。

(3)宽行条播。菟丝子出苗后2~3 d,若找不到合适的寄主就会死亡。因此,可采用宽行条播种植,降低菟丝子幼苗成活率,减轻危害。

(4)施用腐熟有机肥。菟丝子种子经过畜禽消化道后仍有生命力,含有菟丝子的畜禽粪肥必须充分腐熟后才能施入豆田。

(5)拔除病株。大豆出苗后,若发现有菟丝子缠绕在植株上,在菟丝子种子形成前拔除病株,清除残体。

(6)深翻土壤。由于菟丝子幼苗出土能力弱,种子在土表5 cm以下很难萌发出土。深耕10 cm以上,可将土表的菟丝子种子深埋入土。

(7)生物防治。用生物制剂鲁保一号(含活孢子15亿/g)菌剂7.5~1.2 kg/hm²,加水1 500 kg,在菟丝子幼苗期喷雾,隔5~7 d防治1次,连续2~3次。施药最好在阴天或傍晚进行,田间温度25~27℃、相对湿度90%为宜。

(8)药剂防治。可在大豆播前、播后苗前或苗后用除草剂防除。

①播后苗前土壤处理。用72%异丙甲草胺乳油2 250 mL/hm²,兑水450~750 kg,在大豆播前或播后苗前将药液喷施于土表。天气干旱土壤墒情差时,施药后立即浅把松土,把药物混入2~4 cm土层中,然后播种。也可用50%乙草胺1 500 mL/hm²,兑水450~600 kg,在大豆播后苗前均匀喷雾,进行土壤封闭。

②苗后茎叶处理。用41%农达400倍液,或10%草甘膦100倍液,在菟丝子为害大豆初期,喷洒被害的大豆植株。药液最好只喷施在有菟丝子寄生的植株上,否则易产生药害。

(二)大豆主要虫害的防治

1. 大豆食心虫

大豆食心虫又称大豆蛀荚虫、小红虫,是我国北方大豆产区的重要害虫,主要以幼虫蛀荚为害豆粒,对大豆的产量、质量影响很大。食心虫成虫为暗褐色小蛾子,体长5~6 mm。前翅暗褐色,前缘有10条左右黑紫色短斜纹,外缘内侧有一个银灰色椭圆形斑,斑内有3个紫褐色小斑。低龄幼虫黄白色,老熟幼虫鲜红色或橙红色。大豆食心虫在我国各地1年发生1代,以末龄幼虫在大豆田的土壤中做茧越冬。成虫有弱趋光性,飞翔力弱,下午在豆株上方成团飞舞。在3~5 cm长的豆荚、幼嫩豆荚、荚毛多、荚毛直立的品种豆荚上产卵多,极早熟或过晚熟品种着卵少,初孵幼虫在豆荚上爬行数小时后便蛀入荚内,并将豆粒咬成兔嘴状缺刻。防治措施如下。

(1)农业防治。选用抗(耐)虫品种,宜选用无荚毛或荚毛弯曲、成熟期适中的抗虫品种如吉育47号等,可有效减轻危害。大豆与甜菜、亚麻或玉米、小麦等禾本科作物2年以上轮作,最好不要与上年种植大豆的田块邻作;大豆收获后及时深翻,可增加越冬幼虫死亡率。适当提前播种,可减少豆荚着卵量,降低虫食率。

(2)生物防治。在成虫产卵盛期释放赤眼蜂,放蜂量为30万~40.5万头/hm²,可消灭大豆食心虫卵。

(3)药剂防治。成虫在田间"打团"飞舞时即为防治适期。可选用2.5%敌杀死乳油405~600 mL/hm²、20%灭扫利乳油450 mL/hm²、48%乐斯本(毒死蜱)乳油120~1 500 mL/hm²喷雾防治。喷药时,将喷头朝上,从根部向上喷,使下部枝叶和上部叶片背面着药。大豆封垄后,用长约30 cm的玉米秸等两节为一段,去皮的一节浸足敌敌畏药液,每隔4垄、在垄上间距5 m将药棒留皮的一端均匀插在垄台上,用药棒600~750根/hm²熏蒸杀死成虫。

2. 大豆蚜虫

大豆蚜虫俗称腻虫,繁殖力强,1头雌蚜可繁殖50~60头若蚜,若蚜在气候适宜时,5 d即能成熟进行生殖。1年可在大豆上繁殖15代。以成蚜和若蚜集中在豆株的顶叶、嫩叶、嫩茎刺吸汁液,严重时布满茎叶,幼荚也可受害。豆叶被害处叶绿素消失,形成鲜黄色的不规则黄斑,继后黄斑逐渐扩大,并变为褐色。受害严重的植株,叶卷缩,根系发育不良,发黄,植株矮小,分枝及结荚减少,百粒重降低,苗期发生严重时可使整株死亡。大豆蚜虫经常发生危害,干旱年份大发生时为害更为严重,如不及时防治,轻者减产20%~30%,重者减产50%以上。防治措施如下。

(1)种子处理。用含有内吸性杀虫剂的种衣剂包衣,对控制苗期蚜虫为害有一定作用。

(2)农业防治。选用抗蚜虫品种,及时铲除田边、沟边杂草,减少虫源。

(3)生物防治。大豆蚜虫的天敌种类较多,可保护和利用瓢虫、草蛉、食蚜蝇、小花蝽、蚜茧蜂、瘿蚊、蜘蛛等天敌来控制蚜虫。

(4)药剂防治。播种前先开沟,沟施3%呋喃丹颗粒剂30 kg/hm²,盖少量土后再播种,可兼治多种地下害虫和苗期害虫。田间有蚜株率超过50%,且高温干旱,应及时防治。常用药剂有50%辟蚜雾可湿性粉剂1 500倍液、10%吡虫啉1 000倍液、2.5%鱼藤酮乳油500倍液,可根据虫情选药喷雾防治,药剂应轮换使用。

3. 大豆根潜蝇

大豆根潜蝇又称豆根蛇潜蝇、大豆根蛆,主要分布于黑龙江、吉林、辽宁、内蒙古的大豆产区,是我国北方大豆产区的重要害虫。大豆根潜蝇1年发生1代,成虫为体长2.2~2.4 mm的黑色小蝇子,复眼大、暗红色,触角具芒状。翅有紫色闪光,翅脉上有毛。幼虫为长约4 mm的乳白色至浅黄色小蛆,体圆筒形,半透明。成虫舐吸豆苗叶片的汁液,使叶面出现很多密集透明的小孔;幼虫钻蛀为害幼根,形成3~5 cm长的隧道,并使被害根变粗、变褐或纵裂,从而形成"破肚"现象,伤口导致根部侵染性病害发生。受害大豆幼苗植株矮小、叶色变黄。防治措施如下。

(1)农业防治。大豆根潜蝇为单食性害虫,只为害大豆和野生大豆,且飞翔力弱,成虫取食大豆叶片的汁液补充营养,因此轮作换茬可减轻为害。大豆收获后深翻,能把蛹埋入较深土壤中,降低成虫羽化率。秋耙地,可破坏大豆根潜蝇的越冬场所,并将部分土壤中越冬的蛹带到地表,增加死亡率。培育壮苗,提高耐害力,适期早播,施足基肥,增施磷、钾肥,加快大豆幼苗生长发育速度,提高根部木质化程度,使大豆幼苗期躲过幼虫盛发期,减轻受害程度。

(2)种子处理。用含有呋喃丹(克百威)的种衣剂包衣,如用种子重量 1%～1.5% 的 35% 多克福悬浮种衣剂包衣,也可用 40% 乐果乳油 700 mL 加水 4 000～5 000 mL,喷拌 100 kg 大豆种子。

(3)药剂防治。用 3% 呋喃丹颗粒剂、10% 涕灭威颗粒剂撒入播种穴或播种沟内,用药量 15～33.75 kg/hm²,然后播种;防治幼虫用 80% 敌敌畏乳剂 800～1 000 倍液、40% 乐果乳油 1 000 倍液喷雾或灌根;在成虫盛发期,即大豆长出第一片复叶前,子叶表面出现黄斑,目测田间出现成虫时,药剂喷雾防治成虫。

4.地老虎

地老虎成虫体长 16～23 mm,翅展 42～54 mm,深褐色,前翅由内横线、外横线将全翅分为 3 段,具有显著的肾状斑、环形纹、棒状纹和 2 个黑色剑状纹;后翅灰色无斑纹。幼虫体长 37～47 mm,灰黑色,体表布满大小不等的颗粒,臀板黄褐色,具 2 条深褐色纵带。成虫对黑光灯及糖醋酒等趋性较强。幼虫共 6 龄,3 龄前在地面、杂草或寄主幼嫩部位取食,危害不大;3 龄后昼间潜伏在表土中,夜间出来危害。寄主为各种蔬菜及农作物幼苗。幼虫将蔬菜幼苗近地面的茎部咬断,使整株死亡,造成缺苗断垄,严重的甚至毁种。防治措施如下。

(1)农业防治。早春清除农田及周围杂草,防止地老虎成虫产卵是关键一环;如已被产卵,并发现 1～2 龄幼虫,则应先喷药后除草,以免个别幼虫入土隐蔽。清除的杂草,要远离农田,沤粪处理。

(2)诱杀防治。一是黑光灯诱杀成虫。二是糖醋液诱杀成虫。糖 6 份、醋 3 份、白酒 1 份、水 10 份、90% 敌百虫 1 份调匀,在成虫发生期设置,均有诱杀效果。某些发酵变酸的食物,如甘薯、胡萝卜、烂水果等加入适量药剂,也可诱杀成虫。三是毒饵诱杀幼虫。地老虎喜欢以田中杂草为食,因此可选择地老虎喜食的灰菜、刺儿菜、苦荬菜、小旋花、苜蓿、艾蒿、青蒿、白茅、鹅儿草等杂草堆放诱集地老虎幼虫,或人工捕捉,或拌入药剂毒杀。

(3)化学防治。地老虎 1～3 龄幼虫期抗药性差,且暴露在寄主植物或地面上,是药剂防治的适期。喷洒 40.7% 毒死蜱乳油每亩 90～120 g 兑水 50～60 kg 或 2.5% 溴氰菊酯或 20% 氰戊菊酯 3 000 倍液、20% 菊·马乳油 3 000 倍液、10% 溴·马乳油 2 000 倍液、90% 敌百虫 800 倍液或 50% 辛硫磷 800 倍液。

土壤处理:杀地虎(10% 二嗪磷颗粒剂)杀虫,每亩用杀地虎 400～500 g 拌 10 kg 毒土沟施,要点是"施匀、盖土",保证药剂均匀分布在土层 5～10 cm 处。此外,也可选用 3% 米乐尔颗粒剂,每亩 2～5 kg 处理土壤。

5.蛴螬

蛴螬体肥大弯曲近 C 形,体大多白色,有的黄白色。体壁较柔软,多褶皱。头大而圆,多为黄褐色,或红褐色。蛴螬 1～2 年 1 代,幼虫和成虫在土中越冬,成虫即金龟子,白天藏在土中,晚上 8~9 时进行取食等活动。蛴螬幼虫始终在地下活动。蛴螬咬食幼苗根茎,断口整齐。喜食刚播种的种子、根、块茎以及幼苗,是世界性的地下害虫,危害很大。金龟子取食大豆等的叶片。防治措施如下。

(1)种子处理。用于拌种用的药剂主要有 50% 辛硫磷、20% 异柳磷,其用量一般为药剂 1∶水 30~40∶种子 400~500;也可用 25% 辛硫磷微胶囊剂。或用种子重量 2% 的 35% 克百威种衣剂拌种。其能兼治金针虫和蝼蛄等地下害虫。

(2)施用毒谷。每亩用 25% 辛硫磷微胶囊剂 150~200 g 拌谷子等饵料 5 kg 左右,或辛硫磷乳油 50~100 g 拌饵料 3~4 kg,撒于种沟中,兼治蝼蛄、金针虫等地下害虫。

(3)土壤处理。用 50% 辛硫磷乳油每亩 200~250 g,加水 10 倍,喷于 25~30 kg 细土拌匀成毒土,顺垄条施,随即浅锄,或以同样用量的毒土撒于种沟或地面,随即耕翻,或混入厩肥中施用,或结合灌水施入;或 3% 呋喃丹颗粒剂,或 5% 辛硫磷颗粒剂,每亩 2.5~3 kg 处理土壤,都能收到良好效果,并兼治金针虫和蝼蛄。

6. 草地螟

其成虫淡褐色,体长 8~10 mm,前翅灰褐色,外缘有淡黄色条纹,翅中央近前缘有一深黄色斑,顶角内侧前缘有不明显的三角形浅黄色小斑,后翅浅灰黄色,有两条与外缘平行的波状纹。幼虫共 5 龄,老熟幼虫 16~25 mm,1 龄淡绿色,体背有许多暗褐色纹,3 龄幼虫灰绿色,体侧有淡色纵带,周身有毛瘤。5 龄多为灰黑色,两侧有鲜黄色线条。

其在黑龙江省 1 年发生 2~3 代,以老熟幼虫在土内吐丝作茧越冬。翌春 5 月化蛹及羽化。成虫飞翔力弱。黑龙江省的草地螟主要是借高空气流长距离迁飞而来。资料显示东北地区严重发生的草地螟虫源,越冬代成虫一部分来自内蒙古乌盟地区,一部分来自蒙古国中东部及中俄边境地区。一代草地螟成虫主要来自内蒙古兴安盟、呼伦贝尔市和蒙古国草原。草地螟成虫喜食花蜜,卵散产于叶背主脉两侧,常 3~4 粒在一起,以距地面 2~8 cm 的茎叶上最多。初孵幼虫多集中在枝梢上结网躲藏,取食叶肉,3 龄后食量剧增,幼虫共 5 龄。防治措施如下。

(1)诱杀成虫。杀灭草地螟于入地之前。采取高压汞灯杀虫十分有效,每盏高压汞灯可控制面积 20 hm²,在成虫高峰期可诱杀成虫 10 万头以上,防治效果可达 70% 以上。所以要积极创造条件,增设高压汞灯及其他灯光诱杀设施,利用草地螟趋光习性,大量捕杀成虫,有效降低田间虫源。

(2)农业防治。实施田间生态控制,减少田间虫源量。针对草地螟喜欢在灰菜、猪毛菜等杂草上产卵的习性,采取生态性措施,加大对草地螟的防治力度。实践证明,消灭草荒可减少田间虫量 30% 以上。要加快铲趟进度,及早消除农田草荒,集中力量消灭荒地、池塘、田边、地头的草地螟喜食的杂草,改变草地螟栖息地的环境,达到减少落卵量、降低田间幼虫密度的目的。

(3)药剂防治。抓住幼虫防治的最佳时期,一般 6 月 12—20 日是防治幼虫的最好时期。所以要求农户要及时查田。当大豆百株有幼虫 30~50 头,在幼虫 3 龄以前组织农户进行联防,统一进行大面积的防治。药剂最好选用低毒、击倒速度快、又经济的药剂。防治效果比较好的药剂有 4.5% 高效氯氰菊酯乳油、2.5% 溴氰菊酯乳油等,采用拖拉机牵引悬挂式喷雾机,小四轮拖拉机保持二挡行进速度,喷药量为 30 mL/亩,兑水 30 kg。或采用背负式机动喷雾器,每人之间间隔 5 m,一字排开喷雾,集中防治。

7.金针虫

金针虫的老熟幼虫体长 20～30 mm,细长筒形略扁,体壁坚硬而光滑,具黄色细毛,尤以两侧较密。体黄色。成虫又名叩头虫,一般颜色较暗,体形细长或扁平,具有梳状或锯齿状触角。胸部下侧有一个爪,受压时可伸入胸腔。成虫体长 8～9 mm 或 14～18 mm,依种类而异。体黑或黑褐色,头部生有 1 对触角,胸部着生 3 对细长的足,前胸腹板具 1 个突起,可纳入中胸腹板的沟穴中。头部能上下活动似叩头状,故称"叩头虫"。分布于我国北方地区,在东北地区约 3 年 1 代。幼虫在土中取食播种下的种子、萌出的幼芽、农作物和菜苗的根部,致使作物枯萎致死,造成缺苗断垄,甚至全田毁种。在测报调查时,金针虫数量达 1.5 头/m² 时,即应采取防治措施。防治措施如下。

(1)药剂闷种。用 40％甲基异柳磷、或 50％辛硫磷、或 48％毒死蜱按种子重量的 0.1％～0.2％药剂和 10％～20％的水兑匀,均匀地喷洒在种子上并闷种 4～12 h。

(2)施用毒土。用 5％甲基毒死蜱颗粒剂每亩 2～3 kg 拌细土 25～30 kg;也可每亩用 50％辛硫磷乳油 200～250 g,加水 10 倍,喷于 25～30 kg 细土上拌匀成毒土,顺垄条施,随即浅锄。

(3)淹水防治。发生严重时可浇水迫使害虫垂直移动到土壤深层,减轻为害。

8.黏虫

黏虫成虫体长 15～17 mm,头部与胸部灰褐色,腹部暗褐色。前翅灰黄褐色、黄色或橙色;后翅暗褐色,向基部色渐淡。幼虫体色多变,背面底色有黄褐色、淡褐色、黑褐色至浓黑,变化甚大(常因食料和环境不同而有变化)。老熟幼虫体长 38 mm,头红褐色。蛹长约 19 mm,红褐色。东北地区每年发生 2～3 代。幼虫食叶,大发生时可将作物叶片全部食光,造成严重损失。因其群聚性、迁飞性、杂食性、暴食性,成为全国性重要农业害虫。防治措施如下。

(1)保护天敌。玉米黏虫天敌很多,常见的有步行甲、蛙类、鸟类、寄生蜂、寄生蝇,特别值得一提的是中华卵索线虫是黏虫幼虫的重要寄生天敌,通过对天敌的保护和人为干预,可以持续、有效地降低虫口数,以防治玉米黏虫。

(2)诱杀成虫。用糖醋盆、黑光灯等诱杀成虫。

(3)药剂防治。每亩可选用 50％辛硫磷乳油、80％敌敌畏乳油、40％毒死蜱乳油、75～100 g 加水 50 kg 或 25％氰·辛乳油 20～30 mL 或 4.5％高效氯氰菊酯 50 mL 加水 30 kg 均匀喷雾,或用 5％甲氰菊乳油、5％氰戊菊酯乳油、2.5％高效氯氟氰菊酯(功夫)乳油、2.5％溴氰菊(敌杀死)乳油 1 000～1 500 倍液、40％氧化乐果 1 500～2 000 倍液、10％吡虫啉 2 000～2 500 倍液喷雾防治。低龄幼虫期可用 5％卡死克乳油 4 000 倍液、灭幼脲 1 号、灭幼脲 2 号或灭幼脲 3 号 500～1 000 倍液喷雾防治,防治黏虫幼虫效果好,且不杀伤天敌。施药时间应在晴天的 9 时以前或 17 时以后进行,若遇雨天应及时补喷,要求喷雾均匀周到、田间地头,路边的杂草都要喷到。

9.蝼蛄

蝼蛄在沙质壤土苗圃地为害严重,白天躲在土下,夜间在表土层或在地面上活动;以 21～23 时为取食高峰,有强烈的趋光性、趋湿性和趋厩肥的习性,还对香、甜食物嗜食。成虫、若虫均在土中活动,取食播下的种子、幼芽或将幼苗咬断致死,受害的玉米根部呈乱麻状。蝼蛄在地下活动,将表土穿成许多隧道,使幼苗根部透风和土壤分离,造成幼苗因失水干枯致死,缺苗断垄,严重的甚至毁种,使大豆大幅度减产。防治措施如下。

(1)农药拌种。用 50％辛硫磷乳油 0.3 kg 拌种 100 kg,可防治多种地下害虫,不影响发芽率。

(2)黑光灯诱杀。

(3)施用毒饵

①一般把麦麸、豆饼、谷子等饵料炒香,每亩用饵料 5 kg,加入 40％乐果乳油 50～100 g,再加入适量的水拌匀成毒饵,于傍晚撒于苗圃地面。

②马粪加毒饵诱杀法。在田间每隔 17～18 m 定一行,行中每隔 17～18 m 挖一长 30～40 cm、宽 20 cm、深 6 cm 的坑(坑在田间交错排列);先将适量马粪填入坑内,与湿土拌匀后摊平,上面撒一层毒饵,可将蝼蛄直接杀死。

③"酒宴"诱杀法。取饼粉或麦麸 5 kg、90％晶体敌百虫 150 g、食糖 250 g、白酒 50 g;先把饼粉或麦麸炒香,再把敌百虫、食糖、白酒放入 5 kg 水中化开,然后与饼粉或麦麸拌匀,于傍晚撒在田间,诱杀效果可达 95％以上。

(4)喷药防治。进行喷雾防治,最好于低龄期进行,药剂应选择高效、低毒种类。于若虫盛发期,喷洒 50％辛硫磷乳油 400 倍液、或 25％敌杀死乳油 1 000 倍液、或 40.7％乐斯本乳油 1 000 倍液。

(三)大豆杂草化学防治

大豆田间常见的主要禾本科杂草有马唐、牛筋草、狗尾草、稗草和野燕麦等,阔叶杂草有反枝苋、皱果苋、铁苋菜、龙葵、马齿苋、苍耳、鸭跖草、苘麻、藜及刺儿菜等。杂草对大豆生长具有很大影响,农业生产上通常在杂草盛期施用化学除草剂除治,效果比较好。

1.播前土壤处理

大豆田播种前土壤处理多采用混土处理方法,其优点是可防止挥发性和易光解除草剂的损失,在干旱年份也可达到较理想的防效,并能防治深层土中的一年生大粒种子的阔叶杂草,在东北地区由于气温低也可于上年秋季施药。操作时混土要均匀,混土深度要一致,土壤干旱时应适当增加施药量。可选用的除草剂有以下 3 种。

(1)氟乐灵。主要用于防除禾本科杂草和一部分小粒种子的阔叶杂草。一般在播前 5～7 d 用药,春大豆也可在前一年秋天用药,48％氟乐灵用量为 1.65～2.6 L/hm²,施药后 2 d 内及时混土 5～7 cm。

(2)灭草猛(卫农)。主要用于防除一年生禾本科杂草和部分阔叶杂草,88％灭草猛乳油用量为 2.6～4.0 L/hm²,混土深度 5～7 cm。

(3)地乐胺。主要用于防除禾本科杂草和部分阔叶杂草,48％地乐胺乳油用量为沙质土 2.25 L/hm²、壤质土 3.45 L/hm²、黏土 4.5～5.6 L/hm²,混土深度 5～7 cm。

2.播后苗前土壤处理

(1)防除禾本科杂草。可选用的除草剂有 50％乙草胺乳油 2.25～3 L/hm²,沙质土壤及夏大豆田可适当降低用量;72％异丙甲草胺乳油 1.5～2.7 L/hm²;48％甲草胺(拉索)乳油 4.5～7.0 L/hm²;72％异丙草胺(普乐宝)乳油 1.5～2.7 L/hm²。

(2)防除阔叶杂草。可选用的除草剂有 80％茅毒可湿性粉剂 2.25～2.7 kg/hm²;50％速收可湿性粉剂 0.12～0.18 kg/hm²。

(3)兼用性药剂。防除阔叶杂草和禾本科杂草,常用的除草剂有 50％嗪草酮可湿性粉剂

1.05～1.5 kg/hm²,土壤有机质含量低于2%的土壤和沙质土不能应用;50%广灭灵乳油2.25～2.5 L/hm²;5%普施特水剂1.5～2.0 L/hm²,因对下茬油菜、水稻、甜菜和蔬菜等极易产生药害,在夏大豆种植区不宜应用。

此外,大豆田化学除草的土壤处理多以混用为主,常用的混用组合有:乙草胺+嗪草酮、氟乐灵+嗪草酮、拉索+嗪草酮、都尔+嗪草酮、广灭灵+嗪草酮、氟乐灵+广灭灵、氟乐灵+普施特、氟乐灵+茅毒、乙草胺+广灭灵、乙草胺+普施特、都尔+普施特、都尔+广灭灵、乙草胺+速收、都尔+速收以及氟乐灵+速收等。

3. 苗后茎叶处理

(1)防除禾本科杂草。常用的除草剂有20%拿捕净1.5～2.0 L/hm²;12.5%盖草能乳油0.75～1.0 L/hm²或10.8%高效盖草能乳油0.375～0.525 L/hm²;15%精稳杀得乳油0.75～1.2 L/hm²;10%禾草克乳油0.75～1.2 L/hm²或5%精禾草克乳油0.45～0.9 L/hm²;7.5%威霸浓乳剂0.45～0.75 L/hm²;12%收乐通乳油0.525～0.6 L/hm²以及4%喷特乳油0.6～1.0 L/hm²。上述药剂应于杂草3～5叶期喷施。

二维码3-4 影响大豆田苗后茎叶处理除草药效的相关因素

(2)防除阔叶杂草。常用的除草剂有21.4%杂草焚水剂1.0～1.5 L/hm²;25%虎威水剂1.0～1.5 L/hm²;48%苯达松水剂1.5～3.0 L/hm²;44%克莠灵水剂1.5～2.0 L/hm²;24%克阔乐乳油0.4～0.5 L/hm²;10%利收乳油0.45～0.675 L/hm²。上述药剂均需在大豆3片复叶前、杂草2～4叶期用药。

项目五　大豆收获及贮藏技术

一、收获技术

(一)大豆成熟期划分

大豆的成熟过程分为黄熟、完熟和枯熟3个时期。

1. 黄熟期

大豆植株下部叶片大部分变黄脱落,豆荚由绿变黄,种子逐渐呈现其固有色泽,体积缩小、变硬。此时是人工收获或分段收获的适宜时期。

2. 完熟期

叶片全部脱落,荚壳干缩,籽粒含水量在20%～25%,用手摇动会发出响声。此时为联合收获的适宜时期。

3. 枯熟期

植株茎秆发脆,出现炸荚现象,种子色泽变暗。

(二)收获时间

大豆机械化收获要掌握适宜的收获时间。收获过早,籽粒尚未充分成熟,百粒重、蛋白质含量、脂肪含量均低;收获过晚,会造成炸荚落粒,增加损失。适宜收获时期因收获方法不同而异。联合收获的最适宜时期是在完熟期,此时大豆叶片全部脱落,茎、荚和籽粒均呈现出原品种的固有色泽,用手摇动会发出哗哗的响声。分段收获可提前到黄熟期,此时大豆已有70%～80%叶片脱落,籽粒开始变黄,部分豆荚仍为绿色,是割晒的最适时期。如果收获过早,茎、叶含水量高,青粒多,易发霉;过晚则失去了分时期收获的意义。

(三)收获方法

1.联合收获

大豆收获时,用联合收获机直接收获。采用此法要把割台下降前移,降低割茬高度,应用小收割台,以减少收获损失。为了防止炸荚,可在木翻轮上钉帆布带、橡皮条或改装偏心木翻轮。另外,加高挡风板防止豆粒外溅。每台车要有长短两条滚筒皮带,以便根据植株含水量、喂入量、破碎率等情况,随时调换皮带,调整滚筒转速。滚筒转速一般以 500～700 r/min 为宜。

2.分段收获

大豆收获时,先用割晒机或经过改装的联合收获机,将大豆割倒放铺,晾干后再用联合收获机拾禾脱粒。分段收获与直接收获相比,具有收割早、损失率低、破碎粒和"泥花脸"少等优点。为了提高拾禾工效,减少损失,在拾禾的当天早晨尚有露水时,人工将三趟并成一趟。据黑龙江省农垦八五三农场调查,单铺拾禾每公顷损失 26.25 kg,双铺拾禾为 11.25 kg,三铺拾禾仅为 6.75 kg。并铺时,要求不断空,薄厚一致。割晒的大豆铺应与机车前进方向呈30°角,每 6～8 垄放一趟铺子,放在垄台上,豆枝相互搭接,以防拾禾掉枝。遇雨时要及时翻晒,干燥后及时拾禾脱粒。

大豆收获时,无论采用哪种收获方法,都要搞好机具检修,减少"泥花脸",降低破碎率和损失率,确保大豆丰产丰收。

二、大豆贮藏技术

(一)大豆种子的贮藏特性

(1)大豆含有大量蛋白质,且种皮薄,吸湿性强。
(2)大豆耐热性差,在25℃以上的温度下贮藏时,蛋白质易变性。
(3)大豆含脂肪较多,导热性差;且脂肪多由不饱和脂肪酸构成,容易酸败。
(4)大豆破损粒易生霉变质。

(二)大豆种子的贮藏技术要点

1.带荚曝晒,充分干燥

大豆种子干燥以脱粒前带荚干燥为宜。大豆安全贮藏水分应在12%以下。

2.及时进行通风散湿

大豆种子收获时正值秋末冬初季节,气温逐步下降,大豆种子入库后还有后熟过程,会放出大量湿热,如不及时散发,就会引起种子发热霉变。为了达到种子长期安全贮藏的目的,大豆种子入库21～28 d时,要经常、及时观察库内温度、湿度变化情况。一旦发生温度过高或湿度过大,必须立即进行通风散湿,必要时要倒仓或倒垛。

　　3.及时进行低温密封

　　大豆种子入库后,应保持库内适宜大豆贮藏的环境条件。大豆种子低温密闭贮藏后除仓库保管人员定期检查外,要尽量减少仓库的开关次数。

模块小结

　　本模块简要介绍了大豆的植物学特征、各生育时期的生长发育特点及对环境条件的要求;阐述了大豆种植选地选茬、基肥种肥施用及种子处理等播种前准备工作内容;重点介绍了大豆等距穴播法、大豆垄三栽培法、大豆窄行密植播种法及大豆行间覆膜播种法4种种植模式;明确了大豆中耕技术和病虫草害的防治措施;简要介绍了大豆收获及贮藏技术。

模块巩固

　　1.大豆各生育时期的生长发育特点如何?

　　2.大豆生长发育需要什么样的环境条件?

　　3.大豆落花落荚的原因及减少花荚脱落的措施?

　　4.选择大豆品种的依据是什么?

　　5.大豆的需肥特点如何? 怎样科学施肥?

　　6.种植大豆应如何进行土壤耕作?

　　7.如何确定大豆栽培的合理密度?

　　8.大豆的播种方法有几种?

　　9.如何进行大豆的播种质量检查?

　　10.大豆使用生物调节剂应注意的问题?

　　11.黑龙江省大豆的主要病害有哪几种? 如何防治?

　　12.黑龙江省大豆的主要虫害有哪几种? 如何防治?

　　13.简述大豆的杂草防除技术。

模块四

马铃薯生产与管理

【知识目标】

通过本模块学习,学生了解马铃薯起源、区划、用途和营养状态;熟悉马铃薯的形态特征及各生育阶段的特点;各生育时期对环境条件,不同用途马铃薯的品质要求。

【能力目标】

掌握马铃薯脱毒种薯的选用;种薯切块及小整薯的利用;播种方法、中耕除草、科学施肥、病虫草害防治、安全贮藏等技术。

项目一 马铃薯栽培基础

一、马铃薯概述

马铃薯是全球第四大重要的粮食作物,仅次于小麦、稻谷和玉米。马铃薯又称山药蛋、洋芋、洋山芋、洋芋头、香山芋、洋番芋、山洋芋、阳芋、地蛋、土豆等。马铃薯在不同国家,名称称谓也不一样,如美国称其为爱尔兰豆薯、俄罗斯称其为荷兰薯、法国称其为地苹果、德国称其为地梨、意大利称其为地豆、秘鲁称其为巴巴等。

(一)马铃薯起源和栽培简史

考古学考证马铃薯发现距今 7 000 年左右,也有考证认为其栽培距今 3 500～4 500 年。其栽培起源中心极可能在秘鲁南部的安第斯山山区和玻利维亚北部。在系统发育上形成了适应于冷凉、湿润和昼夜温差大而不耐高温、干旱的特性。大约于公元 1570 年首先进入西班牙,1590 年进入英格兰,1691 年从百慕大传入北美殖民地。公元 17 世纪,英国传教士带马铃薯到印度和中国,大约同期,马铃薯传入日本和非洲各地。据考证,马铃薯最早传入中国的时间是在明朝万历年间(1573—1619 年),18 世纪中叶,京津等地已有广泛的马铃薯栽培,此后为福建沿海地区,后西南、西北各地相继有马铃薯的大量栽培,而黑龙江、吉林、辽宁 3 省在清末 20 世纪初期起,才逐步有较大面积的发展。

(二)马铃薯的栽培区划

滕宗璠等(1989年)根据我国马铃薯种植地区的气候、地理、栽培制度及品种类型等条件,将我国马铃薯栽培划分为4个马铃薯栽培区。

1.北方一作区

本区包括黑龙江、吉林、辽宁省除辽东半岛以外的大部分,内蒙古、河北北部、山西北部、宁夏、甘肃、陕西北部,青海东部和新疆天山以北地区。本区无霜期短,气候凉爽,日照光足,昼夜温差大,适于马铃薯生长发育,是我国马铃薯主产区,一年只栽培一季,也是重要的种薯生产基地。

2.中原二作区

本区包括辽宁西部、河北中南部、山西中南部、陕西、四川南部、湖北和湖南两省的东部、河南、山东、江苏、浙江、安徽、江西等地。本区实行春、秋两季栽培。春季多为商品薯生产,秋季主要是生产种薯。与其他作物间套作。

3.南方二作区

本区包括广东、广西、海南、福建和台湾等地。本区夏长冬暖,主要在稻作后,利用冬闲地栽培马铃薯,实行秋播或冬播,栽培的集约化程度高,是我国重要的商品薯出口基地。也是今后马铃薯发展潜力大的地区。

4.西南一、二季混作区

本区包括云南、贵州、湖南、西藏等地及四川中北部、湖北的西部山区。本区多为山地和高原,区域广阔,地势复杂,海拔高度变化很大。马铃薯在本区有一季作和二季作栽培类型。

(三)马铃薯的营养价值和主要用途

马铃薯具有高产、适应性强、分布广、营养成分全和耐贮藏等特点,是重要的宜粮、宜菜、宜饲和宜做工业原料的粮食作物。块茎中淀粉含量为12%～22%,还含有丰富的蛋白质、糖类、矿物质、盐类和维生素B、维生素C等。块茎单位重量干物质所提供的食物热量高于所有的禾谷类作物。因此,马铃薯在当今人类食物中占有重要地位。马铃薯可以制作淀粉、糊精、葡萄糖、酒精等数十种工业产品,还可以加工成薯片、薯条、全粉等。马铃薯还是多种家畜和家禽的优质饲料。在作物的间作套种、轮作制中马铃薯也占有重要地位。

二、马铃薯的生物学基础

(一)马铃薯的形态特征

马铃薯是茄科茄属一年生草本植物。其块茎可供食用,是重要的粮食、蔬菜兼用作物。按植株形态结构可分为根、茎(地上茎、地下茎、匍匐茎、块茎)、叶、花、果实和种子6部分(图4-1)。

1.根

马铃薯的根系因繁殖方式不同可分为两大类。用种子有性繁殖的植株为直根系,有主根和侧根之分(图4-2);用块茎、芽条无性繁殖的植株为须根系,没有明显的主侧根之分(图4-3)。

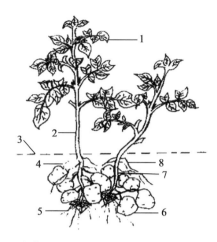

1.叶片 2.地上茎 3.土面 4.匍匐茎
5.芽眼根 6.块茎 7.地下茎 8.匍匐茎

图 4-1 马铃薯的植株

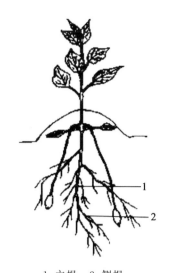

1.主根 2.侧根

图 4-2 马铃薯实生苗的直根系

马铃薯主要根系分布在土壤表层 30 cm 左右,一般不超过 70 cm,但也有深达 150～200 cm,水平分布在 30～60 cm 范围内。根系最初与地面倾斜向下生长,横展至 30～60 cm 后便向下垂直生长。早熟品种根系生长较弱,入土浅、数量和深度及分布范围都不及晚熟品种。整地质量也影响根系的生长。

须根系由两种根组成,即初生根(芽眼根)和后生根(匍匐根)。初生根是在初生芽的茎部靠种薯处紧缩在一起的 3～5 节所生的根,初生根数量多,分枝力强,是主体根。后生根是由地下茎节处匍匐茎的周围发生的根。通常每个匍匐茎有 3～5 条根,长 10 cm 左右,分枝力弱、寿命短,但吸磷的能力很强,随匍匐茎增多,匍匐根也多。

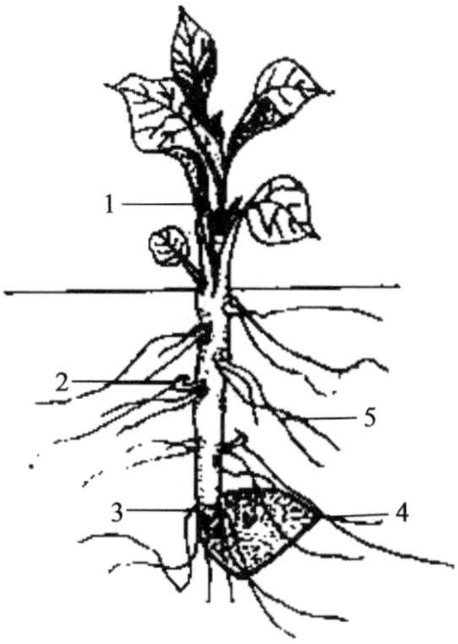

2.茎

马铃薯的茎包括地上茎、地下茎、匍匐茎和块茎(图 4-4),都是同源器官,但形态和功能各不相同。

(1)地上茎。马铃薯的地上茎是由块茎芽眼萌发的幼芽抽出地面的枝条形成的,多汁,呈绿色,间有紫色,有茸毛和腺毛。节部横切面为圆形,间节部分为三角形或四棱形。在茎的棱上,由于组织的增长形成突起的翅状物——茎翅,茎翅分为直翅与波状翅,其可作为鉴定品种的特征之一。

茎的高度和繁茂程度因品种不同有很大差异,受栽培条件影响也较大。早熟品种节数少,茎较矮,一般高 40～70 cm;中晚熟品种节数较多、茎较高,一般高为 83～120 cm。茎具有分枝特性,一般早熟品种从主茎上发生分枝,上部分枝多出现得晚,茎细弱,总分枝数少;晚熟品种茎部分枝多,茎粗壮,总分枝数多。马铃薯茎的再生能力很强,在适宜的条件下,每一茎节都可以生长不定根,每茎节的腋芽在适宜的条件下都能长成新植株。所以,生产上采用分枝、剪枝、

1.苗 2.茎 3.芽眼根
4.种薯 5.匍匐茎

图 4-3 马铃薯的须根系

扦插和压蔓等措施来增加繁殖数量以提高产量。

（2）地下茎。马铃薯地下茎为主茎的地下结薯部位，表皮为外壁已角质化的周皮所代替，气孔大而稀，无色素层。地下茎节上每一腋芽都有可能伸长形成匍匐茎，茎节数越多，形成匍匐茎越多。地下茎节一般6～8节，当播种深为15 cm时，可达8～9节。

（3）匍匐茎。匍匐茎是地下茎分枝的变态，由地下茎节上的腋芽发育而成，尖端是形成块茎的部位。用种子繁殖的植株，当地上部出现3～4片真叶时，即开始形成匍匐茎，这是真正的匍匐茎。最初一对匍匐茎是从子叶的叶腋处发生的，先沿地面生长，然后伸入土中。以后，再由近地面真叶的叶腋处继续发生匍匐茎，随后伸入土中。

用块茎繁殖的植株，其匍匐茎一般与出苗同时发生。但在早播、低温情况下出苗慢，往往在出苗前已形成匍匐茎；芽栽促使匍匐茎形成，从而达到早结薯的目的。

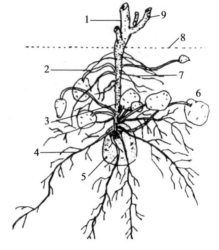

1.地上茎　2.匍匐茎　3.地下茎　4.芽眼根
5.种薯　6.幼嫩块茎　7.匍匐根
8.地面　9.叶柄

图4-4　马铃薯的茎

匍匐茎具有向地性和背光性，略呈水平方向生长，入土不深，大部分集中在地表下0～20 cm的土层内，长度因品种而异，一般为3～5 cm，短的仅有1～2 cm，长的可达30 cm以上。匍匐茎短结薯集中，便于管理和收获。

匍匐茎比地上茎细，但具有地上茎的所有特性。在生长过程中，如遇高温、密度过大或培土不及时而伸出地面，可转变为地上茎。而地上茎埋入土内也可转变为匍匐茎。因此，采用压蔓、分次培土、培育短壮芽可以增加匍匐茎数量。匍匐茎的成薯率一般为50%～70%。

（4）块茎。块茎就是短缩而肥大的变态茎。当匍匐茎顶端停止极性生长，它的髓部、韧皮部及皮层的薄壁细胞分生扩大并有大量淀粉积累，从而使匍匐茎顶端大而形成块茎。块茎具有地上茎的各种特征。块茎生长初期，其上有鳞片状小叶，缺乏叶绿体，至块茎稍大后，鳞片状小叶凋萎，残留叶痕，呈月牙状，称芽眉。芽眉向内凹陷成为芽眼。芽眼在块茎上的分布与地上茎的叶片排列顺序相同，顶部密、基部（脐部）稀，块茎上的芽眼数与地上部主茎数相等。

每个芽眼有3个或3个以上的芽，各芽都能发育成幼苗而成长为植株，在芽眼中央较突出的为主芽，其余的为副芽。发芽时主芽首先萌发，其余芽一般呈休眠状态，只有当主芽产生的幼苗被折断或死亡，以及主芽衰老或经化学药剂处理时，副芽才萌发成壮芽，就整个块茎来说，顶部芽先萌发，并发育成壮芽，这种现象，称为顶芽优势。生产上利用顶芽优势，常把块茎纵切，增加顶芽利用率。顶芽优势强弱因品种而异，并随贮藏期的延长而逐渐消失。

块茎表面有许多气孔，称为皮孔。通过皮孔与外界进行气体交换。块茎形状有球形、长筒形、椭圆形、扁形、卵形以及其他不规则的形状。马铃薯块茎的结构，外面是一层周皮，周皮里面是薯肉。薯肉由外向里包括皮层、维管束环和髓部。在块茎老化和贮藏过程中，周皮细胞逐渐被木栓质所充实，木栓质具有高度的不透水性和不透气性，所以有防止块茎水分散失，减少养分消耗，避免病菌侵入的作用。

薯肉充满淀粉粒，薯肉的皮层与髓部之间的维管束环是养分和水分的通道。皮层和髓部薄壁细胞中贮藏的养分,通过维管束环首先向顶芽和主芽输送,所以,顶芽和主芽具有发育成壮芽的优势。

块茎中还含有龙葵素,据实验在100 g鲜块茎中,龙葵素含量在20 mg以上时,如作为食用或饲用,极易引起人畜中毒。光照是促进块茎中形成龙葵素的重要原因。因此,在栽培管理和运输以及贮藏中,都要尽可能减少光照的机会,但作为种薯的块茎不怕光照,由于龙葵素的增加,反而能提高种薯抗病虫的能力。

3.叶

叶是光合作用的主要器官,马铃薯一生中叶片数为9~17片,早熟品种叶片偏少。从块茎上最初生出的几片叶为单叶,称为初生叶,初生叶全缘,颜色较浓,叶背往往呈紫色,叶面的茸毛较密,以后,随着植株的生长,逐渐形成奇数羽状复叶,其由顶生小叶和3~7对侧生小叶,以及侧生小叶之间的小裂叶和复叶柄基部的拖叶构成(图4-5)。

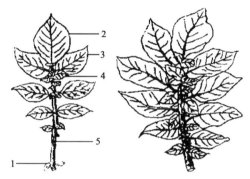

1.托叶　2.顶小叶　3.侧小叶　4.小裂叶　5.叶轴

图 4-5　马铃薯的叶

马铃薯叶面上有茸毛和腺毛,茸毛有将空气中的水分吸附和减轻蒸腾的作用;腺毛则能将茸毛上凝结的水分吸入植物体内,从而更有效地利用空气中的水分,提高抗旱能力。

4.花

马铃薯花序为聚伞花序。每个花序有2~5个分枝,每个分枝上有4~8朵花,每朵花具有一长短不等的花柄,在花柄上有环状的突起,是花柄脱落的地方,通常称为离层环或花柄节。节上和节下花柄长度之比是品种固有的特性(图4-6)。花冠的颜色有白、浅红、紫色或紫红色等,也是品种鉴别的标准,马铃薯是自花授粉作物。

1.柱头　2.花柱　3.花药　4.花丝　5.花瓣　6.花萼　7.花柄　8.花柄节

图 4-6　马铃薯的花

5.果实与种子

马铃薯的果实为浆果,呈圆形或椭圆形,果皮为绿色、褐色或紫色。每果含种子100~300粒,多者可达500粒,少者只有30~40粒。种子很小,千粒重为0.4~0.6 g,呈偏平卵圆形,黄色或暗灰色,胚弯曲状(图4-7)。刚采收的种子,一般有6个月左右的休眠期,经贮藏一年的种子比当年采收的种子发芽率高,通常在干燥低温下贮藏7~8年发芽率仍可达70%~90%。

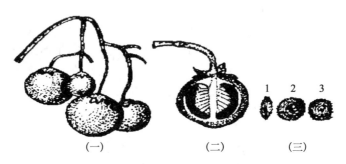

(一)浆果外形　(二)浆果外剖面　(三)种子
1.纵面　2.侧剖面　3.外形

图4-7　马铃薯的果实和种子

(二)生育时期

马铃薯的生长发育过程可划分为6个生育时期。

1.芽条生长期

种薯播种后,从萌发开始,经历芽条生长、根系形成,至幼苗出土为芽条生长期。该生长期是以根系和芽生长为中心,持续时间差异较大,短者1个月左右,长者可达数月之久。此期关键是能把种薯的养分、水分及内源激素调动起来,促进早发芽,多发根、快出芽、出壮苗。

2.幼苗期

从幼苗出土,经历根系发育、主茎孕苗期。由于马铃薯种薯内含有丰富营养和水分,在出苗前便形成了相当数量的根系和胚叶。出苗后根系继续扩展,茎叶生长迅速,多数品种在出苗后7~10 d匍匐茎伸长,5~10 d顶端开始膨大;同时顶端第一花序开始孕育花蕾,侧枝开始发生。此期的生长中心是茎叶与块茎的生长。

3.块茎形成期

从块茎具有雏形开始,经历地上茎顶端封顶叶展开、第一花序开始开花、全株匍匐茎顶端均开始膨大、直到最大块茎直径达3~4 cm、地上下部茎叶干物重和块茎干物重平衡为止,为块茎形成期。本期是决定单株结薯数的关键时期,一般经历30 d左右,农作措施以水肥促进茎叶生长,迅速建成同化体系,同时中耕结合培土为块茎膨大创造条件。

4.块茎增长期

从地上部与地下部干物重平衡开始,即进入块茎增长时期,此期叶面积已达最大值,茎叶生长逐渐缓慢并停止;地上部制造的养分不断向块茎输送,块茎的体积重量不断增长,是决定块茎体积大小的关键时期。

5.淀粉积累期

此期是从茎叶开始逐渐衰老,到块茎体积和重量继续增加。该期生长特点是地上部向块茎中转运碳水化合物、蛋白质和灰分,块茎日增重达最大值。淀粉的积累一直延续到茎叶全部枯死之前,农作措施主要是保持根、茎、叶减缓衰亡,加速同化物向块茎中转移,成熟收获期决定于生产目的和轮作中的要求。一般当植物地上部茎叶黄枯,茎块内淀粉积累充分时,即为成熟收获期。

6.休眠期

新收获的马铃薯,即使给予发芽的适宜条件,也不能在短期内萌发,必须经过相当长的一段后熟时间,才能发芽,这种现象叫作"休眠";块茎由收获到幼芽萌发的这段时间叫休眠期。休眠期是一种生理自然现象,是对不良条件的适应性。休眠期的长短,与品种的特性和贮藏条件有密切的关系。一般品种休眠期约3个月,长的达4～5个月,休眠期长的品种催芽较困难,常延误播种或发芽出苗不整齐,影响产量。

(三)马铃薯生长发育需要的环境条件

1.温度

马铃薯生长发育需要较冷凉的气候条件,因为它原产南美洲安第斯山高山区,年平均气温5～10℃,最高平均气温24℃左右。我国的西南山区、西北和北方一些地区,接近马铃薯原产地的气候条件。不过马铃薯栽培经过多年的人工选择,已有早、中、晚熟不同的品种类型,在多种气候条件下可以种植。但毕竟马铃薯植株和块茎在生物学上对温度的反应有其自然特性,所以,种植马铃薯时,了解这些情况非常重要。

(1)植株对温度的反应。播种的马铃薯块茎在地面下10 cm深处,土温达7～8℃,幼芽即可生长,10～20℃时幼芽苗壮成长并很快出土。播种早的马铃薯出苗后常遇到晚霜,一般气温降至−0.8℃时幼苗即受冷害。气温降到−2℃时幼苗受冻害,部分茎叶枯死、变黑,但在气温回升后还能从节部发出新的茎叶继续生长。植株生长最适宜的温度为21℃左右,在42℃高温下,茎叶停止生长,气温在−1.5℃时,茎部受冻害,−3℃时茎叶全部枯死。开花最适温度为15～17℃,低于5℃或高于38℃则不开花。开花期遇−0.5℃低温则花朵受害,−1℃使花朵致死。当然,因品种的抗寒性不同,对温度的反应也有差异。了解马铃薯植株生长与温度的关系,对加强田间的管理,保证马铃薯获得高产,具有重要意义。

(2)块茎对温度的反应。马铃薯块茎生长发育的最适温度为17～19℃,温度低于2℃和高于29℃时,块茎停止生长。在生产实践中常遇到两种块茎生长反常现象。

第一种现象是播种块茎上的幼芽变成了块茎,也称闷生薯或梦生薯。这种现象是由于播种前块茎贮藏条件不好,窖温偏高。窖温在4℃以上,块茎休眠期过后即开始发芽。有的窖温在10℃以上,块茎上芽子长得很长,把块茎生芽去掉后播种,块茎内养分向幼芽转移时遇到低温,幼芽没有生长条件,所以又把养分贮藏起来形成了新的小块茎。如果播种时块茎不发芽或只是开始萌芽而不生长,待温度升高后才正常生长,这样就不会产生块茎。

第二种现象是在块茎遇到长时间高温时即停止生长,待浇水或降雨后,土壤温度下降,块茎又开始生长,即二次生长。在这种条件下有的块茎像哑铃,有的像念珠状,出现多种畸形。当然,这种现象与品种是否耐高温有很大关系。对高温敏感的品种遇到干旱缺水,土壤温度升高时,二次生长块茎特别多,这就会严重影响产量或降低块茎品质。对这类品种要及时灌溉降低土温。而耐高温品种可不出现或很少出现二次生长的现象。

2.水分

马铃薯生长过程中必须有足够的水分才能获得高产。马铃薯的需水量与环境条件的关系密切而复杂。特别是与马铃薯叶片的光合作用和蒸腾作用,植株所处的气候条件、土壤类型、土壤中有机质含量、施用的肥料种类与数量以及田间管理、种植的品种等,都有很大关系。研究结果表明,马铃薯植株每制造 1 kg 干物质约消耗水分 708 L。在壤土上种植马铃薯时,生产 1 kg 干物质最低需水 666 L,最高 1 068 L,在沙质土壤种植马铃薯的需水量为 1 046～1 228 L。一般每公顷生产 30 000 kg 块茎,按地上部和地下部重量 1∶1 和干物重 20% 计算,每公顷需水量为 4 200 t 左右。马铃薯生长过程中需水量最多的时期是孕蕾至花期,盛花期茎叶的生长量达到了最高峰。这段时间水分不足,会影响植株发育及产量。从开花到茎叶停止生长,这一段时间内块茎增长量最大,植株对水分需要量也很大,如果水分不足会妨碍养分向块茎中输送。

另外,马铃薯生长所需要的无机元素都必须溶解于水后,才能全部被吸收。如果土壤中缺水,营养物质再多,植物也无法利用。同样,植株光合作用和呼吸作用一刻也离不开水,如水分不足,不仅影响养分的制造和运转,而且会造成茎叶萎蔫,块茎减产。所以,经常保持土壤有足够的水分是马铃薯高产的重要条件。通常土壤水分保持在 60%～80% 比较合适。土壤水分超过 80% 对植株生长也会产生不良的影响,尤其是后期土壤水分过多或积水超过 24 h,块茎易腐烂。积水超过 30 h 块茎大量腐烂,超过 42 h 后将全部烂掉。因此,在低洼地种植马铃薯要注意排水和实行高垄栽培。

3.土壤

马铃薯对土壤适应的范围较广,最适合马铃薯生长的土壤是轻质壤土。因为块茎在土壤中生长,有足够的空气,呼吸作用才能顺利进行。轻质壤土较肥沃又不黏重,透气性良好,不但对块茎和根系生长有利,而且还有增加淀粉含量的作用。在这类土壤上种植马铃薯,一般发芽快,出苗整齐,生长的块茎表皮光滑,薯形正常,便于收获。

马铃薯种植在黏重的土壤,最好实行高垄栽培。这类土壤通气性差,平栽或小垄栽培,常因排水不畅造成后期烂薯。土壤黏重易板结,常使块茎生长变形或块茎形状不规则。但这类土壤只要排水通畅,其土壤保水、保肥力强,种植马铃薯往往产量很高。对这类土壤的管理,掌握中耕、除草和培土的墒情非常重要,一旦土壤板结变硬,田间管理很不方便,尤其培土困难,如块茎外露会影响品质。这类土壤生产的马铃薯块茎淀粉含量一般偏低。

沙性土壤种植马铃薯应特别注意增施肥料。因这类土壤保水、保肥力最差。种植时应适当深播,因一旦雨水稍大把沙土冲走,很易露出匍匐茎和块茎,不利于马铃薯生长,反而增加管理上的困难。沙土中生长的马铃薯,块茎特别整洁,表皮光滑,薯形正常,淀粉含量高,易于收获。

马铃薯是较喜酸性土壤的作物,土壤 pH 在 4.8～7.0 时马铃薯生长正常。pH 在 5.64～6.05 时有增加块茎淀粉含量的趋势,但 pH 在 4.8 以下土壤接近强酸时则植株叶色变淡呈现早衰、减产;pH 在 7.0 以上时则绝大部分不耐碱的品种产量大幅度下降;土壤 pH 在 7.8 以上不适于种植马铃薯。在这类土壤上种植马铃薯不仅产量低而且不耐碱的品种在播种后块茎的芽不能生长甚至死亡。

另外,石灰质含量高的土壤种植马铃薯,容易发生疮痂病。因这类土壤中放线菌特别活跃,常使马铃薯块茎表皮受到严重损害。所以遇到这种情况,应选用抗病品种和施用酸性肥料。

4.肥料

肥料是作物的粮食。有收无收在于水,收多收少在于肥。肥料不足或生长期间出现饥饿状态,就不可能高产。马铃薯是高产作物,需要肥料较多。肥料充足时植株可达到最高生长量,相应块茎产量也最高。氮、磷、钾三要素中马铃薯需要钾肥量最多,其次是氮肥,需要磷肥较少。

(1)氮肥。氮肥对马铃薯植株茎的伸长和叶面积增大有重要作用。适当施用氮肥能促进马铃薯枝叶繁茂、叶色浓绿,有利于光合作用和养分的积累,对提高块茎产量和蛋白质供应有很大作用。氮肥虽是马铃薯健康生长和取得高产的重要肥料,但是施用过量就会引起植株徒长以致结薯延迟,影响产量,并且枝叶徒长还易受病害侵袭,会造成更大的产量损失。相反,如氮肥不足,则马铃薯植株生长不良,茎秆矮,叶片小,叶色淡绿或灰绿,分枝少,花期早,植株下部叶早枯等,最后因植株生长势弱,导致产量很低。早期发现植株缺氮要及时追肥,可以变低产为高产。实践证明,氮肥施用过多比氮肥不足更难控制。因为苗期发现氮肥不足,可追施氮肥加以补充,而发现氮肥过多除控制灌水外,其他方法很难见效;而控制灌水常常造成茎叶凋萎,影响正常生长。因此,施用氮肥一定要适量。

(2)磷肥。磷肥虽然在马铃薯生长过程中需要较少,却是植株健康发育不可缺少的重要肥料。特别是磷肥能促进马铃薯根发育,所以磷肥是非常重要的肥料。磷肥充足则幼苗发育健壮,并且还有促进早熟、增进块茎品质和提高耐贮性的作用。

磷肥不足时,马铃薯植株生长发育缓慢,茎秆矮小,叶面积小,光合作用差,生长势弱。缺磷时块茎外表没有特殊症状,切开后薯肉常出现褐色锈斑。随着缺磷程度的增重,锈斑相应地扩大,蒸煮时薯肉锈斑处脆而不软,严重影响品质。

(3)钾肥。钾元素是马铃薯苗期生长发育的重要元素。钾肥充足,植株生长健壮,茎秆坚实,叶片增厚,组织致密,抗病力强。钾元素还对促进光合作用和淀粉形成有重要作用,钾肥往往使成熟期有所延长,但块茎大,产量高。

缺钾时马铃薯植株节间缩短,发育延迟,叶片变小,在后期叶片出现古铜色病斑,叶片向下弯曲,植株下部叶片早枯,根系不发达,匍匐茎缩短,块茎小,产量低,品质差,蒸煮时薯肉呈灰黑色。

此外,马铃薯还需要钙、镁、硫、锌、钼、铁、锰等微量元素,缺少这些元素时,也可引起病症,降低产量。但绝大部分土壤中这些元素并不缺乏,所以生产中一般不需特别施用。

5.光照

马铃薯是喜光作物,在生长期间日照时间长,光照强度大,有利于光合作用。栽培的马铃薯品种,基本上都是长日照类型的。光照充足时枝叶繁茂,生长健壮,容易开花结果,块茎大,产量高,特别在高原与高纬度地区,光照强、温差大,适合马铃薯的生长和养分积累,一般都能获得高产量。相反,在树荫下或与玉米等作物间套种时,如间隔距离小,共生时间长,玉米遮光,而植株较矮的马铃薯则会因为光照不足,导致养分积累少,茎叶嫩弱,不开花,块茎小,产量低。即使在马铃薯单作的条件下,如采用植株高大的品种,密度大、株行距小时,也常出现互相拥挤,下部枝叶交错,导致通风、透光差,也会影响光合作用和产量。

光照可明显地抑制块茎上芽生长。窖内贮藏的块茎在不见光的条件下,通过休眠期后由于窖温高,而长出又白又长的芽子,如把萌芽的块茎放在散射光下,即使在 15～18℃ 的温度下,芽子长得也很慢,我国南方架藏种薯和北方播种前催芽,都是利用这一点来抑制种薯芽的过度生长。而且在散射光下对种薯催大芽,是一项重要的增产措施。

马铃薯一般在产量 19 950~24 750 kg/hm² 的情况下吸收氮 99.75~174.75 kg、磷 42~49.5 kg 和纯钾 139.5~229.5 kg。马铃薯虽能适应多种土壤,但以疏松而富含有机质的(pH 5.5~6.0)黑土最为理想。种植密度不能少于 60 000 株/hm²。

三、马铃薯的产量形成与品质

(一)马铃薯的产量形成特点

1. 产品器官是无性器官

马铃薯的产品器官是块茎,是无性器官,因此在马铃薯生长过程中,对外界条件的需求前、后期较一致,人为控制环境条件较容易,易于获得稳产高产。

2. 产量形成时间长

马铃薯出苗后 7~10 d 匍匐茎伸长,再经 10~15 d 顶端开始膨大形成块茎,直到成熟,经历 60~100 d 的时间。产量形成时间长,因而产量高而稳定。

3. 马铃薯的库容潜力大

马铃薯块茎的可塑性大,一是因为茎具有无限生长的特点,块茎是茎的变态仍具有这一特点;二是因为块茎在整个膨大过程中不断进行细胞分裂和增大,同时块茎的周皮细胞也作相应的分裂增殖,这就在理论上提供了块茎具备无限膨大的生理基础。马铃薯的单株结薯层数可因种薯处理、播种深度、培土等不同而变化,从而使单株结薯数发生变化。马铃薯对外界条件反应敏感,受土壤、肥料、水分、温度或田间管理等方面的影响,其产量变化大。

4. 经济系数高

马铃薯地上茎叶通过光合作用所同化的碳水化合物,能够在生育早期就直接输送到块茎这一贮藏器官中去,其"代谢源"与"贮藏库"之间的关系,不像谷类作物那样在经过生殖器官分化、开花、授粉、受精、结实等一系列复杂的过程,这就在形成产品的过程中,可以节约大量的能量。同时,马铃薯块茎干物质的 83% 左右是碳水化合物。因此,马铃薯的经济系数高、丰产性强。

(二)马铃薯的淀粉积累与分配

1. 马铃薯块茎淀粉积累规律

块茎淀粉含量的高低是马铃薯食用和工业利用价值的重要依据。一般栽培品种块茎淀粉含量为 12%~22%,占块茎干物质的 72%~80%,由 72%~80% 的支链淀粉和 18%~28% 的直链淀粉组成。

块茎淀粉含量自块茎形成之日起就逐渐增加,直到茎叶全部枯死之前达到最大值。单株淀粉积累速度在块茎形成期缓慢,块茎增长至淀粉积累期逐渐加快,淀粉积累期呈直线增加,平均每株每日增加 2.5~3 g。各时期块茎淀粉含量始终高于叶片和茎秆的淀粉含量,并与块茎增长期前叶片淀粉含量、全生育期茎秆淀粉含量呈正相关,即块茎淀粉含量决定于叶子制造有机物的能力,更决定于茎秆的运输能力和块茎的贮积能力。

全生育期块茎淀粉粒直径呈上升趋势,且与块茎淀粉含量呈显著或极显著正相关。块茎淀粉含量因品种特性、气候条件、土壤类型及栽培条件而异。晚熟品种淀粉含量高于早熟品种,长日照品种和降水量少时,块茎淀粉含量提高。壤土上栽培较黏土上栽培的淀粉含量高。氮肥多则块茎淀粉含量低,但可提高块茎产量。钾肥多能促进叶子中的淀粉形成,并促进淀粉从叶片流向块茎。

2. 干物质积累分配与淀粉积累

马铃薯一生全株干物质积累呈"S"形曲线变化。出苗至块茎形成期干物质积累量小,主要用于叶部自身建设和维持代谢活动。这一时期干物质积累量占干物质总量的 54% 以上。块茎形成期至淀粉积累期干物质积累量大,并随着块茎形成和增长,干物质分配中心转向块茎,干物质积累量占干物质总量的 55% 以上。淀粉积累后期至成熟期,由于部分叶片死亡脱落,单株干重略有下降,而且原来贮存在茎叶中的干物质有 20% 以上也转移到块茎中去,到成熟期,块茎干物质重量占干物质总量的 75%～82%。干物质积累量在各器官分配,前期以茎叶为主。后期以块茎为主。全株干物质积累总量大,产量和淀粉含量高。

(三)马铃薯的品质

马铃薯按用途可分为食用、食品加工、淀粉加工、种用 4 类。不同用途的马铃薯其品质要求也不同。

二维码 4-1　马铃薯
退化的表现与原因

1. 食用马铃薯

马铃薯鲜薯食用的块茎要求薯形整齐、表皮光滑、芽眼少而浅,块茎大小适中,无变绿。出口鲜薯要求黄皮黄肉或红皮黄肉,薯形长圆形或椭圆形,食味品质好、不麻口,蛋白质含量高、淀粉含量中等。块茎食用品质的高低通常用食用价来表示:

$$食用价 = 蛋白质含量/淀粉含量 \times 100\%$$

2. 食品加工用马铃薯

目前,我国马铃薯加工食品有炸薯条、炸薯片、脱水制品等,但最主要的加工产品仍为炸薯条和炸薯片,二者对块茎的品质要求有如下几个方面。

(1)块茎外观。表皮薄而光滑,芽眼少而浅,皮色为乳黄或黄棕色,薯形整齐。炸薯片要求块茎圆球形,大小 40～60 mm 为宜。炸薯条要求薯形长而厚,薯块大而宽肩(两头平),大小在 50 mm 以上或 200 g 以上。

(2)块茎内部结构。薯肉为白色或乳白色,炸薯条也可用淡黄色或黄色的块茎。块茎髓部长而窄,无空心、黑心等。

(3)干物质含量。干物质含量高可降低炸薯片和炸薯条的含油量,缩短油炸时间,减少耗油量,同时可提高成品产量和质量。一般油炸食品要求 22%～25% 的干物质含量。干物质含量过高,生产出来的食品比较硬(薯片要求酥脆,薯条要求外酥里软),质量变差。由于比重与干物质含量有绝对的相关关系,故在实际当中,一般用测定比重来间接测定干物质含量。炸薯片要求比重高于 1.080,炸薯条要求比重高于 1.085。

(4)还原糖含量。还原糖含量的高低是油炸食品加工中对块茎品质要求最为严格的指标。还原糖含量高,在加工过程中还原糖和氨基酸发生反应,使薯片、薯条表面颜色加深为不受消费者欢迎的棕褐色,并使成品变味,质量严重下降。理想的还原糖含量约为鲜重的 0.10%,上限不超过 0.30%(炸薯片)或 0.50%(炸薯条)。块茎还原糖含量的高低,与品种、收获时的成熟度、贮存温度和时间等有关,尤其是低温贮藏会明显升高块茎还原糖含量。

3.淀粉加工用马铃薯

马铃薯淀粉含量的高低是淀粉加工时首要考虑的品质指标。因为淀粉含量每相差1％，生产同样多的淀粉其原料相差6％。作为淀粉加工用品种其淀粉含量应在16％及以上。块茎大小50～100 g为宜，大块茎(100 g以上者)和小块茎(50 g以下者)淀粉含量均较低。为了提高淀粉的白度，应选用皮肉色浅的品种。

项目二　马铃薯播前准备

马铃薯是一种喜肥水的高产作物，我国由于多数地方的栽培管理粗放，因此产量不高，事实上马铃薯的增产潜力很大，因此，从栽培技术上提高马铃薯的产量具有很大的潜力。

一、马铃薯优良品种及脱毒品种的选用

(一)优良品种的选用

选用优良马铃薯品种，首先要以当地无霜期长短、栽培方式、栽培目的为依据，根据市场需求和生产目的选择最适品种。为秋季进行越冬贮藏的应选用能充分利用生长季节的中晚熟种；为了早熟上市，应选用早熟品种或极早熟品种；作淀粉加工原料的应选择高淀粉品种；做炸薯条或薯片的应选择薯形整齐、芽眼少而浅、白肉、还原糖含量低的食品加工专用型品种。其次，应根据当地生产水平选用耐旱、耐瘠薄或喜水肥、抗倒伏的品种。应根据当地主要病虫害的发生选用抗病、抗虫性强、稳产性好的品种(图4-8)。

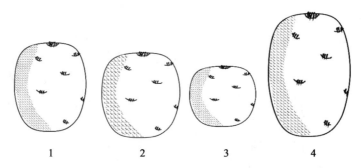

1.鲜食品种　2.高淀粉品种　3.炸薯片品种　4.炸薯条品种
图4-8　马铃薯各种用途品种薯形示意图

黑龙江省栽培的主要马铃薯优良品种有：克新1～4号；克新9～14号；黄麻子；东农303、东农304、东农305；早大白等。

(二)脱毒种薯的选用

选择优良的脱毒种薯是提高产量的根本措施。黑龙江省各地脱毒种薯联合试验比较的结果显示，脱毒种薯增产效果都在50％以上。过去，马铃薯种薯生产多为农民分散经营，容易造成新品种和专用品种的迅速退化，严重影响了黑龙江省马铃薯产业的发展。为解决这一难题，黑龙江省在讷河市投资建设了中国最大的马铃薯脱毒种薯基地。目前，这个基地已繁育出14

个脱毒种薯原种,不仅有适合淀粉加工的高淀粉品种,还有适合炸片和炸条的专业品种,每年可提供 50 000 t 马铃薯良种,从根本上解决了黑龙江省马铃薯的品质问题。

马铃薯脱毒微型种薯(马铃薯超级原种)是应用植物茎尖分生组织培养、病毒检测和试管苗工厂化扩繁等生物技术方法培育的脱毒试管苗,通过工厂化切段快繁和温室或网棚无土栽培繁殖,获得的微型脱毒小薯。脱毒小薯的优势表现在以下几个方面。

第一,品种纯度高,品种纯度达到 100%。

第二,无毒无病,微型种薯不带任何病毒和真菌细菌病害。

二维码 4-2　马铃薯脱毒技术

第三,储运性能好,体积小易于贮藏、运输,可大幅度降低调种成本。

第四,增产幅度大,生产上一般增产幅度可达 50%~200%。

第五,持续增产性强,在良好的栽培和管理条件下,可连续 4 年保持增产增收效益。

第六,用种量小,微型种薯千粒重为 2~5 kg,每亩用种量 8~10 kg,不足普通种薯的 1/10。

第七,种薯大小整齐一致,易于机械化栽培管理。

二、轮作选地与整地

(一) 轮作与选地

1. 轮作

马铃薯是不耐连作的作物。种植马铃薯的地块要选择 3 年内没有种过马铃薯和其他茄科作物的地块。马铃薯对连作反应很敏感,生产上一定要避免连作。如果一块地上连续种植马铃薯,不但会使病害(如青枯病等)严重,而且引起土壤养分失调,特别是某些微量元素缺乏,导致马铃薯生长不良,植株矮小,产量低,品质差。另外,马铃薯也不宜和茄科作物(番茄、烟草、茄子、辣椒等)轮作,因为这些作物在土壤中吸收的营养物质种类与马铃薯大致相同,并有可以相互感染的病害和虫害,如晚疫病、黑胫病、青枯病等。甜菜、甘薯、胡萝卜等作物也不宜和马铃薯轮作。因这些作物与马铃薯同属喜钾作物,轮作会常导致土壤钾肥不足,同时还有共同的病虫害如疮痂病、线虫病等。实践证明,麦类、谷子、玉米是马铃薯良好的前茬,高粱、大豆次之。马铃薯轮作年限应在 3 年以上。

2. 选地

马铃薯块茎膨大需要疏松肥沃的土壤。因此,种植马铃薯的地块最好选择地势平坦,有灌溉条件,且排水良好、耕层深厚、疏松的沙壤土。马铃薯要求微酸土壤,pH 在 5.5~6.0 最适宜,它的抗盐能力很弱,当土壤含盐量达到 0.01% 时就表现敏感;在碱性土壤上栽培易感疮痂病并降低淀粉含量。因此,它对土壤酸碱度的要求为 pH 5~8。

(二) 整地

马铃薯是块茎作物,为了使植株生育苗壮,根系强大,结薯大而多,必须创造一个深厚、松软、湿润、通气良好的土壤环境。因此,深耕细整地是马铃薯增产主要措施之一,由于前茬不同整地方法也不一样。一般麦茬种植马铃薯应进行伏翻、秋耕或采用深耕作法;谷茬、玉米茬可根据播法决定是否深耕。前作收获后,要进行深耕细耙,然后做畦。畦的宽窄和高低要视地势、土壤水分而定。地势高排水良好的可做宽畦,地势低,排水不良的则要做窄畦或高畦。

三、种薯准备

(一)种薯出窖和精选种薯

窖藏种薯如果是保管很好而未萌动,可根据对种薯处理所需要的天数提前出窖,如需要催芽处理可提前 40～45 d 出窖;如果室内种薯贮藏不当,过早萌芽,应在不使种薯受冻的情况下,及时出窖,使之散热见光,抑制幼芽继续生长,使芽蔫软绿化,以免碰伤折断。

为保证种薯健康,淘汰病薯,出窖后立即对种薯进行严格挑选。精选种薯是增产的重要措施之一,只有优质种薯才能充分发挥马铃薯的增产潜力。种薯应选择健康无病、无破损、表皮光滑、贮藏良好且具有该品种特征的薯块,大小一致,每个种薯重 30～50 g。最好整薯播种,可避免切块传染病菌和薯块腐烂造成缺株,增产效果比较显著;对于薯块较大的种薯可进行切块种植。此外,最好选择幼龄薯、壮龄薯。

根据块茎内部差异在外表形态上的表现,可以把块茎大体分为幼龄薯、壮龄薯、老龄薯 3 种类型。

1. 幼龄薯

幼龄薯通常在植株上生育时间短,多数是在冷凉气候条件下形成,所以种性好,生长发育能力强,可以长出丰产型植株。幼龄薯特点是薯形小、规整、薯皮柔嫩光滑,皮色新鲜不易褪色,休眠期较长,耐贮藏,幼芽粗壮。

2. 壮龄薯

壮龄薯在植株上生育时间较幼龄薯长,薯形较大、圆形,生命力也较强,也能长出丰产型植株,适于作种薯。

3. 老龄薯

老龄薯在植株上生育时间最长,伴随茎叶枯黄才开始收获,薯体大小都有,但小型的老龄薯则质量更差。在生理上是老龄,生活力较弱,种性较差,因此,长出的植株是衰退型。老龄薯的特点是薯皮粗糙老化,皮色暗淡,薯变形,休眠期短,芽细弱。这类块茎的生活力大多具有衰退的趋势,如作为种薯,则在田间往往形成衰退型的植株,即茎秆纤细柔弱、早衰、低产,所以老龄薯不适于用作种薯。

(二)种薯消毒

种薯在催芽或播种前应进行消毒处理,用 200～250 倍的福尔马林液浸种 30 min,或用 1 000 倍稀释的农用链霉素、细菌杀喷雾对种薯消毒。

(三)种薯催芽(晒种)

马铃薯的栽培一般用经过自然休眠的种薯播种,若因播种季节紧,则需对未经过休眠的种薯进行催芽处理。

1. 困种的方法

播前 1 个月左右将种薯平铺在阳光充足的室内,厚度 2～3 层,室温保持在 15～20℃,并隔 3～5 d 上下翻动一次,当幼芽萌动即要伸出时可切块播种。

2.催芽方法

种薯在贮藏中如果已经发芽,可将种薯平铺在光亮的室内,使白芽见光变成绿色短壮芽,切块时也不易折断。如果种薯在播种前尚未发芽,就需进行催芽处理,使种薯尽快通过休眠,促进发芽,提早成熟。催芽播种是保证马铃薯早出苗,保全苗,防止秋薯烂种的有效措施。催芽时可在温室或塑料大棚内进行,也可在凉爽通风的室内进行。先在地面铺一层厚 10 cm 左右的干净湿河沙(以手捏成团松手便散为适湿),宽 1 m,长度根据实情而定,后将种薯均匀摊于河沙上,注意不可使种薯重叠,芽眼需朝上,接着用沙土盖没薯块,如此可放 2～3 层,堆积厚度约 50 cm,最后拍紧上面的沙土,保持一定的湿度和 10～15℃ 的温度进行催芽。当芽长全 1～3 cm 时即可切块播种(注意保护嫩芽)。春季催芽要覆盖薄膜保温,秋季要喷清水降温催芽。催芽的作用主要是促进薯块尽快通过休眠,淘汰感染病害的块茎,提早成熟,躲过或减轻晚疫病的危害,增加种薯纯度。

(四)种薯切块和小整薯利用

1.种薯切块

播种前 1～2 d,对薯块大的种薯进行切块处理,用种量大时,可提前 4～5 d 切块,但应放在阴凉通风处摊晾,形成愈伤组织后再堆放,以免烂种。切块种植能促进块茎内外氧气交换,破除休眠,提早发芽和出苗。切块时,易通过切刀传病,引起烂种、缺苗或增加田间发病率,加快品种退化。

种薯切块方法:用经过消毒的利刀沿种薯顶端自上而下纵切成小块,注意顶部切块要稍小一些,后部切块要稍大些,要切成棱块状,切忌切成薄片,每块重 25～40 g,每块留 1～2 个芽。薯块切后用草木灰黏伤口,以防腐败影响发芽。切到病烂薯时,将病烂薯剔除,同时将切刀在 5% 的高锰酸钾溶液中浸泡消毒 1～2 min,或用 95% 酒精涂抹切刀和切板消毒,然后再切其他薯块,以免感染其他种薯。另外,切种薯时重点保留顶芽和侧芽,对尾芽抹去不用。不同大小的薯块,切法也有所不同(图 4-9)。

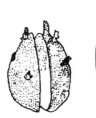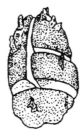

图 4-9　马铃薯种薯切块

2.小整薯做种

小整薯做种可避免切刀传病,而且小整薯的生活力和抗旱力强,播后出苗早而整齐,每穴芽数、主茎数及块茎数增多。因而采用 30～50 g 健壮幼龄薯或壮龄薯作种,有显著的防病增产效果。但小薯一般生长期短,成熟度低,休眠期长,而且后期常有早衰现象。栽培上需要掌握适当的密度、做好催芽处理,增施钾肥,并配合相应的氮肥和磷肥,才能发挥小薯做种的生产潜力。

项目三　马铃薯播种技术

一、马铃薯的播种方法

(一)播种期的确定

根据各地区的气候条件,确定适期早播应考虑下列原则。

第一,马铃薯的适宜播种期一般应在当地晚霜前 20~25 d,土壤 10 cm 深处温度达到 6~8℃时,进行播种。

第二,为了防旱保苗,可根据春季土壤水分运动规律,在返浆前耢地,防止水分蒸发,播种在返浆期,抢在煞浆期,充分利用土壤水分,以利于出苗。

第三,早熟品种应早播,气温稳定在 6~7℃时播种;晚熟品种适当晚播,气温稳定在 7~8℃时较为适宜。未处理的种薯早播,困种、催芽的适当晚播种。

第四,确定播期必须使结薯盛期在适于块茎生长的季节,即日平均温度气温不超过 21℃,躲过夏季高温,以延长生育期,使块茎充分发育,在晚疫病危害之前提早成熟而提高产量。日照时数不超过 14 h,并有适宜降水量。

依据以上原则,黑龙江省适时早播的时期为:早熟品种在 4 月中旬左右播种;晚熟品种一方面考虑在早霜来临前及时成熟;另一方面避免夏季高温对结薯与块茎膨大的影响,约在 4 月下旬到 5 月初播种。

(二)垄作栽培的播种方法

马铃薯播种方法以垄作为主,播法多种多样,共同的目的是为了抗旱保苗,增产和抗涝,防烂和保收。根据播种后薯块在土层中的位置,可分为 3 类。

1.播上垄

薯块播在地平面以上或与地平面同高,称为播上垄,此种播法适于涝害出现多的地区和易涝地块。其特点是覆土薄、土温高,能提早出齐苗。因覆土浅,抗旱能力差,如遇到严重春旱时易造成缺苗。为防止春旱、缺苗,可以把薯块的芽眼朝下摆放,同时加强镇压来抗旱保苗。这种播法在播种时不易多施肥(应通过秋施肥来解决)。为了保证结薯期多培土,避免块茎外露晒绿,垄距不宜过窄并采用小铧深趟。

常用的播上垄方法是在原垄上开沟播种,即用犁破原垄开成浅沟(开沟深浅可视墒情而定),把薯块摆在浅沟中,同时施种肥(有机肥和化肥),再用犁趟起原垄沟上的土覆到原垄顶上合成原垄,镇压。

2.播下垄

薯块播在地平面以下,称为播下垄(图 4-10)。多在春旱的地区或早熟栽培时用此法。这种播法的特点是保墒好、土层厚,利于结薯,播种能多施有机肥。但易造成覆土过厚,土温降低,出苗慢,苗细弱。所以,一般应在出苗前耢一次垄台,减少覆土,提高地温,消灭杂草,促进早出苗、出苗齐。

常用播下垄的方法有:点老沟、原沟引墒播种、耢台原沟播种等。

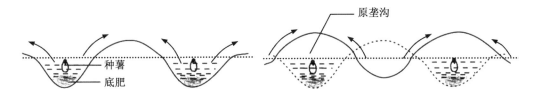

图 4-10　马铃薯播下垄示意图

（1）点老沟。点老沟法适于前茬是原垄或麦茬后起垄地块,这种方法省工省事,利于抢墒,但不适于易涝地块。

（2）原垄沟引墒播种。在干旱地区或地块,为保证薯块所需水分,在原垄沟浅趟引出湿土后播种。

（3）耢台原沟播种。在垄沟较深,墒情不好时可采用此法。沟内有较多的尘土,种床疏松,地温高,但晚播易旱。有伏秋翻地基础的麦茬、油菜茬等地块,可采用平播后起垄或随播随起垄播法。平播后起垄可以播上垄也可以播下垄,主要取决于播在沟内还是两沟之间的地平线上。播种时多采用七铧犁开沟,深浅视墒情而定,按株距摆放薯块滤肥(有机肥和无机肥),而后再用七铧犁在两沟之间起垄覆土,随后镇压一次,这样薯块处于地平面下为播下垄。另外,播下垄是先用七铧犁按垄距划出很浅的印,薯块按株距摆在两印中间,滤肥后再用七铧犁合垄覆土,随即也镇压一次,这样薯块处在地平面以上称为播上垄。此法适于春天墒情好、秋天易涝地块。

3.平播后起垄

播种时无论采用哪种播法,覆土厚度不应小于 7 cm,在春风大的地区,覆土可适当加厚到10～12 cm,出苗前要耢地,使出苗整齐健壮。除此以外,马铃薯种植方法还有芽栽、抱窝栽培、苗栽、种子栽培、地膜覆盖栽培等。芽栽和苗栽都是用块茎萌发出来强壮的幼芽进行繁殖;抱窝栽培是根据马铃薯的腋芽在一定条件下都能发生匍匐茎结薯的特点,利用顶芽优势培育矮壮芽,提早出苗,深栽浅盖,分次培土,增施粪肥等措施,创造有利于匍匐茎发生和块茎形成的条件,促使增加结薯层次,使之层层结薯,产量得以提高。种子栽培能节省大量种薯,并能减轻黑胫病、环腐病及其他由种薯所传带的病害,因为种子小而不易露地直播,需育苗定植。地膜覆盖栽培,据各地经验,提高土壤温湿度可以促进马铃薯发育,又起到保墒、保肥、土壤疏松的作用,也可以抑制杂草的滋生,为早熟高产创造有利条件。

（三）合理密植

构成马铃薯产量的因素是单位面积株数与单株产量的乘积。单株产量是由单株结薯数与单薯重确定的。群体增产与单株增产之间是矛盾的。当单位面积株数增加时,单株产量相应降低,两者都与栽植密度存在着一定依存关系。在一定密度的范围内,群体的产量随密度的增加而增加;单株产量随密度的增加而降低。因此,确定密度必须考虑群体产量与个体产量两个相矛盾因素协调统一。如果密度小时,虽然单株发育好,产量高,但由于单位面积内总株数小,结薯较少,产量不高。如果密度过大,虽然总株数多,但单薯重很低,同样产量不高。因此,合理密植就是要使单位面积内有一个合理的群体结构,既能使个体发育良好,又能发挥群体的增产作用,以充分利用光能、地力,从而获得高产。从群体和个体协调发展考虑,马铃薯在肥力较好的条件下,早熟品种垄距 70 cm、株距 21~24 cm,保苗株数为 6 万~6.75 万/hm²;中晚熟品种垄距 70 cm,株距 24~27 cm,保苗株数为 5.25 万~6 万/hm²。当前生产上密度偏稀,如适当增加株数,增产的潜力很大。

二、马铃薯的科学施肥

马铃薯是高产喜肥作物,对肥料反应敏感,每生产 500 kg 马铃薯,需吸收氮 2.5~3.0 kg、磷 0.5~1.5 kg、钾 5~6.5 kg,氮、磷、钾的比例约为 2∶1∶4.5。

(一)需肥特点

氮肥使马铃薯的茎、叶生长繁茂,叶色浓绿,光合作用旺盛,增加有机物质积累,蛋白质含量提高。若氮肥过多,特别是在生长后期过多,会导致植株徒长,组织柔嫩,推迟块茎成熟,产量降低。磷促进植株生育健壮,提高块茎品质和耐贮性,增加淀粉含量和产量。若磷肥不足则植株和叶片矮小,光合作用减弱,产量降低,薯块易发生空心、锈斑、硬化、不易煮烂,影响食用品质。钾能增进植株抗病和耐寒能力,加速养分转运,使块茎中淀粉和维生素含量增多。钾肥若不足则生长受抑制,地上部分矮化,节间变短,株丛密集,叶小呈暗绿色渐转变为古铜色,叶缘变褐枯死,薯块多呈长形或纺锤形,食用部分呈灰黑色。

硼肥有利于薯块肥大,也能防止龟裂。对提高植株净光合生产率有特殊作用。铜能提高蛋白质含量,增加植株呼吸作用。增加叶绿素含量,延缓叶片衰老和增强抗旱能力。同时也有提高植株净光合生产率的作用。

马铃薯在生育期吸收钾肥最多,氮肥次之,磷肥最少。氮素是从萌芽后到花蕾着生期前后含量最多。磷的含量随着植株生长期的延长而降低。钾的含量在萌芽时低,萌芽后迅速增加,在开花期后反而下降。镁和钙都有随生长期延长而增高的趋势。茎叶中的养分在块茎开始膨大时向其中运转。块茎中无机成分氮和钾占其全吸收量的 70%,磷占 90%,钙占 10%,镁占 50% 左右。

马铃薯在生长期中形成大量的茎叶和块茎,因此,需要的营养物质较多。肥料三要素中,以钾的需要量最多,氮次之,磷最少。施足基肥对马铃薯增产起着重要的作用。马铃薯的基肥要占总用肥量的 3/5 或 2/3。基肥以腐熟的堆厩肥和人畜粪等有机肥为主,配合磷、钾肥。一般施有肥机 15 000~22 500 kg/hm²,过磷酸钙 225~375 kg/hm²,草木灰 1 500~2 250 kg/hm²。基肥应结合做畦或挖穴施于 10 cm 以下的土层中,以利于植株吸收和疏松结薯层。播种时,用腐熟的人畜粪尿 300~450 kg/hm²,或氮素化肥 75~120 kg/hm² 作种肥,可使出苗迅速而整齐,促苗健壮生长。

(二)马铃薯的需肥规律

马铃薯的各个生育时期,因生长发育阶段的不同,所需要营养物质种类和数量也不同。从发芽至幼苗期,由于块茎中含有丰富的营养物质,所以吸收养分较少,占全生育期的 25% 左右;块茎形成期至块茎增长期,由于茎叶大量生长和块茎迅速形成,所以,此期吸收养分较多,约占全生育期的 50% 以上;淀粉积累期吸收养分又减少,约占全生育期的 25%。

(三)施肥方法

马铃薯生产上主要问题之一是施肥量少,土壤养分低,地力瘠薄,生长不良,产量不高。实践证明,施肥要做到有机肥和无机肥结合,基肥、种肥和追肥相结合是获得马铃薯高产的基础。

1. 基肥

以有机肥为主,一般用量为 $22.5\sim45$ t/hm^2。施用方法依有机肥的用量及质量而定,量少(15 t/hm^2)质优的有机肥可顺播种沟条施或穴施在种薯块上,然后覆土。粗肥量多时应撒施,随即耕翻入土。磷、钾化肥也应作基肥施用。

2. 种肥

在薯块播种时施用,用过磷酸钙或配施少量氮肥作种肥。但要注意,氮、磷肥不能直接接触种薯。许多地区有用种薯蘸草木灰播种的习惯,草木灰除起防病作用外,兼有种肥作用。

3. 追肥

追肥多是用氮素化肥,其用量因土壤肥力、前茬作物、灌溉、种植密度及磷肥施用水平而有所不同。在不施有机肥条件下旱作时,氮肥作为追肥效果较差,作为基肥为宜,施氮量一般为 60 kg/hm^2。如果现蕾期能浇一次水,则提高到 90 kg/hm^2,浇水前开穴深施。对甜菜、高粱之后种植的马铃薯应适当增加氮肥用量到 105 kg/hm^2;密度增大或配施磷肥时,氮肥用量应增加到 135 kg/hm^2。总之,马铃薯的氮肥施用是根据条件施用 $60\sim135$ kg/hm^2,在马铃薯开花之前施用。开花后一般不再追施氮肥。在后期,为了预防早衰,可根据植株生长情况喷施 0.5%尿素溶液和 0.2%磷酸二氢钾溶液进行根外追肥。

三、马铃薯的封闭除草

(一)除草剂种类

马铃薯除草主要以苗前土壤处理为主,可使用的除草剂有异恶草松、精-异丙甲草胺、乙草胺、嗪草酮等,其中精-异丙甲草胺、乙草胺和嗪草酮或异恶草松和嗪草酮混用,杀草谱广,对马铃薯安全,无后作问题。

1. 嗪草酮

其剂型 50%、70%可湿性粉剂,75%干悬浮剂是内吸选择性除草剂,可防除蓼、苋、藜、芥菜、苦荬菜、繁缕、荞麦蔓、香薷、黄花蒿、鬼针草、狗尾草、鸭跖草、苍耳、龙葵、马唐、野燕麦等1年生阔叶杂草和部分1年生禾本科杂草。

2. 乙草胺

其常用剂型有 990 g/L 乙草胺乳油、900 g/L 乙草胺乳油、50%乙草胺乳油、50%乙草胺微乳剂、50%乙草胺水乳剂。

其可以防除一年生禾本科杂草和部分小粒种子的阔叶杂草。对马唐、狗尾草、牛筋草、稗草、千金子、看麦娘、野燕麦、早熟禾、硬草、画眉草等一年生禾本科杂草有特效,对藜、苋、蓼、鸭跖草、牛繁缕、菟丝子等阔叶杂草也有一定的防效,但是效果比对禾本科杂草差,对多年生杂草无效。每亩用90%乙草胺乳油100~140 mL,播种前或播种后出苗前表土喷雾。

3. 恶草酮

其可在种植后出苗前地面均匀喷药。用药时,土壤湿润是保证药效充分发挥的关键。能有效防除稗草、狗尾草、马唐、牛筋草、虎尾草、看麦娘、雀麦、反枝苋、凹头苋、刺苋、藜、小藜、刺藜、灰绿藜、铁苋菜、马齿苋、蓼、龙葵、苍耳、田旋花、鸭跖草、婆婆纳、鸭舌草、雨久花、泽泻、矮慈姑、节节菜、水苋菜、牛毛毡、千金子、雀稗、异型莎草、球花碱草、瓜皮草、节节草等多种一年生禾本科杂草及阔叶杂草。

4.异恶草松

其常用剂型为 48％乳油,选择性苗前除草剂,通过植物的根、幼芽吸收,向上输导,经木质部扩散至叶部,抑制敏感植物的叶绿素和胡萝卜素的合成。形成白苗,在短期内死亡。持效期长,异恶草松在土壤中的生物活性可持续 6 个月以上,可在推荐剂量下,选择性安排后茬作物,避免药害。

其主要可以防除一年生禾本科杂草及部分双子叶杂草,如稗草、狗尾草、马唐、牛筋草、龙葵、香薷、水棘针、马齿苋、藜、蓼、苍耳、遏蓝菜、苘麻等。对多年生的刺儿菜、大蓟、苣荬菜、问荆等有较强的抑制作用。

5.氟乐灵

其常用剂型有 24％、48％乳油,5％、50％颗粒剂。选择性芽前土壤处理剂,主要通过杂草的胚芽鞘与胚轴吸收。对已出土杂草无效。对禾本科和部分小粒种子的阔叶杂草有效,持效期长。

氟乐灵适用于棉花、大豆、油菜、花生、土豆、冬小麦、大麦、向日葵、胡萝卜、甘蔗、番茄、茄子、辣椒、卷心菜、花菜、芹菜及瓜类等作物,防除稗草、马唐、牛筋草、千金子、早熟禾、雀麦、硬草、棒头草、苋、藜、马齿苋等 1 年禾本科和部分阔叶杂草。氟乐灵不能用于玉米,玉米会出现生长减缓等药害症状。氟乐灵易挥发、光解,施药后必须立即混土。

(二)封闭除草方法

1.播前

每公顷 48％氟乐灵 1 000～1 500 mL＋70％嗪草酮 600～800 g/hm²。

2.播后苗前

(1)乙草胺＋嗪草酮。每公顷 90％乙草胺 1.7～1.95 L＋70％嗪草酮 0.45～0.6 kg;

(2)异丙甲草胺＋嗪草酮。每公顷 960 g/L 异丙甲草胺 1.35～1.65 L＋70％嗪草酮 0.45～0.6 kg;

(3)乙草胺＋异恶草松。每公顷 90％乙草胺 1.7～1.95 L＋48％异恶草松 0.8～1.0 L;

(4)异丙甲草胺＋异恶草松。每公顷 960 g/L 异丙甲草胺 1.35～1.65 L＋48％异恶草松 0.8～1.0 L。

3.播前或播后苗前

配方 1:每公顷 96％精-异丙甲草胺 800～1 000 mL＋90％乙草胺 800～1 000 mL＋70％嗪草酮 600～800 g;

配方 2:每公顷 96％精-异丙甲草胺 800～1 000 mL＋70％嗪草酮 600～800 g;

配方 3:每公顷 72％异丙草胺 1 500～3 000 mL＋70％嗪草酮 600～800 g;

配方 4:每公顷 48％异恶草松 600～800 mL＋70％嗪草酮 600～800 g;

配方 5:每公顷 70％嗪草酮 600～800 g＋90％乙草胺 1 500～2 000 mL。

喷施除草剂作业时间是 7:30—10:00,14:30—16:00 效果最佳,应避免在中午气温较高时作业,影响除草效果。此外,在配药时应按要求加入相应的药量和水量,作业时使用雾化好的喷头,保证封闭除草效果。

四、沟施药剂防虫

马铃薯的地下害虫主要有蛴螬和金针虫、蝼蛄、土老虎等,主要通过沟施用药的方法防治。

(一)常用药剂

1.辛硫磷

其常用剂型为 50％、45％辛硫磷乳油,5％颗粒剂。辛硫磷杀虫谱广,击倒力强,以触杀和胃毒作用为主,无内吸作用,对鳞翅目幼虫很有效。在田间因对光不稳定,很快分解,所以残留期短,残留危险小,但该药施入土中,残留期很长,适合于防治地下害虫。

其适合于防治地下害虫。对为害花生、小麦、水稻、棉花、玉米、果树、蔬菜、桑、茶等作物的多种鳞翅目害虫的幼虫有良好的杀虫效果,对虫卵也有一定的杀伤作用。也适于防治仓库害虫。

2.噻虫嗪

其含量与剂型有 25％水分散粒剂,50％水分散粒剂,70％种子处理可分散粒剂。其不仅具有触杀、胃毒、内吸活性,而且具有更高的活性、更好的安全性、更广的杀虫谱及作用速度快、持效期长等特点。其可用于茎叶处理、种子处理、也可用于土壤处理。其施药后迅速被内吸,并传导到植株各部位,对刺吸式害虫如蚜虫、飞虱、叶蝉、粉虱等有良好的防效。

此药适宜作物为稻类作物、甜菜、油菜、马铃薯、棉花、菜豆、果树、花生、向日葵、大豆、烟草等。在推荐剂量下使用对作物安全、无药害。

(二)使用方法

沟施药剂可以选用 5％辛硫磷颗粒剂,每亩 3～5 kg 拌细土撒于播种沟内。简单的做法也可以在播种前用 70％噻虫嗪种子处理剂稀释后用喷雾器喷施在播种沟内,播种后立即盖土。

项目四　马铃薯田间管理技术

一、查苗补苗

马铃薯苗出齐后,要及时进行查苗,有缺苗的及时补苗,以保证全苗。补苗的方法是播种时将多余的薯块密植于田间地头,用来补苗。补苗时,缺穴中如有病烂薯,要先将病薯和其周围土挖掉再补苗。土壤干旱时,应挖穴浇水且结合施用少量肥料后栽苗,以减少缓苗时间,使其尽快恢复生长。如果没有备用苗,可从田间出苗的垄行间,选取多苗的穴,自其母薯块基部掰下多余的苗,进行移植补苗。

二、中耕培土

中耕松土可使结薯层土壤疏松通气,利于根系生长、匍匐茎伸长和块茎膨大。出苗前如土面板结,应进行松土,以利于出苗。齐苗后及时进行第一次中耕,深度 8～10 cm,并结合除草培土(图 4-11);第一次中耕

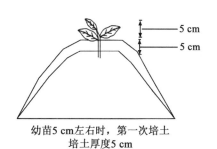

幼苗5 cm左右时,第一次培土
培土厚度5 cm

图 4-11　第一次中耕培土

后 10～15 d,进行第二次中耕培土,宜稍浅(图 4-12);现蕾时,进行第三次中耕培土,比第二次中耕更浅。并结合培土,培土厚度不超过 10 cm,以增厚结薯层,避免薯块外露,降低品质(图 4-13)。

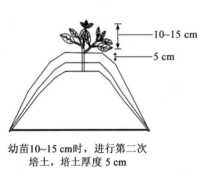

幼苗10~15 cm时,进行第二次
培土,培土厚度5 cm

图 4-12　第二次中耕培土

植株花期前进行第三次培土,
培土厚度5 cm

图 4-13　第三次中耕培土

三、茎叶除草

(一)田间杂草种类

马铃薯田间杂草种类较多,所有的旱田杂草在马铃薯田都可找到,常见的杂草有稗草、马唐、狗尾草、牛筋草、看麦娘、藜、蓼、苋、鸭跖草等。

由于马铃薯种植地区和种植时间的不同,杂草种类差异较大,马铃薯田杂草种类与当地旱田作物杂草种类基本相同。

马铃薯田间杂草常见的主要有以下几类。

第一类:禾本科杂草主要有稗草、马唐、牛筋草、罔草、狗尾草、硬草、千金子等。

第二类:阔叶类杂草主要有藜、反枝苋、酸膜叶蓼、扁蓄、铁苋菜、苣荬菜、龙葵、苍耳、苘麻、鸭跖草等,在马铃薯生长后期苘麻、鸭跖草危害严重。

第三类:多年生杂草主要有荦草、苣荬菜、大刺儿菜、小蓟、田旋花等。

第四类:寄生性杂草主要有大豆菟丝子。

马铃薯田间常见杂草品种及特点如下。

1.稗草

稗草为禾本科一年生草本。高 40～130 cm,直立或基部膝曲。叶鞘光滑,无叶耳、叶舌。圆锥形总状花序,小穗含 2 花,其一发育外稃有芒;另一不育,仅存内外稃。颖果卵形,米黄色。第一片叶条形,长 1～2 cm,自第二片叶始渐长,全体光滑无毛。第一片真叶带状披针形,有 15 条直出平行叶脉,无叶耳、叶舌,第 2 片叶与第 1 片叶相似。

2.苍耳

其为一年生草本,高 30～60 cm,粗糙或被毛。叶互生,有长柄,叶片宽三角形,长 4～10 cm,宽 3～10 m,先端锐尖,基部心脏形,边缘有缺刻及不规则粗锯齿,上面深绿色,下面苍绿色,粗糙或被短白毛,基部有显著的脉 3 条。头状花序近于无柄,聚生,单性同株;雄花序球形,总苞片小,1 列;花托圆柱形,有鳞片;小花管状,顶端 5 齿裂,雄蕊 5 枚,花药近于分离,有内折的附片;雌花序卵形,总苞片 2～3 列,外列苞片小,内列苞片大,结成 1 个卵形、2 室的硬体,外面有倒刺毛,顶有 2 圆锥状的尖端,小花 2 朵,无花冠,子房在总苞内,每室有 1 个,花柱线形,突出在总苞外。瘦果倒卵形,包藏在有刺的总苞内,无冠毛。花期 5—6 月份。果期 6—8 月份。

3. 苘麻

苘麻,一年生亚灌木状草本,高达 1～2 m。茎枝被柔毛。叶互生;叶柄长 3～12 cm,被星状细柔毛;托叶早落;叶片圆心形,长 5～10 cm,先端长渐尖,基部心形,两面均被星状柔毛,边缘具细圆锯齿。常见于路旁、荒地和田野间。

4. 狗尾草

狗尾草,禾本科,一年生草本。成株高 20～100 cm,秆疏丛生,直立或基部膝曲上升。叶鞘圆筒形,叶鞘与叶片交界处有 1 圈紫色带。穗状花序狭窄呈圆柱状形似"狗尾",常直立或稍向一方弯曲。小穗 2 至多枚簇生于缩短的分枝上,基部有刚毛,刚毛绿色或略带紫色。颖果长圆形,扁平。胚芽鞘紫红色,第 1 片真叶长椭圆形,具 21 条直出平行脉,叶舌呈纤毛状,叶鞘边缘疏生柔毛。叶耳两侧各有 1 紫红色斑。

5. 反枝苋

反枝苋,苋科,一年生草本。成株高 20～120 cm,茎直立,粗壮,上部分枝绿色。叶具长柄,互生,叶片菱状卵形,叶脉突出,两面和边缘具有柔毛,叶片灰绿色。圆锥状花序顶生或腋生,花簇多刺毛;苞叶和小苞叶膜质;花被白色。叶长椭圆形,先端钝,基部楔形,具柄,子叶腹面成灰绿色,背面紫红色,初生叶互生全缘,卵形,先端微凹,叶背面呈紫红色;后生叶有毛,柄长。

6. 香薷

香薷,别名香菜、蜜蜂草、香草,其是唇形科、香薷属植物,直立草本,高 0.2～0.5 m,具密集的须根。茎通常自中部以上分枝,钝四棱形,具槽,无毛或被疏柔毛,常呈麦秆黄色,老时变紫褐色。叶卵形或椭圆状披针形,长 3～9 cm,宽 1～4 cm,先端渐尖,基部楔状下延成狭翅,边缘具锯齿,上面绿色,疏被小硬毛,下面淡绿色,沿主脉上疏被小硬毛,余部散布松脂状腺点,侧脉 6～7 对,与中肋两面稍明显。生活于路旁、山坡、荒地、林内、河岸,分布海拔可达 3 400 m。

(二)茎叶除草剂种类

马铃薯田间杂草与马铃薯处在同一农田生态系统中,杂草与作物争夺水分、养分、空间和阳光等资源,影响马铃薯的产量和品质。随着种植面积的不断扩大,草害也越来越严重,因此对马铃薯田间杂草的防除技术的需求也越来越迫切,利用除草剂防除杂草是马铃薯生产中防除杂草的重要措施之一。

马铃薯田苗后防除禾本科杂草的药剂可选用精喹禾灵、精吡氟氯禾灵、精吡氟禾草灵、稀禾啶、喷特、快捕净、烯草酮等。

1. 精喹禾灵

药剂对一年生杂草在 24 h 内可传遍全株,使其坏死。一年生杂草受药后,2～3 d 新叶变黄,停止生长,4～7 d 茎叶呈坏死状,10 d 内整株枯死。多年生杂草受药后,药剂迅速向地下根茎组织传导,使之失去再生能力。常用剂型为 5% 乳油。可防除稗草、马唐、牛筋草、看麦娘、狗尾草、野燕麦、狗牙根、芦苇、白茅等一年生和多年生禾本科杂草。防除一年生禾本科杂草,在杂草 3～6 片叶时,每亩用 5％乳油 40～60 mL,兑水 40～50 kg 进行茎叶喷雾处理。防除多年生禾本科杂草,在杂草 4～6 片叶时,每亩用 5％乳油 130～200 mL,兑水 40～50 kg 进行茎叶喷雾处理。

2.精吡氟氯禾灵

其可防除看麦娘、稗草、马唐、狗尾草、牛筋草、野燕麦等禾本科杂草。精吡氟氯禾灵对阔叶杂草和莎草科杂草无效。在杂草 3～4 叶期,每公顷用精吡氟氯禾灵 375～525 mL,加水 450 kg 喷雾,若杂草已长至 4～6 叶期,用药量应用 600～900 mL,如以防除多年生杂草为主时,每公顷用药量需增加到 1 200～1 500 mL。

3.稀禾啶

其制剂有 20％稀禾啶乳油,12.5％稀禾啶机油乳剂。稀禾啶为选择性强的内吸传导型茎叶处理剂,能被禾本科杂草茎叶迅速吸收,并传导到顶端和节间分生组织,使其细胞分裂遭到破坏。由生长点和节间分生组织开始坏死,受药植株 3 d 后停止生长,7 d 后新叶褪色或出现花青素色,2～3 周内全株枯死。本剂在禾本科与双子叶植物间选择很高,对阔叶作物安全。可防除稗草、野燕麦、狗尾草、马唐、牛筋草、看麦娘、野黍、臂形草、黑麦草、稷属、旱雀麦、自生玉米、自生小麦、狗牙根、芦苇、冰草、假高粱、白茅等一年生和多年生禾本科杂草。在禾本科杂草 3～5 叶期施用。

(三)除草方法

(1)在禾本科杂草 3～5 叶期,每公顷选用 12.5％稀禾啶机油乳剂 1.2～1.5 L,5％精喹禾灵乳油 0.9～1.2 L,15％精吡氟禾草灵乳油 0.75～0.975 L,10.8％精吡氟氯禾灵乳油 0.45～0.525 L,4％喷特乳油 0.75～0.9 L,10％快捕净乳油 0.375～0.45 L,12％烯草酮乳油 0.525～0.6 L,对水 300～450 L,均匀喷雾于土表。

(2)马铃薯拱土期到株高 12 cm 前,每公顷可用 12.5％烯禾啶机油乳剂 1 200～1 500 mL 或 10.8％高效氟吡甲禾灵乳油 375～525 mL 或 5％精喹禾乳油 750～1 500 mL 或 12％烯草酮乳油 525～600 mL 或 15％精吡氟禾草灵乳油 750～1 200 mL＋70％嗪草酮可湿性粉剂 350～700 g 或 48％灭草松液剂施药除草。

(3)马铃薯苗 5～7 叶,杂草 2～4 叶喷施 25％砜嘧磺隆水分散剂 70～120 g/hm^2,除草效果较佳。

四、追肥

马铃薯从播种到出苗时间较长,出苗后,要及早用清粪水加少量氮素化肥追施芽苗肥,以促进幼苗迅速生长。现蕾期结合培土追施一次结薯肥,以钾肥为主,配合氮肥,施肥量视植株长势长相而定。开花以后,一般不再施肥,若后期表现脱肥早衰现象,可用磷钾或结合微量元素进行叶面喷施。

五、水分管理

马铃薯是需水较多的作物,其不同生育期对水分的需求是不同的。幼苗期需水量占全生育期的 10％～15％;块茎形成期需水量占全生育期的 20％以上;块茎增长期需水量占全生育期的 50％以上,此期为马铃薯一生中需水量最多的时期;淀粉积累期水分过多往往造成块茎腐烂和种薯不耐贮藏。所以要马铃薯生长及时灌水和排涝。

具备灌水的条件下,遇干旱年份和地块,应适时灌水,早熟品种在块茎膨大时(6月下旬至7月上旬)至少灌水一次;中晚熟品种应在7月上旬至7月中旬至少灌水一次,才能确保高产。

六、防治病虫害

黑龙江省种植的马铃薯病害较多,危害严重的主要有晚疫病、病毒病、黑胫病等;常见的害虫有马铃薯瓢虫、蛴螬、地老虎、金针虫等,这些病虫害降低马铃薯的产量和品质,影响马铃薯的安全贮藏,对这些病虫害应采取药剂和栽培措施相结合的综合防治。

(一)马铃薯病害

1. 晚疫病

晚疫病发病时,水浸状的病斑出现在叶片上,几天内叶片将坏死,干燥时变成褐色,潮湿时变成黑色。在阴湿条件下,叶背面可看到白霉似的孢子梗,通常在叶片病斑的周围形成淡黄色的褪绿边缘,病斑在茎上或叶柄上是黑色或褐色的。茎上病斑很脆弱,茎秆经常从病斑处折断,在某些条件下,有病斑的茎秆可能发生萎蔫。病原菌以菌丝在贮藏块茎或废弃块茎内越冬,次年播种后,随幼芽生长侵入茎叶,然后形成分生孢子,通过空气或流水传播侵染。分生孢子吸水后,通常可形成6~12个游动孢子,随雨水或灌溉水渗到土壤中,从伤口或皮孔侵入块茎。晚疫病在气温20℃左右,湿度较大的条件下最易流行危害。

防治晚疫病,可以从以下几个方面对其进行防治。

(1)选用抗病品种。选抗病品种方法是最经济、最有效、最简便的方法。如克新号品种、高原号品种等,但此类抗晚疫病品种多为中、晚熟品种,早熟品种中仍缺少抗晚疫病的品种。

(2)适时早播。晚疫病病原菌在阴雨连绵季节发展很快,因此,采取适时早播可提早出苗,提早成熟,具有避开晚疫病的作用。各地可根据当地气候条件确定适宜播种期。

(3)加厚培土层。晚疫病可直接造成块茎在田间和贮藏期间的腐烂。加厚培土的目的可以保护块茎免受从植株落到地面病菌的侵染,同时还可增加结薯层间,提高产量。

(4)药剂防治。晚疫病只能用药剂预防,无法治疗,要根据当地气象预报,做好病情测报。在马铃薯始花至盛花期间,如果48 h之内最低气温不低于10℃、空气相对湿度平均在75%以上,就应逐日进行田检,如发现病株,立即拔掉深埋,并对发病中心半径30~50 m范围内进行喷药封锁,或进行全田喷药保护。药剂可选用百菌清、代森锌、瑞毒霉、克露、大生等。最好几种药剂混喷,或每次喷一种杀菌剂,经常轮换用药,防止病菌产生抗药性。

(5)提早割蔓。在晚疫病流行年,马铃薯植株和地面都存在大量病菌孢子囊,收获时侵染块茎。应在收获前一周左右割秧,运出田外,让地面暴晒3~5 d,再进行收获。既可减轻病菌对块茎的侵染,又使块茎表皮木栓化,不易破皮。

2. 马铃薯病毒病

马铃薯病毒病可以导致植株生理代谢紊乱、活力降低,使种薯严重退化,产量锐减,其已成为发展马铃薯生产的最大障碍。病毒的繁殖是与植物体正常的代谢过程紧密相连的,其与昆虫、线虫、真菌和细菌为害不同,利用化学药剂防治病毒是无效的。已知一些病毒抑制剂对植物体本身也是有害的,同时抑制不能治愈整个植株,当停止药剂使用时病毒又恢复先前的浓度。利用化学药剂杀死传毒昆虫,可以减轻一些病毒的传播,然而一些病毒是借接触传毒或借蚜虫片刻刺吸(口针带毒)而传毒的,这种病毒采用杀虫剂防治也是无效的。实践证明,根据蚜虫飞迁测报,采取早期割秧、收获种薯、躲避蚜虫传毒的留种效果较为显著。防治马铃薯病毒病应以抗病育种为中心,抓好下述环节。

(1)因地制宜选用抗病高产良种。

(2)建立无病留种基地(品种基地应建立在冷凉地区,繁殖无病毒或未退化的良种)。

(3)块茎处理(50℃温水泡浸17 min)和茎尖脱毒培养。

(4)实生苗块茎留种(除马铃薯块茎纺锤类病毒外,其他马铃薯病毒均不通过种子传染,利用种子实生苗长出的块茎作种薯,有良好的防病作用)。

(5)一季作地区实行夏播,使块茎在冷凉季节形成,增强对病毒的抵抗力;二季作地区春季用早熟品种,地膜覆盖栽培,早播早收,秋季适当晚播、早收,可减轻发病。

(6)加强栽培管理。高畦深沟,配方施肥,实行浅灌,及时培土和淘汰病株,喷药治蚜,清除杂草,均可减轻发病。

(7)控制蚜虫和拔除病株也是生产中预防病毒病的常用的方法。

3.马铃薯黑胫病

黑胫病是细菌性病害,在我国各地均有发生。此病可引起块茎腐烂。田间发病率一般在1%～5%左右,严重时可达到10%,多雨年份可达100%。感病块茎在贮藏期会大量腐烂,造成烂窖。带病种薯播种后,可引起死芽造成缺苗。黑胫病的典型症状是植株茎基部呈现墨黑色的腐烂。该病往往从块茎开始发病,病菌从新生块茎的脐部侵入,脐部渐呈黑褐色,髓部也变黑腐烂。病菌同时通过匍匐茎传到植株茎基部,发展到茎上部。茎表皮变色,维管束变浅褐色,植株矮化,叶片变黄,直至茎基部变黑色腐烂,植株变黄并倒伏死亡。病菌可在带病种薯上越冬,也可随病株残体在土壤中越冬。翌年通过植株的幼根、块茎或其他部分侵染发病。黑胫病防治方法主要有以下几个方面。

(1)选用抗病品种如抗疫1号、胜利1号、反帝2号、渭会2号、渭会4号和渭薯2号等。

(2)选用无病种薯,建立无病留种田。

(3)切块用草木灰拌种后立即播种。

(4)适时早播,促使早出苗。

(5)发现病株及时挖除,特别是留种田更要细心挖除,减少菌源。

(6)种薯入窖前要严格挑选,入窖后加强管理,窖温控制在1～4℃,防止窖温过高,湿度过大。

4.马铃薯环腐病

马铃薯环腐病主要发生在其生育中后期,叶片及茎出现萎蔫(通常只是一个植株上的某些茎枯萎)。下部叶片边缘稍有向上卷曲、褪绿,叶脉之间有淡黄色区。茎和块茎横切面出现棕色维管束,用手挤压,常排出乳白色无味的菌浓,块茎维管束大部分腐烂并变成红色、黄色、黑色或红棕色。病原菌主要在带病块茎上越冬。病菌主要通过种薯切面,以及在生育期间茎、根、匍匐茎或其他部分的伤口侵染,某些刺吸式口器昆虫也可把病菌由病株传播到健株上。

环腐病防治方法。

(1)建立无病留种田,尽可能采用整薯播种。有条件的最好与选育新品种结合起来,利用杂交实生苗,繁育无病种薯。

(2)种植抗病品种,经鉴定表现抗病的品系有东农303、郑薯4号、宁紫7号、庐山白皮、乌盟 601、克新 1 号、丰定 22、铁筒 1 号、阿奎拉、长薯 4 号、高原 3 号、同薯 8 号等。

(3)播前汰除病薯。把种薯先放在室内堆放 5～6 d，进行晾种，不断剔除烂薯，使田间环腐病大为减少。此外用 50 mg/kg 的 $CuSO_4$ 浸泡种薯 10 min 有较好的效果。

(4)结合中耕培土，及时拔除病株，携出田外集中处理。

5. 马铃薯软腐病

软腐病在我国各马铃薯产区都有发生。主要在贮藏期和收获后运输过程中。擦伤、高温、潮湿都可使软腐病严重发生。播种至出苗也可发病，造成烂种死苗。软腐病是细菌性病害，该病主要浸染块茎，皮孔部分轻微凹陷，呈褐色圆形水浸状。从伤口侵入时病斑一般不规则。温暖潮湿时病斑湿腐变软，髓部组织腐烂，呈灰色或浅黄色。病健分明，交接处边缘为褐色或黑色。干燥条件下，病斑可变成干斑。植株地上部分得病时，叶片和叶柄以及茎部都变软腐烂。病菌可在带病种薯和病残体上越冬，在生长期及收获、贮藏阶段浸染其他健康植株。被病菌污染的水源及带有病残体的肥料、带菌的昆虫和农具也是该病的传染媒介。冷凉和潮湿是黑胫病发生和为害的最适宜条件。种薯在 18～19℃ 时收获最易受侵染。播种后地温急剧上升，有利于病菌增殖。使种块腐烂。病菌通过皮孔、伤口入侵，所以虫害严重时黑胫病也严重。田间管理机械及人的活动，运输工具、雨水及灌溉水都能起到传播病害的作用。

软腐病防治方法。

(1)加强田间管理，注意通风透光和降低田间湿度。

(2)及时拔除病株，并用石灰消毒减少田间初侵染和再侵染源。

(3)避免大水漫灌。

(4)喷洒 50％百菌通可湿性粉剂 500 倍液或 12％绿乳铜乳油 600 倍液、或 47％加瑞农可湿性粉剂 500 倍液、或 14％络氨铜水剂 300 倍液。

(二)马铃薯虫害

马铃薯的害虫主要有瓢虫、土蚕、蚜虫、蛴螬、蝼蛄等，可用药剂或人工捕杀等措施防治。

1. 蚜虫

蚜虫俗称腻虫，在各地都有分布，危害性最大的是桃蚜。蚜虫群集在植株嫩叶的背面吸汁液，同时排泄出一种黏物，堵塞气孔，造成叶片卷曲，皱缩变形，使顶部幼芽和分枝受到影响，严重减产。另外，在蚜虫吸汁的过程中，把病毒传给无病植株，在短期内使病毒在田间迅速传播，造成植株发生退化，这种危害造成的损失更为严重。

防治措施：根据蚜虫的生活习性，选择高海拔的冷凉缓坡地，或多风大风的地方，作为种薯繁殖地，使蚜虫不易繁殖和降落，减少病毒传播机会。种薯地周围 200 m 以内，不能有桃树、油菜、西瓜等开黄花的植物，遇有这些作物蚜虫喜降落危害，以卵寄主越冬的植物，有效扼制第二年春季蚜虫的繁殖。种薯地周围 500 m 以内，不能栽培退化的种薯，以避免蚜虫短距迁飞传播。根据蚜虫迁飞习性，避开蚜虫迁入高峰期，采取早播早收或迟播迟收，减轻蚜虫传毒。

药剂防治：田间管理中，苗出齐后，根据实地情况，选用两种以上药剂，如乐果、灭蚜威、来福灵、敌杀死等，按茎、叶背、叶面的顺序交替喷施，每隔 7～10 d 喷施 1 次。

2. 马铃薯瓢虫

马铃薯瓢虫又称 28 星瓢虫，属鞘翅目、瓢虫科。除为害马铃薯外，还危害其他茄科作物及瓜类和豆类作物。其成虫或幼虫咬食叶片背面叶肉，被害部位仅剩叶脉。植株逐渐变黄。化学防治的药品一般分为两大类:一类为内吸传导型,另一类为触杀型。施用方法可用颗粒剂穴施内吸杀虫剂,如70%灭蚜松可湿粉剂,用量为2 850 kg/hm²。28星瓢虫在北方一年可发生2～3代。一般在5月中旬开始第一代活动,7月上旬至9月上旬第二代开始活动。温度过低或气候过于干燥,越冬成虫大量死亡。

防治方法:发虫初期,喷洒50%敌敌畏乳油、或50%杀螟松乳油、或50%二嗪农乳油等药剂1 000倍液即可。

3. 蛴螬

蛴螬俗称土蚕,属鞘翅目、金龟甲科。其成虫称金龟子,主要在地下危害,咬断地下茎,导致地上幼苗枯死。后期蛀食块茎,形成孔洞,既有利于病菌侵入,又降低了块茎的商品性。蛴螬活动的最适地温是13～18℃。超过23℃或低于9℃,蛴螬均明显向地下深层移动。土壤有机质多或施厩肥多的地块有利于蛴螬的发生。前茬为豆类或玉米的地块发生较严重。

防治方法:秋深翻地可将其幼虫或成虫翻于地表,越冬时冻死或被天敌吃掉。化肥中的含氨化肥,如碳酸氢铵等施入土壤中后,能散发出氨气,对蛴螬有驱除作用。用90%敌百虫1 500～2 250 g/hm²,加少量水后拌细土225～300 kg,均匀撒施在播种沟内,上面盖薄土以防烧种,可以杀死蛴螬。如蛴螬发生危害且虫量较大,可用90%敌百虫500倍液,或50%辛硫磷乳油的800倍液灌根,每株灌2 250 g左右药液,可杀死根际幼虫。也可在成虫盛发期,每30 000 m²设置一黑光灯诱导成虫,下面摆上水盆,盆中放水及少量煤油,晚间开灯,可将成虫诱入水中淹死。

4. 地老虎

地老虎属鞘翅目、夜蛾科。以幼虫对马铃薯及其他作物进行危害。其幼虫可咬断幼苗的地下茎,使幼苗枯死;还可咬食块茎,既造成病害浸染,又降低了块茎的商品性。小地老虎是世界范围危害最重的一种害虫,温暖的气候条件适宜它的发生,以13～24℃为最适其发育和繁殖的温度,喜潮湿的土壤环境。

防治方法:一是加强田间管理,要及时清除田间和地头及路边的杂草,并将杂草集中沤肥或烧毁,以消灭杂草上的虫卵。秋翻地并进行冬灌,可以冻死部分越冬的幼虫或蛹,减少虫量。二是诱杀和捕杀成虫。诱杀和捕杀可以利用地老虎成虫的趋光性和对糖醋液的特殊嗜好,在田间设糖醋液盆和黑光灯进行诱杀成虫。或用90%敌百虫每50 g拌匀30～40 kg切碎的鲜草,傍晚撒在田里诱杀幼虫。三是药剂灭虫。对3龄前的地老虎幼虫,可用80%敌百虫可湿性粉剂1 000倍液喷洒,或用2.5%敌百虫粉剂1.5～2 kg加10 kg细土拌匀撒在植株周围。对虫龄较大的幼虫可用50%辛硫磷乳油或50%二嗪农乳油或80%敌敌畏乳油1 000～1 500倍液灌根。

项目五　马铃薯收获与贮藏技术

一、适时收获

(一) 收获时期

黑龙江省的马铃薯早熟品种一般在8月中旬左右即可正常成熟,中晚熟品种于9月中下旬成熟,只有晚熟品种直到霜期来临,茎叶仍保持绿色,当茎叶被霜打后,抓紧收获以免受冻。马铃薯成熟期的标志是植株大部分茎叶由绿转黄并逐渐枯黄,匍匐茎干缩,易与块茎脱离,块茎表皮形成了较厚的木栓层,块茎停止增重。一般商品薯生产和原种薯生产应考虑在生理成熟时收获,尽量争取最多产量和成熟的薯块。

马铃薯与禾本类作物不同,只要达到商品成熟期(块茎达 70 g 以上)就可收获。还应根据栽培块茎的用途、当地的气候条件和土壤条件等灵活掌握。在城市郊区,作为蔬菜栽培时,可以根据品种熟期和市场需要分期收获;作为各种冬贮食用的可适当晚收;在秋雨多易于秋涝、霜冻较早等地区可以提前收获,确保产品质量。

(二)收获前杀秧

当马铃薯植株仍在生长时,收获的马铃薯表现为幼嫩,块茎表皮容易分离掉皮,薯块容易受到损伤。一般情况下,轻微损伤可以通过块茎本身的愈伤功能,使受伤的表皮木栓化,但薯块会出现不同于表皮颜色的斑块,影响薯块的美观,而且此时的薯块韧性差,容易受到机械损伤,在运输和贮藏过程中,病菌容易从伤口侵入,一旦温湿度适宜,则会引起病害发生并迅速扩展。因此在马铃薯产量达到最高或已到达生产目的时,可以采取机械或化学方法对植株进行杀死处理,也就是进行杀秧。其方法有以下几种。

1.碾压处理

在收获前 7~10 d,用机械或牲畜牵引木棍子将马铃薯植株压倒在地,促使其停止生长,促使植株中的养分转入块茎,并使薯皮加快木栓化。

2.割除处理

用镰刀将马铃薯地上植株割除。一般有晚疫病害的地块,割秧后应运出田间,避免阴雨连绵,晚疫病侵染薯块,同时在 2 周后采挖薯块。晚疫病严重地块,植株中下部叶子变黑,要立即割秧并运出田间,减少病菌落地,落地病菌也可以通过阳光曝晒杀死,最大限度地减少薯块的感染率。

3.药剂杀秧

利用安全化学药剂可将还在生长的马铃薯植株杀灭,如 20%的立收谷水剂,施用量 200~250 mL/亩或 20%克无踪 200 mL 兑水 80~100 kg,均匀喷施,即可达到杀秧效果。

(三)收获机械

马铃薯机械收获主要是利用马铃薯收获机把三垄以上的马铃薯同时从土壤中挖出来,使马铃薯和土壤分离,用机械收获马铃薯时,需要注意的是,要随时清理刮板上的泥土、薯秧和杂草,防止在挖掘过程中造成二次埋薯,对于掉在沟里的马铃薯,也要随车拣出来,否则,等车转回时就会碾碎马铃薯。

(四)晾晒与分类

马铃薯刚收获后,表皮软薄,十分鲜嫩,含水量高,呼吸作用很旺盛,这时对高温、高湿、病菌的抵抗力最低,不适合贮藏,首先要将它们集中起来堆放、晾晒,使薯皮紧实形成保护层,水分减少,呼吸作用逐渐减少直至平稳。其次要分类挑选:在入窖前,还要对每一堆薯块进行挑选,主要是针对大、中、小 3 种标准的马铃薯的不同用途,进行的一项入窖前的挑选工作。要把单个重 150 g 以上的马铃薯从堆中分拣出来,装入袋中,单独码放。因为它们达到商品类标准,可以随时出售。再把 60～150 g 以上的马铃薯分别拣出来,因为它们已经达到了留种标准,可以作为明年的种子预留贮藏。把剩下的单个重小于 60 g 的马铃薯分别捡出,可以作为制作淀粉的材料。

(五)收获时注意事项

马铃薯收获的顺序一般为除秧、采挖、选薯包装、运输、预贮、贮藏等过程。马铃薯收获方法因种植规模、机械利用水平、土地状况和经济条件不同而不同。无论是人工还是机械收获,均应注意以下事项。

选择晴朗的天气和土壤干爽时进行收获。在收获的各个环节,最大限度地减少块茎的破损率;收获要彻底、干净,避免大量薯块遗留在土壤中,机械或畜力收获要复收复拣,确保收获干净彻底;不同品种和用途的马铃薯要分别收获,分别运输,单放单储,严防混杂;遮光避雨食用马铃薯和加工用原料薯,在收获后及运输等过程中应注意避光,避免长期光照使薯皮变绿,品质变劣,影响食用性和商品性。同时在收获、运输和预储过程中注意避雨;收获后将薯块就地晾晒 2～4 h,散发部分水分,使薯皮干燥,以便降低贮藏中的发病率。

二、安全贮藏

马铃薯收获后淀粉逐渐转化为糖,温度越低糖分积累越多。块茎中糖分由于呼吸作用分解为二氧化碳和水,同时释放大量热能,使块茎温度增高,这个过程在块茎收获后的最初阶段发生最强烈,一般要经过 15～30 d 逐渐进入休眠阶段。因此,在块茎收获后入窖前要预储,待大量水分和热量基本散发后再入窖,当气温稳定在 0℃时开始入窖,黑龙江省在 10 月中下旬入窖贮藏。

(一)贮藏窖的形式

由于气候和自然条件,黑龙江省多采用地下棚窖或地下式半永久性砖窖进行马铃薯贮藏。窖址要选择在地势高燥,背风向阳,地下水位低,土质坚实的地方挖窖,窖深 2～3 m,宽 2.5～3 m,长度随贮藏量而定。窖坑下架窖木,上铺枝条或秸秆,再覆土 45～50 cm,留 70 cm×70 cm 的窖口,它既是作业的出入口,也是通风换气调节温湿度的气眼。

(二)贮藏量的确定和计算

窖内贮藏块茎的数量必须适当,下窖薯的数量过多堆厚时,初期不易受冻,中期上层块茎距离窖顶近易受冻,后期下部块茎容易发芽,同时也会造成窖温和堆温不一致,难调节窖温。入窖的块茎一般装到窖深的 2/3 处最为理想,窖的可利用容积为 65% 左右。根据测定,每立方米装块茎的重量为 650～750 kg,块茎大单位容积的重量即轻,反之则重,只要测出窖的总容积即可计算出下窖薯块的重量。如窖长 15 m、宽 4 m、深 3 m 时,适宜的窖藏量＝(15×3×4)×(750×0.65)＝87 750(kg)。

(三)贮藏期间的管理

窖藏期间最主要的是调控温度和湿度,在良好的贮藏条件下,块茎正常的自然损耗率不超过 2%。如贮藏温度不当往往造成块茎的大量萌芽,降低块茎品质,或造成块茎的腐烂。同时温度还可以影响窖的湿度,引起病菌活动和块茎的休眠等。窖温达 $-2℃$ 时,块茎即受冻;$0\sim1℃$ 时淀粉转化为糖,食味变甜,种性降低;最适宜温度是 $1\sim3℃$ 和相对湿度 90% 左右。为了控制和调节窖内的温度,保持块茎良好品质,入窖后可分 3 个时期进行管理。

1.贮藏前期

从入窖到 12 月初,块茎正处在预备休眠状态,呼吸旺盛放热多,窖温较高。这一时期的管理应以降温散热为主,窖口和通气孔经常打开,尽量通风散热。随着外部温度逐渐降低,窖口和通气孔也应改为白天打开,夜间小开或关闭。如窖温过高时,也可倒堆散热。

2.贮藏中期

12 月中旬到第二年 2 月末正是严寒冬季,外部温度很低,块茎已进入高度休眠状态,呼吸微弱,散热量很少易受冻害。这一时期管理工作主要是保温防寒,对窖温要经常检查,要密封窖口和气眼,必要时可在薯堆上盖草吸湿防冻,或烟熏提高窖温。

3.贮藏末期

3—4 月份外部气温转高,块茎已经通过休眠期,窖温升高易造成块茎发芽。这一时期管理工作的重点是控制窖内低温,勿使逐渐升高的外部温度影响窖温,以免块茎发芽。窖顶要加厚覆盖紧闭窖门和气孔,白天避免开窖,若窖温过高时,可在夜间打开窖口通风降温,也可倒堆散热。

模块小结

本模块简要介绍了马铃薯营养价值和主要用途,马铃薯的植物学特征,各生育阶段的特点;明确了马铃薯优良品种的选用、种植马铃薯的地块选择、精选种薯和种薯处理;详细介绍了马铃薯播种方法、合理施肥、封闭除草和马铃薯出苗后的田间管理技术;明确了马铃薯收获及贮藏技术。

模块巩固

1.马铃薯的茎包括哪几类? 各类茎有什么特点?

2.马铃薯除了不能连作之外,还不能与哪些作物轮作?

3.马铃薯缺氮、磷、钾都有何症状?

4.脱毒种薯为什么能够增产?

5.确定播种期的原则是什么?

6.马铃薯产生畸形块茎的原因是什么? 生产中如何预防此现象的发生?

7.马铃薯成熟的标志是什么?

参 考 文 献

1.张亚龙,曹延明.水稻生产与管理[M].北京:中国农业大学出版社,2014.

2.刘克良,孙彤阳.寒地稻作授时历.2版[M].北京:中国农业科学技术出版社,2012.

3.徐一戎.寒地水稻旱育希植三化栽培技术图例[M].哈尔滨:黑龙江科学技术出版社,1996.

4.陈宇飞,邰连春.农艺作物病虫草害防治[M].北京:中国农业科学技术出版社,2008.

5.马成云,张淑梅,窦瑞木.植物保护[M].北京:中国农业大学出版社,2011.

6.穆娟微.农垦水稻[M].哈尔滨:黑龙江农垦总局科学技术协会,黑龙江农垦水稻协会.

7.张亚龙,陈瑞修.作物栽培技术[M].北京:中国农业大学出版社,2015.

8.于立河,李金峰,郑桂萍.粮食作物栽培学[M].哈尔滨:黑龙江科学技术出版社,2019.

9.周国绵.作物栽培学[M].哈尔滨:黑龙江科学技术出版社,1992.

10.刘玉凤,张翠翠.作物栽培.2版[M].北京:高等教育出版社,2005.

11.宫绍斌,曹延明.玉米生产与管理[M].北京:中国农业大学出版社,2014.

12.徐秀德,刘志恒.玉米病虫害原色图鉴[M].北京:中国农业科学技术出版社,2009.

13.陶波,胡凡.杂草化学防除实用技术[M].北京:化学工业出版社,2013.

14.苏少泉,宋顺祖.中国农田杂草化学防治[M].北京:中国农业出版社,1996.

15.姚文秋,曹延明.大豆生产与管理[M].北京:中国农业大学出版社,2014.

16.李振陆.作物栽培[M].北京:中国农业出版社,2015.

17.杨克军.作物栽培[M].哈尔滨:黑龙江人民出版社,2019.

18.郭玉人,朱建华.农药安全使用技术指南[M].北京:中国农业出版社,2012.

19.张学哲.作物病虫害防治[M].北京:中国高等教育出版社,2009.

20.张履鸿.农业经济昆虫学[M].哈尔滨:哈尔滨船舶工程学院出版社,1993.

21.陈效杰,曹延明.马铃薯生产与管理[M].北京:中国农业大学出版社,2014.

22.潭宗九,丁明亚,李济宸.马铃薯高效栽培技术[M].北京:金盾出版社,2019.

23.孙慧生.马铃薯生产技术百问百答[M].北京:中国农业出版社,2006.

24.张浩,王岩,逮忠斌.农药使用技术百问百答[M].北京:中国农业出版社,2009.

25.金黎平,屈冬玉.马铃薯优良品种及丰产栽培技术[M].北京:中国劳动社会保障出版社,2002.

26.商鸿生,王凤葵.马铃薯病虫害防治[M].北京:金盾出版社,2011.

27.王振华.玉米高效种植与实用加工技术[M].哈尔滨:黑龙江科学技术出版社,2004.

28.叶钟音.现代农药应用技术全书[M].北京:中国农业出版社,2002.

29.徐汉虹.植物化学保护学.4 版[M].北京:中国农业出版社,2007.

30.马新明,郭国侠.农作物生产技术[M].北京:高等教育出版社,2005.

31.张亚龙.农作物生产技术[M].北京:中国劳动社会保障出版社,2011.

32.赵桂春.现代大豆产业技术[M].北京:中国农业出版社,2010.

33.秦越华.农作物生产技术[M].北京:中国农业出版社,2010.

34.阮俊.马铃薯高产栽培技术[M].成都:四川教育出版社,2009.